suhrkamp taschenbuch
wissenschaft 1401

Das »Bacon-Projekt« definiert einen Grundzug der Moderne; während in der Antike die Erkenntnis der Natur als Selbstzweck galt, betrachtet sie die Neuzeit als ein Mittel zur Mehrung des allgemeinen Menschenwohls. Die Naturforschung soll die Entwicklung einer Technik ins Werk setzen und damit dem Menschen Machtmittel zur Verfügung stellen, durch die er sich aus materieller Not und Naturabhängigkeit befreien kann. Francis Bacon (1551-1626) war der Propagandist der neuen Zielbestimmung der Naturforschung. Die in den modernen Industrieländern praktizierte technische Form der Naturnutzung ist infolge der jetzt offenkundig werdenden Schädigungen an der Natur zunehmend unter Kritik geraten. Mit den Befunden der »ökologischen Krise« wird nicht nur auf die Bedrohlichkeit der Technikfolgeschäden hingewiesen, sondern es wird zugleich die neuzeitliche Art der Naturforschung für die absehbare Katastrophe verantwortlich gemacht.

Gegen diese pauschale Beschuldigung der Moderne ist die vorliegende Studie gerichtet. Schäfer sieht durch die ökologische Krise nicht die Aufkündigung des Baconschen Ideals geboten – wohl aber eine drastische Revision des Baconschen Programms, d. h. der Mittel und Methoden, mit denen das Ideal seither verfolgt wurde. Die im Bacon-Projekt präsente Verbindung von Naturforschung und ihrer technischen Umsetzung mit einer Theorie des Glücks und der Gesellschaft darf nicht »einfachen« Empfehlungen geopfert werden, sondern verlangt auch in revidierter Form die Integration wissenschaftstheoretischer, technik- und naturphilosophischer, ethischer und politischer Überlegungen.

Lothar Schäfer (geb. 1934) ist seit 1976 Professor für Philosophie an der Universität Hamburg.

Lothar Schäfer
Das Bacon-Projekt

Von der Erkenntnis, Nutzung und Schonung der Natur

Suhrkamp

Die Deutsche Bibliothek – CIP-Einheitsaufnahme
Schäfer, Lothar:
Das Bacon-Projekt : von der Erkenntnis, Nutzung
und Schonung der Natur / Lothar Schäfer. –
1. Aufl. – Frankfurt am Main :
Suhrkamp, 1999
(Suhrkamp-Taschenbuch Wissenschaft ; 1401)
ISBN 3-518-29001-0

suhrkamp taschenbuch wissenschaft 1401
Erste Auflage 1999

Druck: Wagner GmbH, Nördlingen
Printed in Germany
Umschlag nach Entwürfen von
Willy Fleckhaus und Rolf Staudt

2 3 4 5 6 7 – 03 02 01 00 99

Inhalt

Meinen Söhnen
Clemens und Simon

»But Bacon had dreamt the dream,
the dream that now, we are told,
has turned out to be a nightmare.«

(J. Passmore, Man's Responsibility
for Nature)

Vorwort

Naturphilosophie hat mich interessiert, so lange ich denken kann. Aber es hat lange gedauert, bis ich sehen konnte, daß durch die sogenannte ökologische Krise, die spätestens seit Anfang der siebziger Jahre ins allgemeine Bewußtsein und in die Schlagzeilen kam, auch dem Philosophen ein Problem – und ein neuartiges dazu – aufgegeben war.

In der vorliegenden Arbeit habe ich versucht, meine diesbezüglichen Überlegungen zusammenzufassen, mit denen ich mich in den letzten zehn Jahren beschäftigt habe. Da es zu dem in sich sehr komplexen Themenfeld »Natur, Technologie und Verantwortung« bedeutende Studien gibt, mit denen ich ganz und gar nicht konform gehe, ja, die zu kritisieren meine eigenen Versuche sogar erst in Gang brachte, nimmt die Auseinandersetzung mit ihnen einen beträchtlichen Raum ein (Kap. 3 und 4). Ebenso gibt es Ausflüge in die Geschichte der Naturphilosophie (überblicksartige in Kap. 1.3 und 1.4; speziellere in Kap. 5). Sie schienen mir aber geboten, nicht nur um die allenthalben antreffbaren, m. E. irreführenden Rückgriffe »zurechtzurücken« (was ja wohl heißt, ihnen meine eigene schiefe Lesart entgegenzusetzen), sondern um Orientierungshilfen zu einem Problem zu bieten, das sich als eine geschichtliche Krisensituation präsentiert. – Will der Leser sich weniger von mir durch das von Debatten besetzte Gebiet führen lassen, sondern vor allem herausfinden, welche Überlegungen ich meinerseits beisteuern möchte und welche Vorschläge ich zu machen habe, so wird er sie – wie ich hoffe – in den Anfangs- und Schlußkapiteln (Kap. 1, 2, 6, 7) finden. Ich bin davon ausgegangen, daß die hier behandelten Themen eine breitere, über philosophische Zirkel hinausgehende Beachtung verdienen, und habe mich dementsprechend um Lesbarkeit und Verständlichkeit bemüht. Inwieweit mir das gelungen ist, muß der Leser selbst entscheiden.

Ich habe für Unterstützung, Anregungen und Kritik mannigfachen Dank abzustatten. Die Stiftung Volkswagenwerk (SS 1987) und die Deutsche Forschungsgemeinschaft (SS 1992) haben mir durch die Gewährung von Akademiestipendien geholfen, frei von den üblichen Verpflichtungen an dem Manuskript arbeiten zu können, wofür ich danke. Ich danke dem Center for Philosophy of Science der University of Pittsburgh, daß es mich mit diesem Projekt als Fellow (springterm 1992) akzeptiert hat, und für die vorzüglichen Arbeitsbedingungen.

Eine für mich neuartige und wichtige Erfahrung war die Zusammenarbeit mit der DLR Stuttgart (Deutsche Forschungsanstalt für Luft- und Raumfahrt, Stuttgart, Forschungsbereich Energetik), die einen Mitarbeiter (A. Grychta) für die Anfertigung einer gemeinsamen Studie (»Natur, Technologie und Verantwortung«) finanzierte. Besonders danke ich den Herren Carl-Jochen Winter und Joachim Nitsch für das Zustandekommen der Kooperation und für die anregenden Besprechungen.

Ich danke den Kollegen und Studenten, die über mehrere Semester hinweg an einem Kolloquium zu diesem Themenfeld teilgenommen haben, für ihre Beiträge, Kommentare und Kritiken. – Besonderen Dank schulde ich Gerd Graßhoff und Thomas Spitzley, die das Manuskript in verschiedenen Stadien des Entstehens mit mir durchgesprochen haben, sowie Joachim Trucks für wertvolle Hinweise und Tina Kratz für ihre Hilfe beim Lesen der Korrektur. – Mit Helmut Fahrenbach habe ich über viele Jahre hinweg fast jeden der hier geäußerten Gedanken diskutierend erprobt, wovon ich immens profitierte, auch wenn das Endprodukt, wie ich vermute, noch vielfältigen Anlaß für kritische Anmerkungen gibt.

Herrn Friedhelm Herborth vom Suhrkamp Verlag schließlich danke ich für die rasche Entscheidung, meine Arbeit in sein Programm aufzunehmen.

I. KAPITEL

Einleitung

1.1 Selbstbestimmung und Naturverhältnis des Menschen

Bis vor wenigen Jahren schien die Natur als Thema der Philosophie ausgedient zu haben. Alles, was materialiter über die Natur zu erforschen war, war in die Domäne der sich mehr und mehr differenzierenden Naturwissenschaften abgegeben; alles, was formaliter, d.h. den Begriff der Natur betreffend, zu wissen war, schien sich zu reduzieren auf die Analyse der naturwissenschaftlichen Erkenntnisweise. Eine Philosophie der Natur, die mehr als eine metatheoretische Analyse der Naturwissenschaften zu bieten versprach, gab sich eo ipso als Echo eines antiquierten Systemdenkens zu erkennen.

Welche Veränderungen sind eingetreten, so daß die Thematisierung der Natur in der gegenwärtigen Philosophie sich wieder mit dem Bewußtsein besonderer Aktualität und Vorrangigkeit verbinden kann, daß ihr nationale und internationale philosophische Tagungen gewidmet werden; ja, daß Serge Moscovici allen Ernstes sagen kann, im Naturproblem fänden »Originalität und Interessen unseres Jahrhunderts ihren vollkommenen Ausdruck«.[1] – So wie das 18. Jahrhundert beherrscht gewesen sei vom Problem des Staates, das 19. Jahrhundert von dem Problem der Gesellschaft, stelle das Naturproblem das epochale Problem des 20. Jahrhunderts dar?

Diese Wendung in der Naturthematik ist nicht Resultat philosophischer Entwicklung oder naturwissenschaftlichen Forschens; genau genommen thematisieren wir auch nicht in einem neuen Sinn »die Natur«, sondern unser Verhalten, unsere Einstellung gegenüber der Natur. Die neue Zuwendung zum Naturthema ist ausgelöst durch die Erfahrung, die wir seit einigen Jahren ver-

1 S. Moscovici, Versuch über die menschliche Geschichte der Natur (Paris 1968) dtsch. Frankfurt/M. 1982, S. 14.

stärkt machen müssen, daß unser technisch-industrielles Handeln gegenüber der Natur in eine Krise geraten ist.
Geläufig sind die Befunde, die Phänomene, durch die uns diese Krise angezeigt wird: Erschöpfung der Rohstoffvorräte, Verwüstung von Landschafts- und Klimazonen, Ausrottung von Tier- und Pflanzenarten, Verschmutzung von Wasser und Luft, Vergiftung von Nahrung und Boden, Zerstörung des natürlichen Lebensraums. Auch wenn die Befunde geläufig sind, besagt das noch nicht, daß wir die »Krise« als solche schon eindeutig erfaßt und bestimmt hätten. Handelt es sich um eine Krise des Ökosystems, oder der Industriegesellschaften, oder der westlichen Rationalität, oder der neuzeitlichen Wissenschaft?[2]
Klar scheint zunächst nur, daß in diesem Problemfeld unsere Einstellung zur Natur ein zentrales Thema sein muß, und daß diese Thematik in ein neues Stadium eintreten muß. Eindeutigkeit besteht darin, daß durch die gegenwärtige Thematisierung der Natur diese nicht als Korrelat theoretischer Erkenntnis bestimmt wird, als welche sie das bevorzugte Gebiet der traditionellen Philosophie gewesen war; vielmehr wird Natur erfahren als ein Bereich, in dem unser technisch-praktisches Handeln (beabsichtigte und unbeabsichtigte) *Veränderungen bewirkt, deren Auswirkungen für unser aller Leben und das der Folgegenerationen, ja für die gesamte Sphäre des Lebendigen fatal sind.*
Dadurch ist eine für uns neuartige Situation definiert: die zur Mehrung des materiellen Wohles in Gang gesetzte Nutzungspraxis gegenüber der Natur scheint auf die Zerstörung unserer Lebensgrundlagen hinauszulaufen. Was die Vernunft gebot – uns der Schätze der Natur zu versichern zur Mehrung unseres Glücks – scheint im Ende unsere Selbstzerstörung zu bewerkstelligen. Die Steigerung dessen, was wir technisch können, verlangt erneut die

2 Manche (z. B. K. R. Popper) bestreiten sogar, daß überhaupt eine »Krise« vorliegt, und sehen nur bestimmte Veränderungen, wie sie entweder für die Geschichte der Zivilisation oder die langfristigen Schwankungen natürlicher Verhältnisse charakteristisch sind. – In dieser Position anerkenne ich das berechtigte Motiv, die Rede von »Krise« zu demystifizieren und auf genauer Darlegung der Befunde und ihrer Interpretation zu bestehen. Ansonsten wäre sie Ausdruck einer unverantwortlichen »Vogel-Strauß-Politik«.

Frage, ob wir es auch sollen und dürfen, ob das, was wir können, letztlich auch auf ein Gutes hinausläuft. Die Frage nach der Erlaubtheit oder Unerlaubtheit des Handelns stellt sich damit im wissenschaftlich-technischen Bereich, in einem Bereich, den man in der Vergangenheit entweder als ethisch neutral betrachtet oder als erlaubten, ja gebotenen Weg zur Humanisierung des Menschen beschritten hatte.

Diese Situation – an Neuartigkeit und Radikalität der potentiellen Selbstzerstörung durch atomare Hochrüstung vergleichbar – hat eine Reihe fundamentaler Analysen und normativer Erwägungen hervorgerufen, die zur Lösung der Krise beitragen wollen. Während einige meinen, eine Änderung der bestehenden politischen und gesellschaftlichen Verhältnisse in den Industrienationen sei der aus der Krise führende Schritt, verlangen andere eine tiefgreifende Umorientierung in der Einstellung des Menschen zur Natur, die ihrerseits eine erst zu entwickelnde »Ethik für die technologische Zivilisation« erfordere.[3]

Für die dabei in Anspruch genommenen Begründungsstrategien ist ein extremes Oszillieren zwischen zwei Polen charakteristisch: Einerseits wird argumentiert, daß wir »um der Natur willen« so oder so zu handeln hätten, andererseits, daß auch das Handeln gegenüber der Natur allein im Rückgriff auf menschliche Werte und Normen bestimmt werden könne.[4]

Und es sind verschiedene Einschätzungen über die Rolle und Leistungsfähigkeit der Wissenschaft und ihrer großtechnischen Anwendungen im Spiel: Auf der einen Seite soll dem möglichst wenig Raum gegeben werden bis hin zu verschiedenen Befürwortungen des Primitivismus, d.h. der Rückkehr zu einfachen Formen der Agrikultur; auf der anderen besteht die Überzeugung, daß man alle Technikfolgeschäden durch mehr Technik wieder

3 Hans Jonas, Das Prinzip Verantwortung: Versuch einer Ethik für die technologische Zivilisation, Frankfurt/M. 1979. – Da ich mich häufig auf Jonas beziehe, nehme ich, um den Anmerkungsteil zu entlasten, die Belege aus dieser Arbeit in den Text auf (Sigle: PV).

4 Im Hintergrund dieser Pole sind freilich unterschiedliche Lebensentwürfe im Spiel: sie reichen von verschiedenartigsten Vorstellungen vom »einfachen und natürlichen Leben« auf der einen Seite bis zur Erzeugung künstlicher Welten auf der anderen Seite.

auffangen könne, oder jedenfalls durch mehr Technologie neue Lebensräume zum Teil von extremer Künstlichkeit auftun könne.

Die ökologische Krise hat in vielfachen Stimmen die Überzeugung laut werden lassen, daß die eigentliche Krise nicht durch das Ergreifen oder Vermeiden bestimmter Einzelmaßnahmen zu bewältigen sei, sondern daß sich die Einstellung des Menschen zur Natur grundlegend ändern müsse. Der Mensch dürfe sich nicht länger egozentrisch als der Nutznießer der Natur verstehen. Er müsse anerkennen, daß die Naturwesen[5] Selbstzwecke seien, daß sie um ihrer selbst willen einen Anspruch auf Erhaltung hätten. Dem »anthropozentrischen« Standpunkt, der alles Verhalten gegenüber der Natur aus der Perspektive des menschlichen Subjekts bewertet, werden Positionen entgegengestellt, die eine unterschiedlich eng oder weit gefaßte Naturvorstellung als Zentrum der Betrachtung auszeichnet. Die einen beziehen dabei einen »physiozentrischen«[6], andere einen »biozentrischen«[7], wieder andere einen »pathozentrischen«[8] Standpunkt. Die Physiozentrik bezieht sich auf Naturwesen als solche und ohne Einschränkung, die Biozentrik auf die *belebte Natur* im Unterschied zur anorganischen und die Pathozentrik auf die Lebewesen, *sofern sie leidensfähig sind* – was eine bestimmte Entwicklung des Nervensystems voraussetzt. Hier brauchen wir jedoch zwischen diesen

5 Ich benutze diesen Ausdruck in dem umfassenden Sinn, in dem Aristoteles von »ta physei onta« (den von Natur aus daseienden Dingen) spricht. Er schließt Tiere, Pflanzen, Gesteine, Erden und Gewässer, Naturlandschaften ein – und recht eigentlich alles, was außerhalb unserer Reichweite sich im Kosmos findet: Sonne, Mond und Sterne. – Davon abgegrenzt wird der Bereich der durch menschliche Kunstfertigkeit (techne) hervorgebrachten Dinge, die Welt der Artefakte. Trennscharf ist diese Unterscheidung nicht, wie man an den Produkten von Tier- und Pflanzenzüchtung sieht, von genetisch veränderten Lebewesen (z.B. der Schiege, einer Chimäre aus Schaf und Ziege) ganz zu schweigen.

6 K.M. Meyer-Abich, Wege zum Frieden mit der Natur: Praktische Naturphilosophie für die Umweltpolitik, München 1984.

7 P.W. Taylor, Respect for Nature: A Theory of Environmental Ethics, Princeton 1986.

8 D. Birnbacher, »Sind wir für die Natur verantwortlich?«, in: Ders. (Hg.), Ökologie und Ethik, Stuttgart 1980.

verschiedenen Varianten nicht genauer zu trennen; denn es geht allen zunächst um dieselbe Empfehlung: die Zurücknahme der Sonderstellung des Menschen gegenüber den anderen Naturwesen. Es wird verlangt, der Mensch dürfe nicht länger seine eigenen Vorstellungen zum Beurteilungsgesichtspunkt seines Handelns gegenüber der Natur nehmen, sondern müsse Eigenrechte der Natur bzw. der Naturwesen anerkennen und dem in seinem Handeln Rechnung tragen. Naturwesen seien um ihrer selbst willen, nicht nur wegen des Interesses, das wir ihnen entgegenbringen, zu schonen und zu respektieren; sie seien Träger von Eigenrechten, die der Mensch zu beachten habe mit derselben Dignität, die für die zwischenmenschlichen moralischen und juristischen Normen unterstellt wird.

Dies ist freilich der strittige Punkt. Lassen sich die Forderungen einer Änderung unseres Handelns *gegenüber* der Natur in der Tat dadurch legitimieren, daß auf *die Natur selbst* zurückgegriffen wird? In wessen Namen wird eine Änderung der menschlichen Praxis verlangt? Aus der Beachtung von Rechten und Pflichten, die primär mit der menschlichen Vernunft verbunden sind, oder aus Wahrnehmung dessen, was »von Natur aus« und gleichsam durch die Natur geboten ist?

Im ersten Fall erscheint die Natur als eine Domäne, auf die sich menschliches Handeln erstreckt, das sich seiner Handlungsziele und Normen aber sonstwie versichern muß. Im zweiten Fall wird Natur selbst als ein Begriff bestimmt, der normative Konsequenzen für unser Handeln impliziert. Ich werde im folgenden die erste Option wahrnehmen und durchzuhalten suchen. Deshalb wird die Kritik derjenigen Unternehmungen, die versucht haben, die zweite Option zu realisieren, einen breiteren Raum einnehmen.

Die Bemühungen um einen normativen Naturbegriff haben derzeit Konjunktur. Nicht von ungefähr verbinden sich diese Bemühungen mit einer Rückwendung zu alten Naturvorstellungen. Deshalb muß ich auch im Rahmen dieser Arbeit auf die Geschichte des Naturbegriffs eingehen, insbesondere einiges zur Naturphilosophie von Platon und Aristoteles ausführen. In deren Naturkonzeption sei, so wird angenommen, jenes Orientierungswissen aufbewahrt, das uns dann durch die neuzeitliche Entwicklung zerstört worden sei. Nach Jonas hat die neuzeitliche Naturwissenschaft sogar die »Idee von Norm als solcher zerstört«.[9] Die neuzeitliche Vernunft, die man mit dem zweckrationalen Denken in Naturwissenschaft und Technik identifiziert, sei unvermögend, die normativen Orientierungen, die wir brauchen, zu leisten.

Mit den Erwartungen, die in die Rückgewinnung eines normativen Naturbegriffs gesetzt werden, verbindet sich so ein tiefes Mißtrauen in die Vernunft, speziell die neuzeitliche, sich in wissenschaftlicher Form darstellende Vernunft. Die Geschichte des Denkens über die Natur stellt sich dar als eine Verlustgeschichte, in der das einstige Orientierungswissen durch das dominant werdende Streben nach Verfügungswissen verloren gegangen sei.[10]

Diese Auffassung teile ich nicht. Ein auf »die Natur« sich stützendes Orientierungswissen, soweit es überhaupt ausgebildet war, hatte auch in der Antike schon die Funktion, bestimmte Auffassungen über Staat, Gesellschaft und Lebensform der Legitimationspflicht zu entziehen, indem sie schlicht als »natürliche« dargestellt wurden, wie das auch heute noch in naturalistischen Argumentationen geschieht. Nicht nur das neuzeitliche naturalistische Denken zieht den Ideologieverdacht auf sich, er scheint mir auch für das antike Denken schon einschlägig zu sein. »Von Natur aus« (physei), sagt Aristoteles, seien die einen freie Menschen, die anderen aber seien von Natur aus Sklaven, und er konnte doch sehen, daß einige Menschen sich Rechte zubilligten, die sie anderen absprachen. Die eindrucksvolle Größe der griechischen Philosophie darf auch ihre Bewunderer nicht davon

9 »Denn ebendieselbe Bewegung, die uns in den Besitz jener Kräfte gesetzt hat, deren Gebrauch jetzt durch Normen geregelt werden muß – die Bewegung des modernen Wissens in Gestalt der Naturwissenschaft – hat durch eine zwangsläufige Komplementarität die Grundlagen fortgespült, von denen Normen abgeleitet werden konnten, und hat die bloße Idee von Norm als solcher zerstört.« (PV 57).

10 So im übrigen auch Mittelstraß, der ansonsten nicht der restaurativen Bemühung um einen normativen Naturbegriff folgt. Vgl. J. Mittelstraß, »Leben mit der Natur«, in: O. Schwemmer (Hg.), Über Natur, Frankfurt/M. 1987, S. 50.

entlasten, die Geltungsansprüche ihrer Behauptungen kritisch zu prüfen. Aber das ist ein weites Feld.

Ich sprach von dem Mißtrauen gegenüber der Vernunft, das sich mit der Suche nach einem normativen Naturbegriff häufig verbindet. Mißtrauen gegen die Vernunft scheint mir angebracht zu sein. Denn Vernunft steht häufig an der Wiege von Entwicklungen, die sich in der Folge eher als Perversion dessen, was man als vernünftig akzeptieren kann, ausnehmen. So kommt es zum Aufstand gegen »die Vernunft« und »den Rationalismus« im Namen »des Lebens« oder »der Natur«. In meinem Sinn ist Mißtrauen gegen die Vernunft jedoch kein Schritt zu ihrer Verabschiedung, sondern gehört zur Vernunft, die ohne das Elixier der Kritik, insbesondere der Selbstkritik, dogmatisch verkommt. So gesehen ist Mißtrauen gegen die Vernunft selbst Dokumentation der Vernunft. Hingegen sehe ich in einem Mißtrauen, das sich gegen die Vernunft als solche wendet und sich Absicherung in der Natur erhofft, nur eine Fluchtbewegung vor dem Jetzt und Ist, das sich als desolat darstellt, in ein vermeintlich heiles Einst und War.

Die kaum erwachte Vernunft scheint angesichts der großen Krisen der Gegenwart in Schlaf verfallen zu wollen oder zu sollen. Die Rückkehr des Mythos – von Kulturanthropologen und Strukturalisten in Gang gesetzt – sollte unser Denken beleben und bereichern – aber sie zieht die Vernunft selbst in den undurchschauten Sog der Rituale. Die schwer zu ertragende und erst vor knapp zweihundert Jahren errungene Mündigkeit will man nun auf dem Altar der Großen Mutter Natur als Opfergabe darbringen, um sich gleichsam von den Sünden der Neuzeit (Seinsvergessenheit und Herrschaft der Subjektivität) entsühnen zu lassen. Dieser Schritt stellt zwar eine große Versuchung dar – Flucht, Verharmlosung und Verdrängung sind wohl die meistpraktizierten Reaktionen auf Krisenphänomene –, ich halte ihn jedoch nicht für zulässig, selbst wenn uns diese Option offenstünde. Im übrigen werde ich zeigen, daß schon die Möglichkeit eines solchen Schrittes die autonome Sonderstellung des Menschen in Anspruch nehmen muß, um deren Beseitigung es doch gerade gehen soll.

Physiozentrisches Denken will nicht die Natur aus der Perspektive des Menschen betrachten, sondern umgekehrt den Menschen im Rahmen der Natur und als ein Naturwesen bestimmen. Der durch unsere »Vernünftigkeit« häufig verdrängte Tatbestand, daß der Mensch – bei aller Vernunft – einen wohldefinierten Platz im Reich der Natur unter den hochentwickelten Säugetieren einnimmt, kann in der Tat nicht ernst genug genommen werden. Ist er doch grundlegender Teil der conditio humana, wie insbesondere Helmuth Plessner in seiner Anthropologie ausgeführt hat. Das Ausmaß unserer Abhängigkeit von äußeren, unsere Leiblichkeit betreffenden Verhältnissen ist geradezu erschreckend. Die satirische Bemerkung Kierkegaards gegenüber Hegel, daß das sich selbst reflektierende Bewußtsein in seiner Erhebung zum absoluten Wissen empfindlichst gestört werde schon durch ein Sandkorn im Auge, ist hier durchaus am Platze.

Die physiozentrische Perspektive ist zu empfehlen als ein Therapeutikum gegen einen sich selbst als allmächtig mißverstehenden Autonomiegedanken und gegen die grenzenlosen Verstiegenheiten eines spekulativen Idealismus. Aber sie führt nicht zum Gedanken der Verantwortung für die Natur, sie führt überhaupt nicht zum Gedanken der Verantwortung. Sie führt uns die Ohnmacht und Nichtigkeit des Menschen vor Augen, dieses Spätkömmlings der Natur. Um die Seinslage des Menschen als bloßes Naturwesen zu zeigen, imaginierte Pascal den Menschen als ausgesetzt inmitten der unendlichen Abgründe des Weltalls.

In physiozentrischer Perspektive erscheint der Mensch als eine nichtige Episode kosmischer Evolution, wie es Nietzsche am Anfang seiner Schrift »Über Wahrheit und Lüge im außermoralischen Sinn« überaus treffend und plastisch beschrieb: »In irgendeinem abgelegenen Winkel des in zahllosen Sonnensystemen flimmernd ausgegossenen Weltalls gab es einmal ein Gestirn, auf dem kluge Tiere das Erkennen erfanden. Es war die hochmütigste und verlogenste Minute der ›Weltgeschichte‹: aber doch nur eine Minute. Nach wenigen Atemzügen der Natur erstarrte das Gestirn, und die klugen Tiere mußten sterben. – So könnte jemand eine Fabel erfinden und würde doch nicht genügend illustriert haben, wie kläglich, wie schattenhaft und flüchtig, wie zwecklos und beliebig sich der menschliche Intellekt innerhalb der Natur ausnimmt. Es gab Ewigkeiten, in denen er nicht war;

wenn es wieder mit ihm vorbei ist, wird sich nichts begeben haben.«[11]

Das scheint mir die konsequente Physiozentrik zu sein und in ihr verschwindet alles ins Gleichgültige und Nichtige, worauf der Mensch sich allein stützen und berufen kann: Vernunft und Selbstbewußtsein.[12]

Die physiozentrische Perspektive scheint attraktiv zu sein, weil sie die menschliche Störwilligkeit der natürlichen Verhältnisse abfangen könnte; denn allzu offensichtlich resultiert die ökologische Krise aus dem immer intensiveren und extensiveren Eingreifen und Verändern vorgegebener Verhältnisse. Im Hintergrund dieser Empfehlung steht die Vorstellung, daß die sich selbst überlassene Natur sich in einem Zustand der Stabilität und Wohlordnung befindet – der Mensch jedoch als Störfaktor in sie eingreift und sie aus dem Gleichgewicht bringt. Diese Vorstellung von einer harmonischen, bestens geordneten, stabilen Natur mag zwar ein Ideal menschlichen Ordnungsstrebens sein – so ist es jedenfalls bei Platon gedacht (s. u. Kap. 5.1) –, ist jedoch schwerlich mit empirischem Gehalt zu füllen, sobald man die Welt der Sterne verläßt und sich der uns umgebenden Natur zuwendet. Anstelle von Konstanz und Stabilität treffen wir allenthalben Veränderung und Labilität.[13] Die alte aristotelische Unterteilung der

11 Nietzsche, Werke (Hg. Karl Schlechta), Bd. 3, S. 309.

12 Nietzsche fährt an der Stelle fort: »Denn es gibt für jenen Intellekt keine weitere Mission, die über das Menschenleben hinausführte. Sondern menschlich ist er, und nur sein Besitzer und Erzeuger nimmt ihn so pathetisch, als ob die Angeln der Welt sich in ihm drehten. Könnten wir uns aber mit der Mücke verständigen, so würden wir vernehmen, daß auch sie mit diesem Pathos durch die Luft schwimmt und in sich das fliegende Zentrum dieser Welt fühlt. Es ist nichts so verwerflich und gering in der Natur, was nicht durch einen kleinen Anhauch jener Kraft des Erkennens sofort wie ein Schlauch aufgeschwellt würde; und wie jeder Lastträger seinen Bewunderer haben will, so meint gar der stolzeste Mensch, der Philosoph, von allen Seiten die Augen des Weltalls teleskopisch auf sein Handeln und Denken gerichtet zu sehen.«

13 »Wherever we seek to find constancy we discover change. Having looked at the old woodlands in Hutcheson Forest, at Isle Royale, ... we find that nature undisturbed is not constant in form, structure, or

Natur in eine translunare und eine sublunare Welt mit unterschiedlich ausgeprägtem Ordnungsgefüge hatte den phänomenologischen Befund auf ihrer Seite.

Es ist eine der Paradoxien der Wissenschaftsgeschichte, daß nach der Aufhebung dieser Trennung nicht etwa die für unseren Bereich signifikante Dynamik und Variabilität die Vorstellung des Naturganzen bestimmt hat, sondern daß die »Statik des Himmels« zur dominanten Ordnungsvorstellung avancierte; und obwohl die Lebensprozesse sich als durch und durch dynamisch darstellen, haben die Biologen mit besonderem Ehrgeiz die Statik invarianter Strukturen für ihre Modellbildungen gewählt – bis in die modernen Untersuchungen der Entwicklung von Populationen: man unterstellt, daß die sich selbst überlassene Natur in einem harmonischen, optimalen Zustand existiert und daß sie ihn auch nach externer Störung wieder annimmt.[14] Jedes Ökosystem, so meint man, hat die für es charakteristische Zahl und Mischung von Arten (Pflanzen- und Tierarten) und diese wiederum ihre je charakteristische Menge von Individuen.[15]

proportion, but changes at every scale of time and space. The old idea of a static landscape, like a musical chord sounded forever, must be abandoned, for such a landscape never existed except in our imagination. Nature undisturbed by human influence seems more like a symphony whose harmonies arise from variation and change over every interval of time. We see a landscape that is always in flux, changing over many scales of time and space,changing with individual births and deaths, local disruptions and recoveries, larger scale responses to climate from one glacial age to another, and to the slower alterations of soils, and yet larger variations between glacial ages.« D.B. Botkin, Discordant Harmonies, New York/Oxford 1990, S. 62.

14 D.B. Botkin diskutiert die fragwürdige Orientierung der Ökologen an den statischen Ordnungsvorstellungen in seinem Discordant Harmonies, aaO.

15 Die für die Biologen klassische und vielzitierte Formulierung dieser Auffassung stammt von George P. Marsh, Man and Nature (1864) repr. 1965; ed. by D. Lowenthal, Cambridge, Mass. S. 29f.
»Nature, left undisturbed, so fashions her territory as to give it almost unchanging permanence of form, outline, and proportion, except when shattered by geologic convulsions; and in these comparatively rare cases of derangement, she sets herself at once to repair the super-

Berücksichtigt man jedoch die Spuren von Veränderungen über längere Zeiträume hinweg, dann zeigt die Ordnung der Natur nicht die Konstanz eines statischen Zustands, sondern ein dynamisches Kräftespiel, bei dem das Auf und Ab der Waagebalken nicht in einen Zustand des Gleichgewichts einschwingt. Die Evolution kennt Schritte der Emergenz, die bleibende Veränderungen gegenüber dem früheren Zustand darstellen. Die Entstehung des Lebens selbst, der Beginn der Photosynthese, das Auftreten von Wirbeltieren markieren solche fundamentalen Veränderungen in der Natur. Wo immer das Leben sich manifestiert, wird Harmonie gestört; darin bildet der Mensch keine Ausnahme. Welche Vorstellung von Natur wird hier angerufen, damit die Adoption der Physiozentrik als ein Gewinn erscheinen kann?
Auch die Ökologen konfrontieren uns mit einem Szenario der Ausweglosigkeit. Beim Studium der Vermehrungsrate von Individuen unterschiedlichster Arten sind sie zu einer Wachstumskurve gekommen, die von allen Populationen gleichermaßen befolgt wird, ob es sich nun um Bakterien, Fruchtfliegen oder Säuger handelt. Wenn man die jeweilige Umgebung konstant hält und mit einer konstanten Nahrungszufuhr versorgt, dann folgt das Wachstum der Population einer charakteristischen S-Kurve: nach anfänglich langsamer Zunahme steigert sich die Vermehrungsrate exponentiell bis zu einem Maximum, um dann allmählich wieder abzuklingen bis auf einen Zustand mit Nullwachstum, wenn der Punkt der »carrying capacity« erreicht ist. Diese Kurve gilt für den Fall einer konstanten Nahrungszufuhr.[16] Setzt man dagegen die Population in eine konstante Umgebung mit einem bestimmten Quantum an Nahrung, z. B. eine Bakterienkultur in eine Nährlösung, dann vermehrt sie sich ebenfalls nach

ficial damage, and to restore, as nearly as practicable, the former aspect of her dominion ... In countries untrodden by man, the proportions and relative positions of land and water, the atmospheric precipitation and evaporation, the thermometric mean, and the distribution of vegetable and animal life, are subject to change only from geological influences so slow in their operation that the geographical conditions may be regarded as constant and immutable.«

16 Vgl. G. E. Hutchinson, An Introduction of Population Ecology, New Haven 1978, S. 25.

derselben Wachstumskurve; jetzt allerdings pendelt sie nicht auf einen stabilen Zustand ein, sondern bricht in sich zusammen, sobald die Nahrung verbraucht ist. Die Populationen können in ihrem Vermehrungsverhalten nicht berücksichtigen, ob sie in einer Umgebung mit konstanter Nahrungszufuhr oder mit endlicher, sich nicht erneuernder Nahrungsmenge leben.
Die Lebensweise des modernen Menschen gleicht der zweiten Situation; denn wir konsumieren weitgehend in unserer Energiewirtschaft natürliche Ressourcen, die endlich sind und sich nicht erneuern: fossile Energieträger. Die Ökologen prophezeien uns, daß wir uns nicht anders verhalten werden (oder gar können) als die Bakterien in der Nährlösung, die sich maximal vermehren, bis sie alle Hungers sterben. »Die Natur« zeigt uns also einen Weg, aber er ist eine Sackgasse. »It is solipsistic nonsense to expect any fate other than extinction for homo sapiens.«[17]
Wie kann dann für eine verantwortlichere, die Endlichkeit von Ressourcen in Betracht ziehende Handlungsweise überhaupt etwas in physiozentrischer Perspektive gewonnen werden? Können wir den naturwissenschaftlich vorgezeichneten Weg in die Sackgasse nicht nur dann vermeiden, wenn wir auf Eigenschaften setzen, die uns nicht als Naturwesen, sondern als freien und autonomen Subjekten eignen? Nur indem wir »Vernunft zeigen«, d.h. eine vorsorglich auf Zukunft ausgerichtete Klugheit entwikkeln und ihr auch weise folgen, werden wir dem Zwang des Naturdiktats entkommen können.
Wer glaubt, aus der physiozentrischen Einstellung einen Beitrag zur Orientierung unseres Lebens gewinnen zu können, muß von vornherein einen anderen als den wissenschaftlichen Naturbegriff der Neuzeit zugrundelegen; dementsprechend wird teils im Rückgriff auf antike Vorstellungen, teils im Vorgriff auf technische Möglichkeiten nach Alternativen gesucht. Das aber halte ich für den illusionären Versuch, entweder das Rad der Geschichte zurückzudrehen oder sich in eine neue Welt, in ein New Age davonzuschleichen, die nicht die unseren sind. Die Müllhalden und Giftwolken verschwinden aber nicht davon, daß man von

17 L. Margulis and R. Guerrero, »From Planetary Atmospheres to Microbial Communities«, in: Changing the Global Environment (ed. by Botkin, Caswell, Estes, Orio), San Diego 1989, S. 66.

neuen Zeiten (oder von alten) träumt, sondern nur durch reale Veränderungen in unserer gegenwärtigen Welt, d.h. durch Änderungen unserer seitherigen Nutzungspraxis der natürlichen Ressourcen.

In wessen Namen also wird eine Änderung in unserer Grundeinstellung zur Natur verlangt? Welches soll die begründende Instanz sein? Welcher Instanz trauen wir eine größere verpflichtende Kraft zu, wenn es um die Einstellungsänderung geht: der Natur oder dem sich selbst das Gesetz gebenden Menschen? Ich werde »im Namen des Menschen« plädieren! Nicht allerdings, weil er sich die Macht verschafft hat, sich die Natur als Herrschaftsbereich zu unterwerfen. Nicht allerdings, weil er ein unbeschränktes Recht hätte, mit den Gütern der Natur zu schalten und zu walten, wie es ihm beliebte. – Sondern im Namen des Menschen werde ich plädieren, sofern er der Ort ist, in dem die allgemeine Vernunft sich artikulieren kann und zur Geltung kommen soll.

Die ökologische Krise ist kein Ereignis der Naturgeschichte, sondern ein Effekt der modernen Zivilisation; deshalb müssen die geforderten normativen Erwägungen im Rahmen einer Theorie der Kultur, nicht aber der Natur, angestellt werden. Darüber sind sich auch die Vertreter einer Physiozentrik im klaren. Aber, seit und da die Verbindlichkeit von Normen nicht mehr am göttlichen Ursprung der Gebote festgemacht werden kann, hat die Suche nach naturrechtlichen Fundamenten eine gesteigerte Dringlichkeit angenommen. Man hält es für ausgemacht, daß die Verbindlichkeit eines »du sollst« und »du sollst nicht« nur aus einer dem menschlichen Erwägen entzogenen Instanz stammen könne, wofür »die Natur« einstehen soll. Ich traue dem Prinzip der Autonomie – verstanden als Selbstbestimmung des Menschen gemäß seiner eigenen Vernunft, als das Vermögen, sich selbst das Gesetz seines Handelns geben zu können – eine größere Begründungskraft zu als dem zerbröckelten normativen Naturbegriff.

Das Prinzip der Autonomie wird von den Naturalisten mit Willkürlichkeit und Egoismus gleichgesetzt. Willkür und Egoismus suchen sie mit Recht zu bekämpfen. Aber es ist m.E. ein falsches Mittel, sie dadurch bekämpfen zu wollen, daß man die Natur in ein höheres Recht einrücken möchte, vor dem die Ansprüche des

Menschen zurückzutreten hätten, oder vor der doch die eigenen Ansprüche erst ihre Rechtmäßigkeit darzulegen hätten. Die Natur ist keine Rechts- und keine Verantwortungsinstanz und kann es nie sein. Albert Schweitzer, der die Maxime der »Ehrfurcht vor dem Leben« unterschiedslos allen Organismen gegenüber für angebracht hielt, hat doch niemals versucht, diese Maxime im Rückgriff auf die Natur zu legitimieren. Im Gegenteil, er war sich völlig darüber im klaren, daß der Versuch, ein Sollen naturalistisch zu begründen, nur auf fruchtloses Phantasieren hinauslaufen könne. »Eine Evolution der Welt, in der die von dem Menschen und der Menschheit verwirklichte Kultur etwas bedeutet, läßt sich nicht dartun«, sagt Schweitzer unmißverständlich.[18] Und: »Die Natur kennt keine Ehrfurcht vor dem Leben.«[19] Sie kennt auch keine Verantwortung und noch weniger ein Prinzip Verantwortung.

1.2 Von den Aufgaben der Philosophie

In welchem Sinn ist durch die ökologische Krise jedoch überhaupt ein philosophisches Problem gestellt? Denn sicher sind Politiker, Ökonomen, Biologen, Techniker und Naturwissenschaftler aller Sorten unmittelbar betroffen. Wieso und in welchem Sinn jedoch die Philosophen? Stellt ihre – ständig aufs Prinzipielle ausgerichtete – Art zu reflektieren nicht eher ein Hindernis für jede konkrete Problembewältigung dar und keine Hilfe?
Mit den Fragen zulässiger und unzulässiger Begründungsstrategien für eine erforderliche Änderung der menschlichen Einstellung zur Natur ist in der Tat eine große Gefahr verbunden: das Traktieren von Begründungsproblemen lenkt ab von dem eigentlichen Problem, das ja kein philosophisches Begründungsproblem ist, sondern ein reales Problem, wie es als ökologische Krise in Erscheinung tritt. Von der Bewältigung dieser Krise hängt das Überleben der Menschheit ab! Sollte man nicht Begründungsdiskurse verabschieden zugunsten der Suche nach hilfreichen Lö-

18 A. Schweitzer, Die Ehrfurcht vor dem Leben, München 1966, S. 47.

19 Ebenda S. 32.

sungsvorschlägen, gleichgültig welcher Tradition sie entstammen, gleichgültig welchem Philosophiebegriff sie zuzurechnen sind? Das wäre weise, auch im Sinne der Philosophie; denn auch der Philosoph tut gut daran, sich durch einen rettenden Schritt aus der Gefahr zu bringen, anstatt über Begründungsstrategien zu räsonieren.

(1.) Analytische Klärung von Begriffen und Argumenten

Auch ein Philosophieren in praktischer Absicht darf sich nicht von Begründungsfragen dispensieren. Gute Argumente von schlechten zu trennen, hält der Ethiker R. M. Hare für die wichtigste Aufgabe der Philosophie, und John Passmore sieht den Ertrag seines Buches *Man's Responsibility for Nature* primär darin, daß er begrifflichen Unrat beseitigt habe; denn unklare Begriffe sind Hindernisse zu vernüftigem Handeln. Wichtiger noch: es wird behauptet, daß die praktischen Konsequenzen verschieden aussehen, je nachdem, ob wir einen naturalistischen oder einen bewußtseinstheoretischen Ansatz wählen.[20] Wenn das so ist, dann verbindet sich mit den Begründungsfragen mehr als nur philosophieinterne Schul- und Richtungsrangelei. Gerade weil der praktische Druck zum Handeln groß ist und heftige Emotionen sich bei den ökologischen Debatten zu äußern pflegen, müssen wir den Boden für vernünftiges Handeln bereiten helfen, indem die Klärung und Präzisierung der Begriffe und Argumente so weit wir nur können vorangetrieben wird. Das wäre die analytische Aufgabe der Philosophie, eine überaus wichtige gerade für die Philosophie der Gegenwart, die aber ihr Aufgabenfeld nicht erschöpfend bestimmt. Klarheit in einer Situation zu schaffen, ist zwar nicht alles, was von uns gefordert ist, aber doch fast alles, was der Philosoph beitragen kann. Jedenfalls, solange der Philosoph sich auf »seine Sache« in eigener Kompetenz bezieht.

20 »It makes a practical difference in the way we treat the natural environment whether we accept an anthropocentric or a biocentric system of ethics.« P.W. Taylor, Respect for Nature, aaO, S. 12.

(2.) Kritik unvernünftigen Handelns

Ich vertrete nicht die Auffassung Platons, daß es im Staat nicht eher gut zugehen könne, ehe nicht die Philosophen herrschten; und ich glaube auch nicht daran, daß die Politiker, wenn sie zu philosophieren begännen, zu den Ergebnissen kommen würden, die die Philosophen in ihren Systemen jeweils als das Vernünftige ausgewiesen haben.

Aber den verschiedenen Handlungsweisen, die im öffentlichen wie im privaten Bereich praktiziert werden, liegen jeweils verschiedene »Philosophien« zugrunde; sie mögen zum größten Teil sehr trivial sein und werden im allgemeinen wohl auch wenig Ähnlichkeit mit schulphilosophischen Systemen aufweisen. In diesen handlungsorientierenden Philosophien, die meistens unexpliziert bleiben, kommen aber Grundbegriffe und Unterscheidungen vor, die auch in der Schulphilosophie eine wichtige Rolle einnehmen, so z. B. die Unterscheidung von Sein und Sollen, oder vom Wesentlichen und Unwesentlichen, vom Tatsächlichen und vom Notwendigen und dergleichen mehr; sie enthalten bestimmte Annahmen über die Wirklichkeit und ihre Erkennbarkeit; sie enthalten auch ganz bestimmte Handlungsnormen und wertende Auffassungen vom Menschen. Die damit verbundenen und jeweils in Anspruch genommenen Behauptungen und Argumente müssen kritisch geprüft werden, inwieweit sie konsistent sind, inwieweit sie haltbar sind, auf welche Evidenz sie sich stützen und dergleichen mehr. Die damit definierte Aufgabe ist die der Kritik. Sie ist primär als Kritik zu bestimmen, weil es um die Prüfung der Rechtmäßigkeit schon bestehender Erkenntnisansprüche und Behauptungen geht, die uns in alltäglicher Einstellung und ebenso in wissenschaftlicher Erfahrung entgegentreten. Dieser Kritikmöglichkeiten kann sich die Philosophie nur versichern durch vorgängige Kritik des Erkenntnisvermögens selbst, wie es von Kant in der Kritik der reinen Vernunft paradigmatisch ausgeführt worden ist. Aber auch diese, seit der Neuzeit im Zentrum stehende Aufgabe, erschöpft nicht das Aufgabenfeld der Philosophie.

(3.) Pronoetische Vernunft

Vor welche über die analytische und die kritische hinausreichende Aufgabe ist die Philosophie des weiteren gestellt? Solange sich die Philosophie als Metaphysik verstanden hat, wurde ihre primäre Aufgabe immer darin gesehen, daß sie vom Seienden im ganzen zu handeln habe, daß sie so etwas wie ein Weltbild oder eine Weltanschauung auszubilden habe, um das Spezialwissen zu integrieren und einzuordnen oder gar mit sicheren Grundlagen zu versorgen. Diese (metaphysische) Aufgabe der Philosophie schien unter der kritischen und analytischen zu zerbröckeln. Kant wurde mit der Kritik der reinen Vernunft als Zertrümmerer der Metaphysik in die Geschichte der Philosophie eingetragen, und die analytische Philosophie wurde begrüßt (und von den »Freunden der Metaphysik« verschrien), weil sie die Metaphysik als solche mit dem Verdikt der Sinnlosigkeit belegt hatte. Aber so oft sie auch totgesagt worden ist, so viele Auferstehungen (in verwandelter Form) hat sie auch erlebt. Wir können uns nicht davon dispensieren, gewisse Grundorientierungen für unser Leben auszubilden; wir können nicht unser Leben als Stückwerk konzipieren, sondern bringen einheitliche Entwürfe ins Spiel, die wir revidieren und sogar verwerfen können, ohne die wir aber nicht ein sinnbezogenes Leben führen können. Es gehört zu unserem Selbstverständnis als verantwortliche Subjekte, daß wir uns Rechenschaft geben darüber, warum wir leben, wie wir leben; d.h. wir müssen verschiedene Lebensentwürfe vergleichen und beurteilen können. Wir bewegen uns in einem Raum von alternativen Lebensmöglichkeiten, der strukturiert sein will. Die Ausbildung solcher Grundstrukturen (Lebensentwürfe) und die Ausgriffe auf Möglichkeiten (Zukunft) bleiben wichtige Aufgaben der Philosophie, bzw. sind bleibende Aufgaben von uns allen und haben eine philosophische Tragweite.

Diese dritte Aufgabe will ich die pronoetische nennen oder auch entwerfende. »Pronoia« bedeutet im Griechischen das Vorausdenken, auch die Vorsorge; nicht aus Neugierde, sondern weil es um etwas geht: weil es um unser Wohl oder Verderben geht, müssen wir vorausdenken. Unsere Zukunft ist extrem gefährdet, wenn wir sie schlicht als die Fortschreibung der Gegenwart (und

Vergangenheit) verstehen. Deshalb müssen die Grundverhältnisse, in denen wir stehen, von diesem Gesichtspunkt einer vertretbaren Zukunft für menschliches Leben her ausgelegt und bestimmt werden.
Durch die ökologische Krise ist eine philosophische Aufgabe gerade in diesem dritten Sinn insofern definiert, als es um Grundeinstellungen des Menschen geht. Die Einstellung des Menschen zur Natur ist keine unabhängige Größe, sondern ihrerseits verschränkt mit der Einstellung, die er zu sich und zu seinesgleichen hat. Ob der Mensch sich als Herr und Besitzer der Natur versteht oder als Teil der Natur, ob als Hüter und Verwalter eines anvertrauten Gutes oder als schonungslosen Verbraucher und Verzehrer der Güter – und wie immer wir solch alternative Einstellungen zur Natur beschreiben wollen –, immer korrespondiert einer solchen Einstellung zur Natur auch ein entsprechendes Selbstverständnis des Menschen. Deshalb ist es hier sinnvoll, von dem Grundverhältnis des Menschen zu sprechen, das neu bestimmt werden soll: das Verhältnis zu sich, zu seinesgleichen und zur Natur. Die Auslegung dieses Grundverhältnisses, seine Entfaltung in den genannten drei Hinsichten, ist wohl eine genuine Aufgabe der Philosophie – wenn ich die Rolle der Religion hier einmal ausklammern darf.[21]

(4.) Vermittlung zwischen Esoterik und Exoterik

Andererseits zeigt jedoch die durch die ökologische Krise definierte Problemsituation eine Struktur grundverschieden von den Problemen, an deren Lösung sich die Philosophie sonst beteiligen konnte. An ihrem Zustandekommen wie auch an ihrer möglichen Bewältigung sind nicht nur unterschiedliche Wissenschaften und Technologien beteiligt, sondern ebenso soziale Mechanismen und

21 Viele Autoren, die primär als Philosophen argumentieren, vertreten die Auffassung, daß die Philosophie vor dieser Aufgabe eigentlich versagen müsse und überfordert sei, und daß nur eine religiöse Antwort möglich sei; so z. B. H. Jonas, G. Picht, R. Spaemann, K.-M. Meyer-Abich.

politische Kräfte. In diesem Problembereich kann die Philosophie überhaupt nicht eigenständig operieren – genausowenig allerdings können es auch die übrigen Disziplinen bzw. Instanzen. Einen Raum dafür auszubilden, in dem das unterschiedlichste Spezialwissen mit Prozessen allgemeiner Willensbildung zusammengeführt werden kann, stellt sich hier als eine erste Aufgabe. An ihr muß sich die Philosophie beteiligen, wohl wissend, daß es nicht die alte Neigung zum Systembau ist, die jetzt gefragt ist, sondern daß – bei eingestandenem »ignoramus« – der Vernunft dadurch eine Chance eingeräumt werden muß, daß das andernorts verteilt zu findende Fachwissen zur Lösung der komplexen Probleme aufeinander beziehbar wird.[22]

Diese Vermittlungsaufgabe der Philosophie stellt sich als sehr komplex dar (s. u. Kap. 2.3 u. 2.4), geht es doch einerseits um Spezialwissen unterschiedlichster Experten, deren Kompetenz nicht zu bestreiten und nicht zu beschneiden ist, andererseits um Entwicklungen, die weit über die Grenzen einzelner Wissenschaften hinaustreiben und die die Gesellschaft im Ganzen betreffen (angefangen von der Finanzierung der Forschung bis hin zur Bewältigung ihrer technischen Folgelasten); diese heterogenen Kompetenzen und Interessen sachlich aufeinander zu beziehen, ist eine Voraussetzung vernünftigen Handelns, wie schwierig auch immer die Vermittlung so inhomogener Instanzen sich darstellen mag und wie sehr die Expertenkompetenz sich auch gegen den Gedanken gemeinsamer Problembearbeitung sperren mag. Es scheint aber unabweisbar zu sein, daß nur eine breite gesellschaftliche Partizipation am Entscheidungs- und Steuerungsprozeß des Systems der wissenschaftlich-technischen Lebenswelt eine Chance zur Problembewältigung bietet. Die alte Exklusivität zwischen den Wissenden und den interessierten Laien, zwischen Esoterik und Exoterik, kann und darf nicht fortbestehen, wenn sich die realen Auswirkungen des Risikos, das sich prinzipiell nicht aus dem Wissen eliminieren läßt, auf alle erstrecken und mithin alle das Risiko mitzutragen haben.

22 Vgl. meine Thesen über »Die Aufgabe der Philosophie in den modernen Industriegesellschaften«, in: Zeitschrift für Didaktik der Philosophie, 2/85, 1985, S. 110-112. – Die dort skizzierte Gliederung habe ich hier zugrunde gelegt.

Um es noch klarer zu sagen: die fächerübergreifende Kooperation und die Beteiligung der Allgemeinheit sind geboten, nicht weil der gesunde Menschenverstand gleichberechtigt mit dem Experten auch zu Worte kommen soll, sondern weil die Wissenschaft ein Machtfaktor geworden ist, der unsere moderne Lebenswelt prägt und verändert; sofern diese Macht sich auf die Lebensverhältnisse aller auswirkt, sind auch alle gefragt und zu fragen, ob sie die neuen Lebensformen und Lebensverhältnisse zu bejahen und zu tragen gewillt sind. Die Frage der »Sozialverträglichkeit« einer Technologie wird sich vor allem daran entscheiden, inwiefern die Bürger an der zu ihrer Installation führenden Willensbildung beteiligt werden konnten.

1.3 Vom Wissen als Grundlage des Handelns

J. Passmore hat darauf hingewiesen, daß unser derzeitiges Wissen objektiv betrachtet zwar immens ist, gemessen jedoch an dem Wissen, das wir haben müßten, um die ökologischen Probleme rational traktieren zu können, eher wie ein Nichtwissen erscheint.[23] Dieses Nichtwissen läßt sich jedoch nicht dadurch beheben, daß wir noch mehr in eine Forschung herkömmlichen Stils investieren, daß wir unser Wissen der Quantität nach weiter steigern. Die Schwierigkeit, vor der wir stehen, hat mehr mit der Bestimmung des Wissens als Handlungsgrundlage zu tun und mit dem Verhältnis von Wissen und Handeln. – Descartes hatte die Wissenschaft zu Beginn der Neuzeit darauf verpflichtet, sichere Fundamente nicht nur der Erkenntnis, sondern über die Erkenntnisgrundlagen auch für alle Lebensbereiche zu schaffen; deshalb sollten sich Mechanik, Medizin und Ethik wie die fruchttragenden Zweige eines Baumes entwickeln am Stamm der Physik, als dessen Wurzelwerk er die Metaphysik ansah. Handeln konnte rational nur in dem Maße werden, in dem die wissenschaftlichen Grundlagen sicher wurden, d. h. in dem die Metaphysik selbst als sichere Wissenschaft entwickelt wurde und ihre Gewißheit in alle Bereiche übertragen konnte. Sofern es sichere Grundlagen nicht

23 J. Passmore, Man's Responsibility for Nature, London ²1980, S. 177.

gab, sollte nur die alte Option der Skeptiker offen sein: Epochê zu üben, d.h. sich des Urteils zu enthalten – und damit ohne rationale Handlungsgrundlagen dazustehen.

Der von Descartes entworfene Zustand ist aber ein unerreichbares Ideal; die von ihm geforderte Sicherheit des Wissens ist prinzipiell unerreichbar, weil sie die für das menschliche Wissen charakteristischen Bedingungen der Endlichkeit und der Fehlbarkeit ignoriert. Wollen wir unsere Vernunft überhaupt gebrauchen, dann müssen wir sie auf unsicheren Grundlagen gebrauchen; die Vernunft kann das mit der Unsicherheit des Wissens verbundene Handlungsrisiko nicht eliminieren, allenfalls reduzieren, und sie muß anerkennen, daß sie unter Risikobedingungen aktiv werden muß, wenn sie überhaupt zu einem Handeln gelangen soll. –

Der Ausfall apriorischer Absicherung durch die Vernunft wurde in empiristischer Tradition durchaus als eine Chance angesehen: klug zu werden durch und aus Erfahrung. In einem fortgesetzten Probierverfahren von Versuch und Irrtumsbeseitigung können wir in immer zunehmendem Maße unsere Kenntnisse verbessern. Wenn wir nur hinreichend bereit sind, Fehler zu machen, werden wir durch Erfahrungen, die meist als schmerzliche Enttäuschungen begegnen werden, auch eines Besseren belehrt. Auch wenn sich dieses Lernen aus der Erfahrung nicht strikt nach der Methodologie Poppers durch Falsifikation gefolgt von Theorienelimination vollzieht, so führt es doch zu einem verbesserten Erkenntnisstand.

Im Kontext der modernen Technologien zeigt sich aber nun, daß wir nicht schlicht einem Versuch-und-Irrtums-Verfahren folgen können und dürfen; denn die Fehler, aus denen wir lernen könnten, sind zu groß, als daß wir sie machen dürften. Poppers falsifikationistische Empfehlung: »laßt Theorien sterben, denn das steigert die Überlebenschancen des Menschen«, kann offensichtlich dann nicht mehr befolgt werden, wenn im Test selbst der Verlust des Lebens riskiert wird. In solchen Fällen muß das Lernen aus Erfahrung kompliziertere, indirektere Formen annehmen, als sie der Empirismus entworfen hatte.

Deshalb sind Erörterungen wissenschaftstheoretischer Art in dieser Arbeit durchaus vonnöten. Aus der Orientierung am ökologischen Problem, wenn es denn statthaft ist, im Singular zu reden, ergibt sich ein verändertes Verständnis von Wissenschaft. Die Veränderung im Verständnis von Wissenschaft nimmt durchaus einen Rang ein, wie wir ihn mit dem Neubeginn der Naturwissenschaften im 17. Jahrhundert verbinden. Der oft zu hörende Ruf nach einer neuen, alternativen Wissenschaft und die heftige Kritik an der Form neuzeitlicher Naturwissenschaft scheinen mir von daher verständlich. Gleichwohl werde ich diesem Ruf nicht folgen. Wie sollten wir auch eine wissenschaftliche Praxis, die wir seit dem 17. Jahrhundert verbessert haben, aufgeben und durch etwas ersetzen können, wovon wir noch nicht einmal einen Begriff haben! Die gegenüber der bestehenden Wissenschaft angemahnten Forderungen können m. E. nur eingelöst werden, wenn wir Werte und Normen, die wir schon kennen, fest im Wissenschaftsbegriff verankern, nicht aber wenn wir auf das Auftauchen von etwas fundamental Neuem hoffen. Die Zäsur, die dadurch markiert wird, dürfte jedoch von vergleichbarem Gewicht sein: es geht um die Etablierung von Normen und Strukturen, die dem Umstand Rechnung tragen, daß Wissenschaften Machtfaktoren sind.

Denn das mit Bacons Namen verbundene Diktum »Wissen ist Macht« hat sich seit seinen Tagen über alle Maßen bewahrheitet. Die Wissenschaften und ihre Effekte durchziehen und durchherrschen all unsere Lebensverhältnisse; wir leben in einer »verwissenschaftlichten Welt«.[24] Unter dem Gesichtspunkt von Wissen als Macht rücken viele Kriterien, die bislang im Sinne der »intern-extern-Trennung« für unvereinbar gehalten wurden, in ein sinnvolles Verhältnis.

Im herkömmlichen Verständnis von Wissenschaft blieb kein Raum für die Anerkennung der sich mit der Forschung verbindenden sog. gesellschaftlichen Interessen, ebensowenig für die Integration genetisch-historischer Erkenntnisse in die geltungstheoretischen Rekonstruktionen einer Wissenschaftslogik. Die in den Laboratorien verschanzten Forscher betrachteten deshalb Fragen der Verantwortung der Wissenschaft als »externe« Ansinnen, die an die Techniker und Ingenieure zu verweisen seien. Der

24 W. Schulz, Philosophie in der veränderten Welt, Pfullingen 1972, Erster Teil: Verwissenschaftlichung.

genuine Grundlagenforscher – und nur er verdiene den Namen Forscher im eigentlichen Sinn – müsse sich um Fragen der Verantwortung so wenig kümmern, wie er sich von der Gesellschaft in seine Arbeit hereinreden lassen dürfe.

Wenn aber Wissen als solches Macht repräsentiert, steht es auch immer schon in einem Handlungskontext, der normativ zu regeln ist. Dann können die rein kognitiven Kriterien (Prognose- und Erklärungskraft, Konsistenz, großer empirischer Gehalt etc.) nicht hinreichende Kriterien sein. Unter dem Gesichtspunkt, daß die Wissenschaften Machtfaktoren sind, die unser aller Leben beeinflussen, muß man das Verhältnis von Wissenschaft und Gesellschaft anders fassen, als es in der Entgegensetzung in rein theoretischer Perspektive geschieht: Experten versus Laien bzw. Kompetenz versus Ignoranz. Wir müssen uns dann auch fragen, warum wir den Gedanken der Gewaltenteilung von der wissenschaftlichen Macht so betont fernhalten.

Die enge Kopplung von Wissenschaft und Technik ist ein Grundzug des neuzeitlichen Geistes. Aber noch immer umhegt ein nachwirkender Platonismus die sog. reine Forschung oder Grundlagenforschung wie ein akademischer Hain und verstellt die Einsicht, daß nicht erst die Techniker es zu ihrer Sache machen, Erkenntnisse praktisch anzuwenden, sondern daß das neuzeitliche Wissen seiner Intention und Struktur nach technikerzeugendes Wissen ist. Die Rede von der instrumentellen Vernunft hat ihr Fundament in dem Selbstverständnis, mit dem die Naturwissenschaftler des 17. Jahrhunderts angetreten sind – auch wenn de facto sich Wissenschaft und Technik noch weit bis ins 19. Jahrhundert hinein selbständig nebeneinander entwickelten.[25] Aber nicht erst die NASA hat uns vor Augen geführt, wie eng Grundlagenforschung und Technikentwicklung zueinander stehen; der Großteil der Grundlagenforschung findet heute in den Labors der Großindustrieunternehmen statt. Die Organisationsform der Forschung an den Universitäten ist die verschwindende Ausnahme und eine Zierde nur noch im Sinne von Adams Feigenblatt. Mit anderen Worten, man muß die Wissenschafts-

25 Vgl. M. Heidegger, »Die Frage nach der Technik«, in: Die Künste im technischen Zeitalter (Hg. Bayerische Akademie der Schönen Künste), München 1956, S. 60ff.

theorie als Teil der Technikphilosophie traktieren, nicht aber letztere als einen Appendix der ersteren. Dann läßt sich über Ziele und Zwecke der Forschung in einem umfassenderen Sinn handeln, denn sie gehören zusammen als konstitutive Kräfte unserer technischen Kultur.

In diesem umfassenden Sinne integriert »Das Bacon-Projekt« Naturforschung, ihre technische Verwertung, ein Gesellschaftsmodell und eine Theorie des Glücks. Wie rudimentär dieser Zusammenhang auch bei Bacon entwickelt worden ist, und wie einseitig (aggressiv) er ihn in seinem naiven Optimismus als Programm akzentuiert hat, indem er gleichsam selbst der Verführung der Macht als ihr erstes Opfer erlag, so bleibt doch das damit aufgerichtete Ideal ein Vorbild, an dem wir uns orientieren müssen. Wir dürfen es nicht preisgeben, solange in der Welt materielle Not existiert, und wir sollten es nicht preisgeben, wenn uns an der Idee der Aufklärung, am Projekt der Moderne noch etwas liegt. Wie und unter welchen Bedingungen wir an ihm festhalten können, ist Gegenstand der folgenden Überlegungen.

1.4 Über Natur als vermeintliche Fundierungsinstanz von Handlungsnormen

Unter dem Ausdruck »Natur« verstehen wir heute zuerst jenen Bereich von Objekten und Prozessen, von dem uns die Naturwissenschaften ein immer genaueres Bild geben können und geben. Innerhalb der alten metaphysischen Denkweise hat man zuerst die Gegenstandsbereiche definiert und ihnen dann die entsprechenden »regionalen« Wissenschaften zugeordnet.[26] Demgegenüber gehen wir vom Vorrang der wissenschaftlichen Erschlos-

26 Für Aristoteles gibt es drei Wissenschaften vom Seienden: (i) vom selbständigen und unbewegten Seienden: Theologie; (ii) vom selbständigen und bewegten Seienden: Physik; (iii) vom unselbständigen und unbewegten Seienden: Mathematik. – Entsprechend dem ontologischen Rang der Gegenstände stehen die Wissenschaften in einer Rangordnung, und als theoretische Wissenschaften stehen sie über den praktischen und poietischen Disziplinen. (Met. VI,1; 1026a17-32)

senheit von Objektbereichen aus, d. h. die naturwissenschaftliche Vorgehensweise steht im Definiens dessen, was wir Natur nennen, und nicht umgekehrt. Damit wird zum Ausdruck gebracht, daß es neben der empirischen Erkenntnisweise keinen weiteren kognitiven Zugang zur Natur gibt, schon gar nicht einen von höherem Rang, wie es die Metaphysik beansprucht hatte.

Wir sind auch meist der Meinung, daß es im Zuge der auf Fortschritt orientierten Naturwissenschaften immer um die Beseitigung falscher Vorstellungen über die Natur gegangen sei und um ihre Ersetzung durch wahre. – Wenn wir an Sachverhalte wie die Größe des Abstandes zwischen Erde und Mond denken, mag dieses Bild vom Erkenntnisfortschritt der Naturwissenschaften sogar ganz richtig sein. Aber das reine Tatsachenwissen war früher und ist auch heute noch eingebettet in umfassendere Vorstellungen über die Natur, die nicht in demselben Sinn wie die Erkenntnisse über Sachverhalte gewonnen und beurteilt werden.

Seit es die empirischen Naturwissenschaften gibt, ist in der Rekonstruktion ihrer Erkenntnisweisen immer wieder in der einen oder anderen philosophischen Sprache betont worden, daß es zwar keine von der empirischen Wissenschaft unabhängige metaphysische Erkenntnisweise geben kann, daß jedoch empirische Erkennntis selbst »jederzeit Metaphysik voraussetzt« (Kant). Naturforschung ist ohne generelle Grundannahmen über den Gegenstandsbereich überhaupt nicht möglich. Ausgenommen radikal-positivistische Minderheiten zu Anfang unseres Jahrhunderts ist diese These ein Gemeinplatz der modernen Wissenschaftstheorie von Kant bis Popper und Kuhn. Unterschiedliche Auffassungen gibt es natürlich hinsichtlich des Status dieser Vorannahmen und hinsichtlich ihrer Kennzeichnung. Die Natur als harmonische Ordnung, oder als perfektes Uhrwerk, oder als Gesamtorganismus, oder als durchgängige Zweckmäßigkeit, oder als kontingente Konstellation von Atomen; diese und andere Vorstellungen (Modelle) sind angeführt worden als Beispiele von Leitvorstellungen der empirischen Forschung in Vergangenheit und Gegenwart.

Wenn solche metaphysischen Grundannahmen empirische Erforschung der Natur allererst möglich machen, welchen Status nehmen sie dann ein gegenüber dem empirischen Wissen, von dem wir heute annehmen, daß es nicht kontinuierlich wächst, sondern fundamentalem Wandel (»wissenschaftliche Revolutionen«) ausgesetzt ist? Zugegeben, daß die metaphysischen Grundannahmen Forschungstraditionen definieren, was passiert mit ihnen im Falle von Traditionsbrüchen, und wie kann es zu letzteren überhaupt kommen, wenn die Forschungsaktivität ihre Wurzeln in einer Metaphysik hat?

Es scheint ein verkürztes Bild von der Entwicklung der Forschung zu sein, wenn man sie versteht als einen von metaphysischen Voraussetzungen inspirierten sich ständig überholenden Wissensstand über einen invarianten Bereich; denn darin wird unterstellt, daß allein die aus dem Naturbereich zutage gebrachten Fakten am Wandel unserer Vorstellungen über die Natur beteiligt seien. – Indessen ist die Vorgabe bestimmter metaphysischer Grundannahmen gegenüber anderen und ihre eventuelle Zurücknahme und Ersetzung durch Alternativen sicher nicht durch empirische Fakten determiniert. Wenn wir die These von der Unterdeterminiertheit von empirischen Theorien durch Fakten (Duhem/Quine) akzeptieren, was weitgehender Konsens ist, dann gilt a fortiori die Unterdeterminiertheit von metaphysischen Theorien (nach Popper sind metaphysische Annahmen nicht falsifizierbar, d.h. nicht durch Beobachtungsaussagen zu widerlegen).

Je lockerer man aber das Verhältnis zwischen diesen metaphysischen Grundananhmen und den »in ihrem Licht« erschlossenen Fakten sieht, um so dringlicher wird die Frage nach dem Status dieser Annahmen selbst: welche Gesichtspunkte können wir für ihre Akzeptanz und Verwerfung anführen?[27]

P. Duhem, der wie kein zweiter Physiker die Geschichte seiner Disziplin auf ihre Herkunft aus metaphysischen Vorformen untersucht hat, hat die Rolle der metaphysischen Grundvorstellungen für die Naturforschung ganz und gar negativ gesehen. Zwar sind solche Vorstellungen de facto immer im Spiel, aber sie zeich-

27 Wer, wie der radikale Empirismus (= »Positivismus«), allein empirische Tatsachen als Gründe für die Annahme oder Verwerfung von Aussagen zuläßt, wird damit zur These von der Sinnlosigkeit der Metaphysik geführt.

nen keinen bestimmten Weg der Forschung aus. Ein und dieselbe metaphysische Prämisse kann einander widersprechende empirische Hypothesen »beweisen«. Wenn z.B. Descartes aus der Annahme der »Unveränderlichkeit Gottes« auf seinen Erhaltungssatz vom Bewegungsmoment (mv) schließt, dann könnte dasselbe Argument auch eine andere physikalische Größe als konstant ausweisen (z.B. mv^2)! Mithin betrachtet Duhem metaphysische Ideen als Schmarotzerpflanzen, die sich um den Stamm der Physik herumranken, und die man besser abstreift. Ihm stellt sich der Gang der Naturforschung dar als das fortschreitende Ausmerzen der metaphysischen Bestandteile aus dem positiven Wissensganzen.[28] Diese Konsequenz zieht Duhem, weil er keine eindeutige Folgerungsbeziehung zwischen den metaphysischen Annahmen und einzelnen empirischen Resultaten sehen kann, m.a.W. weil sie weder verifizierbar noch falsifizierbar sind. Er denkt über die Leistung der metaphysischen Ideen ausschließlich in logischen Beziehungen zu empirischen Aussagen der Physik nach.

Hingegen liegt es näher, diese die Forschung inspirierenden und motivierenden (metaphysischen) Überzeugungen als Ausdruck des Selbstverständnisses des Menschen zu deuten, mit dem er seine Aufgabe angeht, seinem Objektbereich gegenüber sich versteht und einstellt. Bei zugestandener Invarianz der Natur kennen wir einen Wandel in den Vorstellungen über die Natur, der nicht Resultat naturwissenschaftlicher Entdeckung ist, sondern Ausdruck eines gewandelten Selbstverständnisses des Menschen. Die grundlegenden Vorstellungen über die Natur hängen sehr eng zusammen mit dem Bild, das der Mensch von sich entworfen hat hinsichtlich seiner Aufgaben in der Welt. »Die Stellung des Menschen im Kosmos« (M. Scheler) läßt sich nicht wie der Abstand zwischen Erde und Mond abgreifen, sondern ist tief im Selbstentwurf des Menschen verankert.[29] Deshalb bleiben die grundle-

28 P. Duhem, Ziel und Struktur der physikalischen Theorien (1906), Hamburg 1978; ebenso denkt E. Mach, Die Mechanik: Historisch-kritisch dargestellt, 9. Aufl., Leipzig 1933.

29 Wir meinen zwar, das Bewußtsein sei ein »Spiegel der Natur« (R. Rorty, 1981), indem es schlicht abbilde, was um uns herum sich zeigt; aber ebenso spiegeln wir uns selbst in der Natur. Die Selbsterkenntnis des

genden Vorstellungen über die Natur und deren Wandel immer ein interessantes Datum für die philosophische Anthropologie und behalten – bei allem Erkenntnisfortschritt – den Status von möglichen Selbstentwürfen des Menschen.[30] Es darf deshalb nicht überraschen, daß wir im Kontext heutiger Ökologiediskussion die Renaissance alter Naturvorstellungen antreffen, und zwar in dezidiertem Bezug auf die Selbstverständigung des modernen Menschen, der sich – verunsichert durch die Krise – fragt, wie wir leben sollen, welche Stellung wir gegenüber der Natur einnehmen sollen, ob wir recht daran tun, verändernd in die Naturgegebenheiten einzugreifen usw.

Es wäre allerdings ein Selbstmißverständnis, wenn man in diesen Rückgriffen auf alte Naturvorstellungen eine objektive »Naturinstanz« zu erreichen meint. Die den Wissenserwerb inspirierenden Überzeugungen sind nicht selbst ein Wissen von der Natur, das nur deshalb, weil es dem Wissen vorgängig ist, auch in höherem Maß ein Wissen sein müßte; sie haben den Status von Ideen (auch Modellen), die wir vorentwerfend unserer Erforschung der Natur unterstellen. Durch ihre Analyse erfahren wir nichts über die Natur, sondern über unsere Ideen von der Natur – und die sind, wie gesagt, Reflexe unseres Selbstverständnisses: aus dem Spiegel der Natur schauen nur wir selbst uns entgegen.[31]

So ergiebig der Spiegel der Natur für die Selbsterkenntnis des Menschen ist, so gewaltig wird der Fehlgriff, wenn wir Projektionen unserer selbst für Naturgegebenheiten halten. Dies scheint

Menschen scheint den Umweg über die Projektionen nach draußen nötig zu haben. Hume war der Meinung, es sei überhaupt unmöglich, etwas anderes als sich selbst zu erkennen; wenn wir die entferntesten Winkel des Universums »erforschen«, bewegen wir uns im Universum unserer Einbildungskraft!

30 Diese Verschränkung von Naturerkenntnis und Selbstverständnis des Menschen hat H. Blumenberg in einer Reihe von Arbeiten verfolgt. Vgl. bes. Die Genesis der kopernikanischen Welt, Frankfurt/M. 1975, und Die Lesbarkeit der Welt, Frankfurt/M. 1981.

31 D.B. Botkin, der den Einfluß mythischer, religiöser und metaphysischer Naturvorstellungen auf konkrete biologische Forschung unserer Tage untersucht hat, kommt zu dem Ergebnis: »What we learn from the mountain lion and the mule deer is about what we believed, not about what we know.« (Discordant Harmonies, S. 89).

mir jedoch die Grundfigur des »Naturalismus« zu sein, der uns von den Vertretern der Physiozentrik angeboten wird. Sie meinen, auf »Natur« zu verweisen, die uns zu einem bestimmten Handeln oder Unterlassen anhalte; aber das normative Element in diesem Anspruch kann als »natürlich« nur in anthropomorpher Projektion dargestellt, nicht aber als Faktum der Naturforschung gewonnen werden.

Das Wissen von den Dingen und Prozessen in der Natur verbessert unsere Handlungsmöglichkeiten – und in diesem Sinn hat es immer einen Bezug des theoretischen Bereichs zum praktischen gegeben. Wenn man dabei praktisch im Sinne von »technisch-praktisch« versteht, was auch sonst instrumentelles Handeln (Herstellen, Bearbeiten, Bewegen) genannt wird, ergeben sich keine Probleme. Denn das verbesserte Wissen von Naturgegebenheiten (z.B. die Höhe eines Berges, den wir besteigen möchten, und die Bedingungen der Begehbarkeit) wird zwar die Chancen meines Handelns verbessern, bleibt aber unabhängig von letzterem. Auch wenn ich aufgrund des verbesserten Wissens mich nun zu einer Handlung entschließe, die ich ohne dieses Wissen unterlassen hätte, wird damit meine Handlung nicht auf eine Naturgegebenheit zurückgeführt.

Eine durchaus problematische Beziehung wird jedoch unterstellt, wenn man *Normen des Handelns* glaubt aus einer Theorie der Natur gewinnen zu können, wie es der »Naturalismus« erstrebt; wenn die theoretische Naturerkenntnis ein »Orientierungswissen« bereitstellen soll.

Um die Beziehungen des theoretischen und praktischen Wissens genauer zu fassen und die Fallstricke des Naturalismus deutlicher in den Blick zu bekommen, mag es helfen, die unterschiedlichen Einstellungen und Verhaltensweisen des Menschen zur Natur zu bestimmen.

1.5 Dimensionen des Verhaltens gegenüber der Natur und Wandlungen des Naturbegriffs

Das Verhalten des Menschen gegenüber der Natur läßt sich auf mindestens drei Stufen oder besser in drei Dimensionen analysieren: Der Mensch kann sich (1.) erkennend (theoretisch), (2.) handelnd (technisch-praktisch) oder (3.) reflektierend (ästhetisch) auf die Natur beziehen. Die gegenwärtig viel diskutierte Frage ist, ob der Mensch auch (4.) eine moralisch-praktische Einstellung der Natur gegenüber einnehmen könne oder solle. – Darin erscheint der Naturalismus als der Versuch, über die Bejahung der letzten Frage hinaus ihre Rechtmäßigkeit und Verbindlichkeit dadurch zu beantworten, daß auf die Natur selbst als Begründungsinstanz zurückgegriffen wird. Durch die letztgenannte Einstellung wird zugleich akzentuiert, daß es sich bei der Analyse der Verhaltensdimensionen gegenüber der Natur nicht um eine rein strukturelle Betrachtung handelt, sondern daß hierin zugleich historische Entwicklungen zu erfassen sind.

Daß sich in unserer Geschichte die maßgebenden Vorstellungen in diesen Dimensionen selbst geändert haben, ist uns allen geläufig aus historischen Darstellungen, die die einzelnen Disziplinen bzw. Sektoren gefunden haben: Geschichten der Wissenschaft, der Technik, des Erkenntnisproblems, der Ästhetik etc. Eine interessantere Form des Wandels stellt sich jedoch dar in den unterschiedlichen Gewichtungen dieser Dimensionen, die sie gegeneinander im Laufe der Geschichte erfahren haben, und in den veränderten Fassungen ihrer Vor-und-Nachordnung. Dabei geht es um Formen des Wandels, die in der je isolierten Perspektive einer Dimension nicht traktierbar sind.[32]

32 Daß sich der konstitutive Schritt, durch den sich die Naturwissenschaften im 17. Jahrhundert als autonome Disziplinen etablierten, als Befreiungsschritt von der Bevormundung durch die Metaphysik darstellte, mag auch der historischen Darstellung der Disziplin die exklusive Innenperspektive nahegelegt haben. Die Geschichte des Denkens über die Natur schien sich als rein interne Historiographie der naturwissenschaftlichen Theorien erfassen zu lassen. Aber in dieser Perspektive läßt sich gerade der Wandel in den Grundvorstellungen über die Natur nicht erklären. Wo immer es versucht wurde, mußte deshalb

Um den Ort der durch die ökologische Krise angezeigten Umorientierung besser angeben zu können, muß deshalb der Wandel in diesen Dimensionen und in ihrer Zuordnung zueinander vorgestellt werden. Das kann hier nur in skizzenhafter Form geschehen.

(1.) Die Erkenntnis der Natur etabliert sich zunächst in der Form der Betrachtung oder Schau. Wenn wir heute sagen, das Ziel der Naturwissenschaft sei die Formulierung einer *Theorie*, dann ist das noch ein fernes Echo der anfänglichen Orientierung; denn »theorein« ist das griechische Verb für Schauen. Allerdings gehen moderne naturwissenschaftliche Theorien – trotz des Namens – nicht mehr aus der Schau hervor, und die Naturforschung vollendet sich auch nicht in der Betrachtung. Bis zur beginnenden Neuzeit jedoch vollzieht und vollendet sich die Erkenntnis der Natur als Betrachtung, als Schau, die die höchste Erkenntnisweise war. Nicht nur galt die Schau als höchste Erkenntnisweise, die Betrachtung des Kosmos konnte zugleich als die Sinnerfüllung des Lebens gelten. Anaxagoras soll auf die durch das tragische Bewußtsein der frühen Griechen aufgeworfene Frage, warum sich jemand entscheiden könne, lieber geboren als nicht geboren zu sein, geantwortet haben: um das Himmelsgebäude zu betrachten und die Ordnung im Weltall.[33]

Diese auf die griechische Philosophie zurückgehende Auszeichnung der Zugangsweise zur Natur als Schauen hat sicher etwas damit zu tun, daß man Natur als das Anfängliche (archê, principium) verstand, dem man in einer aufnehmenden, die Gegebenheiten nicht verändernden Einstellung zu antworten hatte. Mit der Vorstellung der Natur verbinden sich Ideen des Anfänglichen und Ursprünglichen in mehrfacher Hinsicht: Mit der Thematisierung der Natur haben Philosophie und Wissenschaft über-

auf Faktoren zurückgegriffen werden, die als solche der Disziplin »extern« waren. Jede interne Historiographie der Naturwissenschaft bedarf in der einen oder anderen Form einer Komplettierung durch externe Faktoren. Vgl. I. Lakatos, »History of Science and its Rational Reconstructions« (1971), dtsch. in: W. Diederich (Hg.), Theorien der Wissenschaftsgeschichte, Frankfurt/M. 1974.

33 Vgl. H. Blumenberg, Die Genesis der kopernikanischen Welt, S. 16f.

haupt ihren Anfang genommen. »Über die Natur« hießen viele Buchtitel der »Vorsokratiker«, von denen uns allerdings nur Fragmente erhalten sind; Aristoteles spricht von den ersten Philosophen insgesamt als von den physiologoi, den Naturkundigen. Zur Entstehung der wissenschaftlichen Erkenntnisweise kommt es also in Form der »Naturphilosophie«, wobei Natur (Physis) als umfassender Name für all das steht, was so da ist, daß es den Anfang von Veränderung und Stillstand in sich selbst hat (Phys. II.1, 192b22).

»Anfänglich« sind auch die Elemente, die einfachen Bausteine, aus denen ursprünglich alles besteht, so daß alles sich aus ihnen zusammensetzt und auch wieder in sie auflöst oder doch auflösen kann. Das »von Natur aus Einfache«, das sich im Entstehen und Vergehen der Dinge durchhält, wie bei Thales das Wasser, bei Heraklit das Feuer, bei Empedokles die vier Elemente (Feuer, Luft, Wasser und Erde), hält Aristoteles für eine Grundbedeutung des Begriffs der Natur (Phys. II.1, 192b10).

Unter Natur verstehen wir heute zuerst einen Bereich von Dingen. Anfänglicher jedoch ist die Bedeutung von Natur als eine Seinsweise oder Beschaffenheit von Dingen. Dazu gehört vor allem die Weise ihres Hervorgehens und Bestehens, die meist mit der Produktion von Objekten durch Anwendung von Kunstfertigkeiten kontrastiert wird. Nach der griechischen Wortbedeutung besagt physis (von phyein = wachsen) ursprünglich so etwas wie Wuchs oder Gewachsensein, d. h. die bestimmte Gestalt einer Pflanze und auch die in ihr liegenden Kräfte und Fähigkeiten (vgl. Homer, Odyssee, 10.303). Daß z. B. eine Pflanze einen bestimmten Duft ausströmt, Fieber senken kann, oder vor einem Zauber schützen u. dgl., das ist mit ihrer und in ihrer Natur festgelegt.

Wenn wir unter Natur primär die Seins- und Wirkungsweise der Dinge verstehen, dann beziehen wir uns zwar auf Bestimmtes; es steht jedoch nicht die Betrachtung des einzelnen Dinges im Vordergrund, sondern die Natur ist jeweils die Natur der einen oder anderen Art. Wir sprechen von der Natur des Feuers, des Wolfes, des Heilkrautes etc. und meinen, daß die Verhaltensweisen der unterschiedlichen Individuen in ihren jeweiligen Art-Naturen ihren Grund haben. Dies scheint die ältere Fassung des Naturbegriffs zu sein. Originär sprechen wir von der Natur der Dinge (Lukrez, De natura rerum) und erst in übertragenem Sinne von der Natur des Ganzen. –

Nicht nur die Weise des Hervorgehens, wie sie ins Sein kommen, sondern auch, wie sie bestehen, wird dabei der Natur zugerechnet. Ihr Bestand hängt mit ihrem Wirken zusammen; denn die Dinge halten sich im Dasein, indem sie ihrer Natur gemäß wirken. Dieser Naturbegriff eines Wesensinneren der Dinge trägt dann auch die Unterscheidung des dieser Natur gemäßen Verhaltens (kata physin) und des der Natur entgegengesetzten, des naturwidrigen (para physin). Es entspricht der Natur der Pflanze, in den Blättern Photosynthese zu betreiben, zu wachsen, evtl. zu blühen und Samen auszubilden etc. Wird sie an ihrem natürlichen Vollzug gehindert, so verkümmert sie oder geht zugrunde, wie sie auch ihr natürliches Ende findet, wenn sie gleichsam ungehindert ihren Lebenszyklus durchlaufen hat.

Soweit scheint die Theorie der Natur sich exklusiv auf die Erkenntnis der »Natur der Dinge«, ihres Entstehens und Vergehens und ihrer natürlichen Bewegungen zu beschränken. Eine weitergehende Verwendung tritt uns jedoch entgegen, wenn wir uns auf den lateinischen Terminus beziehen: natura bezeichnet das in die Welt Kommen durch Geburt (nasci = geboren werden). Bei den Römern scheint sich der Naturbegriff so ursprünglich mit Rechtsverhältnissen des Menschen verbunden zu haben. Die wichtigsten Eigenschaften werden gleichsam durch Geburt festgelegt. Was durch Erziehung, Wissenserwerb und Sitte hinzukommt, gilt als sekundär; die erste Natur zerbricht gleichsam immer wieder die übernommene Kulturhülle und zeigt den invarianten Charakter oder die wahre Natur eines Menschen. – Aber auch bei den Griechen gibt es anfänglich (so z. B. bei Pindar) die Vorstellung, daß durch die Geburt festgelegt sei, ob jemand zum Heroen wird oder nicht.

Eine noch weitergehende praktische Orientierung der Naturphilosophie finden wir in der Kosmologie Platons, die unten ausführlicher dargestellt wird. Der Kosmos insgesamt erscheint als ein durch göttliche Vernunft eingerichtetes Ordnungsgefüge, an dem wir das Leben im staatlichen und im privaten Bereich ausrichten sollen. – Dem Naturrechtsdenken der Stoiker liegt ein

ähnlicher Ansatz zugrunde, der bis in die Moderne fortgewirkt hat.
So gibt es schon in der Antike eine breitere Verwendung der Naturkonzeption in praktischer Absicht, wobei hier dezidiert das moralisch-praktische Moment gemeint ist, wenngleich primär auf den politischen Sektor bezogen. Keineswegs hat sich die »Theorie« der Natur auf die Betrachtung des von Natur aus Seienden beschränkt, sondern man hat versucht, ihr praktische Beachtung zu verschaffen, und einen normativen Gebrauch von ihr gemacht. Vermutlich stand die Rechtfertigung der Adels-Privilegien hinter diesen Verwendungen des Naturbegriffs.
Diese historischen Vorkommnisse naturalistischer Begründung rechtfertigen jedoch nicht das naturalistische Argument als zulässig bzw. korrekt, und schon gar nicht kann es gegenüber einem neuzeitlich geschärften Begriff von Naturwissenschaft bestehen. Aber schon Demokrit hat sich gegen die naturalistische Rechtfertigung gewendet und einen positiven Begriff von Erziehung gegen sie angeführt, vor dem die Verbindlichkeit der ersten Natur verschwindet. In den überlieferten Sprüchen heißt es: »Mehr Leute werden durch Übung (ex askesios) tüchtig als aus Anlage (apo physios).« (DK, 68 B 242)
(2.) Die theoretische Einstellung zur Natur liefert uns ein Verständnis der Natur, ja allererst den Begriff der Natur. Unbestreitbar ist jedoch unser praktisches Verhalten gegenüber der Natur älter und ursprünglicher. Der Schritt zur Menschwerdung wird von den Anthropologen mit dem Werkzeuggebrauch gleichgesetzt. Bereits in den primitiven Lebensformen greift der Mensch mit gezieltem Handeln in die Natur ein, sucht seine Daseinsbedingungen zu sichern und zu bessern; sei es, daß er als Jäger und Sammler sich einfacher Gerätschaften bedient, sei es, daß er als Ackerbauer mit einfachen Mitteln den Boden kultiviert. Die Herstellung von Werkzeug, Gefäß, Kleidung etc., die Entwicklung von »Techniken« des Jagens, Bauens, Züchtens etc. sind sicher älter als alle »Theorien« über die Natur. Vermutlich steckt auch in diesem praktischen Umgang mit der Natur ein bestimmtes Verständnis von Natur, das jedoch als solches nicht artikuliert wird.
Zu einer völlig neuen Gewichtung zwischen dem theoretischen

und dem praktischen Verhalten zur Natur kommt es indessen im 17. Jahrhundert. Der instrumentelle Charakter der Naturforschung wird im experimentellen Vorgehen einerseits und im Theorieverständnis andererseits manifest; ohne Intervention (Experiment) in Naturprozesse wäre Erkenntnis der Natur nicht zu erlangen, und der Wert einer Theorie bemißt sich an ihrer Leistungsfähigkeit hinsichtlich Prognose und Erklärung. Die Kriterien des technisch-praktischen Handelns rücken auf zu Bewertungskriterien der Naturforschung. Mit der neu gewonnenen Grundlage im Operieren wird zugleich die Bindung an metaphysische Prinzipien abgestreift, die einem fruchtlosen Theoretisieren zugerechnet werden.

Die Natur wird nun zur Domäne der eigenständigen und auf permanenten Fortschritt orientierten Naturwissenschaften, und von da an wird die Vorstellung von Natur als Objekt-Bereich äußerer Erfahrung leitend. Natur wird so gedacht als ein Bereich, in dem sich nach unveränderlichen Gesetzen notwendige Veränderungen vollziehen; sie ist Ort der Notwendigkeit. Nichts kann sich den Naturgesetzen entziehen, alles ist ihnen unterworfen, sofern es überhaupt im Rahmen von Raum und Zeit erscheint. – Kant hat diesen Naturbegriff auf die Formel gebracht: Natur (substantive oder materialiter) bedeutet den »Inbegriff aller Dinge, sofern sie Gegenstände unserer Sinne, mithin auch der Erfahrung sein können« (M.A.d.N., IV 467), oder auch: »... den Inbegriff der Erscheinungen, sofern diese vermöge eines inneren Prinzipes der Kausalität durchgängig zusammenhängen« (KrV A 418/B 446). Mit dem Zusammenhang nach einem Prinzip der Kausalität meint Kant den Zusammenhang vermöge der Naturgesetze. Das ist eine typisch neuzeitliche Vorstellung. Für die Neuzeit ist die Einheit der Natur mit dem Konzept des Naturgesetzes so eng verbunden, daß der Begriff der Natur den des Gesetzes schon mit sich führt. – Die Vorstellung von Natur, in der die Regularitäten auf die den »inneren Naturen der Dinge« gemäßen Verhaltensweisen zurückgeführt werden, ist verschwunden. Alle in der Natur wirksamen Kräfte sind »äußere Kräfte«.

Mit dieser Kennzeichnung der Natur als Gesetzeszusammenhang verbindet sich – ebenfalls seit dem 17. Jahrhundert – die der technischen Nutzbarkeit. Ein in sich instrumentell verfaßtes Wissen von der Natur vermag auch Natur zu Zwecken zu nutzen, die der Wissenschaft als solcher äußerlich sind. Beginnend mit Bacon (s.u. Kap. 3) wird Natur als ein Reservoir an Kräften und Stoffen für eine im Dienste des menschlichen Wohles stehende technisch-industrielle Nutzungspraxis vorgestellt. –

Liegt dieser neuen Auffassung von Natur etwa eine neue Entdekkung der äußeren Natur zugrunde? Keineswegs. Sie ist Ausdruck einer neuen Stellung, die der Mensch der Natur gegenüber bezieht und unter der es zur Umorientierung der Rangverhältnisse zwischen der theoretischen und der praktischen Dimension kommt. Was diese neue Stellung, die von den einen als Hybris, von den anderen als Schritt in die Humanität gewertet wird, ihrerseits rechtfertigt, führt weit in religiöse, politische, kulturelle Dimensionen hinein, in Regionen, in denen das Selbstverständnis des Menschen der Moderne sich ausbildet.

Machbarkeit ist die Grundvorstellung der Naturwissenschaft geworden, die Kant nach Newtonschen Prinzipien auf die Kosmologie anwendet. Erkennen heißt nachbauen können: »Gebet mir Materie, ich will eine Welt daraus bauen! das ist, gebet mir Materie, ich will euch zeigen, wie eine Welt daraus entstehen soll.«[34]

Die theoretische Vernunft selbst wird zur aktiven, zur produktiven Vernunft, die die bloße Schau und Betrachtung eines Vorgegebenen verlassen hat. In der Rekonstruktion der Naturerkenntnis, die Kant durchgeführt hat, wird die Form einer möglichen Erfahrung zum notwendigen Produkt der reinen Vernunft und identisch mit der allgemeinen Gesetzesform der Natur; denn die Vernunft kann nur das in der Natur erkennen, was sie gemäß eigenen Gesetzen hervorbringen kann! Die kopernikanische Wendung wirft zwar den Menschen aus seiner zentralperspektivischen Betrachtung im Kosmos, gibt ihm aber die Sonderstellung der Aktivität und des Produzierens. Zwar nur des Produzierens der Erkenntnisformen und in einer Welt nicht der Dinge an sich, sondern der Phänomene – aber das ist die einzige, die dem forschenden und agierenden Menschen zugänglich ist.

34 I. Kant, Allgemeine Naturgeschichte und Theorie des Himmels, in: Werke (Pr. Ak. Ausg.) Bd. 1, S. 230.

Seit dem 17. Jahrhundert sind die nach empirischen Methoden arbeitenden Naturwissenschaften in die Rolle der Musterwissenschaften eingerückt. Insbesondere gilt das von der Physik, die wir heute zwar einerseits als eine besondere Naturwissenschaft neben Chemie, Biologie etc. verstehen, die aber nicht ohne Grund den Namen für das Ganze der Natur (physis) geerbt hat und als Grundlagendisziplin für alle Naturwissenschaften angesehen wird.

Hier ist nun konsequent die theoretische Dimension unter die Dominanz der technisch-praktischen gerückt. Wird das einer Zuordnung zum moralisch-praktischen entgegenkommen? Sind naturalistische Argumente damit plausibler geworden als vorher? Eindeutig ist das Gegenteil der Fall. Denn die Natur im Sinne des inneren Wesens eines Dinges, dem von Natur aus diese oder jene Eigenschaft zugehörte oder das eine naturgemäße Verhaltensweise von einer naturwidrigen trennte, gibt es nicht mehr. Und erst recht hat sich die Möglichkeit verflüchtigt, auf den bestirnten Himmel als Ort manifester Sinnstrukturen für unsere Lebensführung zu verweisen; der Übergang vom geschlossenen Kosmos zum infiniten Universum läßt diesen Verweis nicht mehr zu. Der moderne Mensch kann dem traditionsreichen Blick zum bestirnten Himmel nur noch die Einsicht abgewinnen: »Der Anblick dieser unendlichen Räume macht mich schaudern.«[35]

(3.) Aber wir verstehen uns nicht nur der Natur gegenüber als neugierige Wesen und verhalten uns ihr gegenüber nicht nur technisch-praktisch, eine wichtige Dimension unseres Verhaltens zur Natur ist ebenso die ästhetische. Zwar tritt die Bedeutung der ästhetischen Einstellung zur Natur gegenüber der theoretischen wie der technisch-praktischen im allgemeinen Bewußtsein deutlich zurück – vor allem wohl, weil sie zumeist als etwas subjektives, ja extrem privates und nicht generalisierbares angesehen wurde. Dennoch ist die ästhetische Beziehung zur Natur eng und stark, zumal hier die emotionale Sphäre direkt beteiligt ist.

Die enge Beziehung des ästhetischen Erlebens zum Naturbereich wird schon in dem Grundbegriff selbst festgehalten: Aisthesis (von dem sich Ästhetik herleitet) bedeutet die sinnliche Wahr-

35 Pascal, Pensees, Fr. 72, vgl. auch Kant, Kritik der praktischen Vernunft, Beschluß, WW Bd. v, S. 161 f.

nehmung von etwas in unmittelbarer Gegenwart, womit vor allem der Bezug auf Naturobjekte gemeint ist.[36] Und diese Nähe wird ebenfalls in zwei wichtigen Begriffen der Ästhetiktheorie zum Ausdruck gebracht: wir sprechen vom *Naturschönen* und wir haben über lange Zeiten hinweg das Wesen der Kunst als *Mimesis*, als Nachahmung der Natur, bestimmt. Auch wer diese Kennzeichnungen für überholt oder zu eng gefaßt hält, wird doch eine originäre Verbindung von Natur und ästhetischer Erfahrung einräumen müssen.[37]

In der ästhetischen Erfahrung beurteilen wir die Objekte daraufhin, ob und inwiefern sie uns gefallen oder nicht, wir beziehen sie reflektierend auf das Vermögen von Lust und Unlust. Das Schöne zeigt sich in seinen besonderen Proportionen. Ästhetisch reizvoll sind die Verhältnisse, die einen hohen Grad von Zweckmäßigkeit zeigen, d.h. an denen mannigfache Proportionen aufweisbar und darstellbar werden.

Freilich ist die ästhetische Erfahrung der Natur eng mit ihrer Theoria verknüpft, wie auch mit religiöser und ethischer Erfahrung. Das ist vor allem mit Platons Identifikation des Wahren, Schönen und Guten geschehen, die im christlichen Platonismus fortwirkte und in Keplers »Weltharmonik« eine späte Blüte hatte. –

Aber nicht nur die ästhetische Erfahrung, auch das künstlerische Schaffen wird in Analogie mit dem Hervorbringen von Formen in der Natur gedeutet: der Künstler ahmt teils das Göttliche und Gestalterische in der Natur nach, teils führt er es in freier Gestaltung fort und vervollkommnet die Natur.[38]

Die Natur in ihrer subtilen Zweckmäßigkeit, wie sie sich in der Entwicklung eines Organismus und in den symbiotischen äußeren Verhältnissen manifestiert, scheint nur verstehbar, wenn man

36 Vgl. R. Jauß, »Aisthesis und Naturerfahrung«, in: J. Zimmermann (Hg.) 1982, Das Naturbild des Menschen, München, S. 155-82.

37 Vgl. J. Zimmermann, »Zur Geschichte des ästhetischen Naturbegriffs«, in: Ders. (Hg.) 1982, Das Naturbild des Menschen, München, S. 118-54.

38 Aristoteles, dessen berühmte Formel von der Technê als Mimesis hier variiert ist, bindet die künstlerische Tätigkeit enger an die Naturzwekke, d.h. an die festen Formen der Naturdinge (s.u. Kap. 5.2).

sie einer göttlichen Vernunft und Weisheit als Urheber zuordnet. Während Aristoteles zwar anerkennt, »die Natur tut nichts umsonst« (de caelo I.4, 271a33), sondern ist durch und durch zwecktätig (Phys. II,8), so daß alles in ihr harmonisch abgestimmt ist, aber gleichwohl eine externe Intelligenz als Ursache dafür ablehnt, gewinnt der Gedanke, daß man die Zweckmäßigkeit in der Natur nur erklären könne durch die Annahme einer alles sinnvoll anordnenden Vernunft, in der Folge an Attraktivität gerade in der Kombination des christlichen Schöpfungsgedankens mit dem platonischen Demiurgen.

Das ist bei Augustinus, vor allem aber bei Nikolaus Cusanus und in der Renaissance der Fall.[39] Damit erhält auch die These des Aristoteles von der Kunst als einer Nachahmung der Natur eine andere Bedeutung. Denn hier wird nicht nur die strukturelle Analogie von technischem und natürlichem Bewirken (daß beide auf Zwecke ausgerichtet sind) in Anspruch genommen, vielmehr ist der Mensch in seinem technischen Tun ein Nachahmer der göttlichen Schöpfertätigkeit, die in der geschaffenen Natur (natura naturata) manifest geworden ist. Dieser Gedanke wird so weit vorangetrieben, daß wir schließlich Gott auch nur durch die Analogie mit unserem technischen Hervorbringen begreifen können. Das, was der Mensch technisch vermag, eine Maschine von großer Präzision zu bauen, wird zunehmend zum Muster unseres Verstehens der Natur. Die Konstruktionsprinzipien für das von uns hergestellte technische Gerät werden zu Verstehens- und Erklärungsprinzipien für die nicht von uns gemachte Natur. Auch die ästhetische Dimension verbindet sich hier mit der erkennenden und der technisch-praktischen. Das ästhetische Modell vom göttlichen Artefakt, das im christlichen Platonismus zur Bewunderung der göttlichen Kunst, Weisheit und Güte führte, hat sich nun zum maschinellen Paradigma gewandelt. Die transparente Konstruktion und Funktionalität, die Reparatur- und Wartungsmöglichkeit durch Austausch der Teile, ja die Perfektibilität einer Maschine, werden auf die Naturvorstellung übertragen.

Haben wir damit über die Ästhetik eine verbesserte Basis für das naturalistische Argument gewonnen? Folgt ein bestimmtes Han-

39 Vgl. J. Mittelstraß, »Das Wirken der Natur«, in: F. Rapp (Hg.) 1981, Naturverständnis und Naturbeherrschung, München, S. 44-59.

deln der Natur gegenüber aus dem Umstand, daß wir sie »schön« finden, daß sie sich uns als wohlproportioniert, als harmonisch, als ausbalanciert präsentiert? Kann uns die Natur gleichsam von sich aus so »anmuten«, daß wir uns bewahrend, nicht intervenierend ihr gegenüber verhalten, wie es die Physiozentriker möchten? Gibt uns die ästhetische Erfahrung Fingerzeige oder gar Normen für unser Handeln?

Das scheint nicht der Fall zu sein; denn die ästhetische Erfahrung wird für die gegensätzlichsten Einstellungen in Anspruch genommen.

Dem »homo faber« im Ästhetiker ist die vorfindliche Natur häßlich und roh, er setzt seine technologische Macht ein, um die Natur schön zu machen, zu vollenden, zu ordnen, Maß und Verhältnis in sie zu bringen. Der Garten, die kultivierte Landschaft ist ihm die eigentliche, zu sich selbst gekommene Natur, während die Wildnis einen verkommenen, disproportionierten oder gar chaotischen Zustand repräsentiert, der nur mit Abscheu erfüllen kann. Es scheint dann nur konsequent, wenn der Mensch seine Eingriffe in die Natur ästhetisch gerechtfertigt sieht und sich als Verbesserer der ihm vorfindlichen Natur versteht.

Dem »Romantiker«, wie wir den Befürworter der Wildnis hier nennen wollen, ist die Natur in ihrem vom Menschen unberührten Zustand schön. Die göttliche Harmonie in der Natur kommt nur in der Wildnis vor; das mag durchaus katastrophische Ereignisse einschließen, mit denen die Natur aufs lange gesehen optimal fertig wird. Die sich selbst überlassene Natur zeigt eine stabile Mischung von Tier- und Pflanzenarten, die für die jeweilige klimatische Zone charakteristisch ist. – Der Mensch hingegen mit seinen Eingriffen wird immer als ein Störfaktor des natürlichen Gleichgewichts angesehen. Es ist dann nur konsequent, wenn der Mensch die derart als schön erfahrene Natur vor dem Zugriff des Menschen zu schützen sucht.

Hier stehen sich zwei Empfehlungen gegenüber, die beide die ästhetische Erfahrung der Natur aufrufen, aber zu entgegengesetzten Handlungsanweisungen gelangen.

Wird uns die Theologie, die so oft sich mit dem Ästhetischen verbunden hat, aus dem Dilemma herausführen?

So weit die Natur bzw. die Naturordnung auf einen schöpferischen Akt Gottes zurückgeführt wird, wie in der jüdisch-christlichen Tradition bzw. im Platonismus, wird die Naturerkenntnis zugleich Anerkennung und Bewunderung der göttlichen Providenz und Güte. Von Augustinus, Franziskus über Kepler bis in die Gegenwart haben Dichter und Forscher dieser Einstellung Ausdruck gegeben, wovon das vielleicht schönste Zeugnis der Prolog zu Goethes Faust darstellt. Gibt uns die religiös-ästhetische Naturerfahrung eine eindeutige Handlungsempfehlung?

Auf Ehrfurcht und Achtung gegenüber den durch göttliche Weisheit eingerichteten Gegebenheiten der Natur verweisen die einen und gelangen zur Ablehnung aller technischen Interventionen in die Natur. Oder beschränken sich doch auf den Gebrauch solcher Technologien, die sie als »natürliche« verstehen, wie z. B. die Kultivierung des Bodens durch menschliche und tierische Muskelkraft. Auch mit Bezug auf die eigene Natur lehnen einige religiöse Gemeinschaften den Einsatz von Technik, d.h. die operative Medizin, ab. Denn für sie ist technologische Intervention in Naturgegebenheiten frevelhaftes Sicheinmischen in die Angelegenheiten Gottes, der selbst alles aufs Beste eingerichtet hat (auch Krankheitserreger, giftige Pflanzen und für den Menschen gefährliche Tiere haben ihren guten Ort im göttlichen Gesamtplan, den durchschauen zu wollen schon unfrommer Hochmut ist).

Auf den Schöpfungsauftrag und die Sonderstellung des Menschen in der Natur verweisen die anderen und gelangen zur Rechtfertigung des technologischen Umbaus der Natur. Nicht nur, weil der Mensch durch göttlichen Auftrag zur Entwicklung seiner eigenen Talente verpflichtet, sondern weil er zur Vollendung der Schöpfung berufen sei, sei die technische Umgestaltung der Wildnis geboten. Für Bacon und andere Befürworter der Technisierung wird durch Technikentwicklung der Mensch wieder in den Zustand gebracht, in dem er sich vor seinem Sündenfall befand. Die Wildnis ist nicht mit dem paradiesischen Anfangszustand der Natur zu identifizieren, sondern der »Garten des Menschlichen« muß erst angelegt werden. Mithin seien wir zur Kultivierung durch göttlichen Auftrag verpflichtet – ohne auf Grenzen in der Mittelwahl verwiesen zu sein.

Da wir auch hier bei gleicher Berufung auf die Natur als göttliche Schöpfung zu entgegengesetzten Handlungsempfehlungen gelangen, muß sich nicht nur die Erwartung enttäuscht sehen, Normen für unser Handeln gegenüber der Natur aus dieser Dimension gewinnen zu können, sondern erst recht die Erwartung ihrer naturalistischen Rechtfertigung.

(4.) Wie steht es dann um diese Erwartung? Wenn sich Handlungsnormen nicht aus den drei bis jetzt gesichteten Dimensionen unseres Verhaltens gegenüber der Natur gewinnen lassen, gibt es dann vielleicht eine eigene moralisch-praktische Einstellung zur Natur, die durch Normen geregelt ist, die wir nur zu explizieren hätten? Läßt sich insbesondere eine Naturvorstellung gewinnen – und rechtfertigen, die als Begründungsgrundlage einer neu zu entwickelnden Ethik für die technische Zivilisation dienen kann?

Ich teile nicht die vielfach vertretene Auffassung, daß das technische Handeln des Menschen gegenüber der Natur ethisch neutral ist oder als ethisch neutral angesehen worden ist. Dagegen sprechen schon die Mythen; in fast allen Kulturen wird der Erwerb technischer Mittel als Geschenk durch eine göttliche Instanz dargestellt. Man kann mit gutem Grund die Auffassung vertreten, daß der homo faber sich ursprünglich unter göttlicher Weisung versteht, wovon der »Heilige Arzt« (Hippokrates) eine Version darstellt. Athene lehrt die Menschen die Kunstfertigkeiten und zivilisiert die Hellenen. Daß Prometheus mit seinen technischen Geschenken an die Menschen gegen ein Gebot des olympischen Machthabers Zeus verstößt, ist ein Sonderproblem, das die göttliche Herkunft der Gabe nicht tangiert. Die Technik ist keineswegs ethisch neutral, aber es scheinen zunächst keine Grenzen ihres Gebrauchs im Sinne von moralischen Geboten und Verboten mit ihr verbunden zu sein.[40]

Betrachten wir die Vielfalt der Formen, in denen sich die Kultivierung der Natur entwickelt hat, so sehen wir sofort, daß keine empirische Studie des menschlichen Handelns mit eindeutigen

40 Wenn allerdings die Menschen ihre Kunstfertigkeit in frevelhafter Weise benutzen, etwa gar die Götter zum Wettstreit herausfordern (Marsyas, Turmbau zu Babel), werden sie für diesen Frevel geschunden.

Normen aufwarten kann. Sie lassen sich nur in einem selbst normativen Diskurs gewinnen, wenn sie sich gewinnen lassen.
Dem folgt auch die »Ethik der Verantwortung«, die Hans Jonas für die technische Zivilisation entwickeln will. Um die jetzt zu beobachtende Zerstörung aufzuhalten, wird verlangt, die jüdisch-christliche *Anthropozentrik*, derzufolge alle Naturgüter der freien Nutzung durch den Menschen anheimgegeben seien, durch eine *Physiozentrik* zu ersetzen, bei der die Natur selbst zu ihrem Recht kommen solle. Das ist ein rein normativer Diskurs, der zwar durch die neue Erfahrung der ökologischen Krise motiviert ist, aber im Rahmen einer Begründung moralischen Verhaltens steht, und nach den dafür geltenden Standards durchzuführen ist.
Gibt uns diese neue Erfahrung einen Naturbegriff an die Hand, der selbst normative Implikationen für unser Handeln gegenüber der Natur enthielte? Das ist genau die Erwartung der naturalistischen Normenbegründung. Aus der bisherigen Analyse ist jedoch keine Möglichkeit aufgetaucht, diese These und Erwartung zu stützen. Es waren unterschiedliche Selbstentwürfe des Menschen, die sich in unterschiedlichen Grundvorstellungen über die Natur äußerten. Und keine Vorstellung konnte eindeutige Handlungsempfehlungen legitimieren. Im Gegenteil, auf gleicher Grundlage ließen sich entgegengesetzte Einstellungen und Handlungsnormen darstellen. Das spricht prima facie gegen die Bemühung um einen normativen Naturbegriff.
Mit diesem historisch-systematischen Durchgang durch unterschiedliche Fassungen des menschlichen Verhaltens zur Natur haben wir einen Begriffsrahmen gewonnen, in dem die Argumente von Jonas und anderen Befürwortern der physiozentrischen Umorientierung des menschlichen Handelns genauer abgehandelt werden können, um die Verbindlichkeit dieses Ansatzes beurteilen zu können (s.u. Kap. 4).

2. KAPITEL

Analysis

Strukturmerkmale der ökologischen Krise

2.1 Die Direktheit technischen Handelns und die Indirektheit ökologischer Effekte

Wir handeln verantwortlich, wenn die Handlungsziele und die verwendeten Mittel den sittlich-praktischen Normen genügen: den Geboten und Verboten bzw. den erlaubten und nichterlaubten Handlungen und Mitteln, die die Ethik auszuweisen hat, sei sie nun deontologisch oder teleologisch konzipiert. Auch unser technisches Handeln muß – soll es verantwortlich sein – vor den Normen sittlich-praktischen Handelns reflektiert und gerechtfertigt werden.[1] So sind die Überlegungen zur Ökologie zumeist in der Form angegangen worden, als ob direkt die Frage der Erlaubtheit oder Unerlaubtheit eines Handlungszieles zu entscheiden wäre. Es wurde gefragt: Dürfen wir uns Natur aneignen, dürfen wir Tiere schlachten und verzehren, dürfen wir Sümpfe trockenlegen, sollen wir Tier- und Pflanzenarten schützen usw. Oder auch als Entscheidung von Zielkonflikten: Dürfen wir den Sumpf trockenlegen bzw. das Torf stechen, wenn dabei ein Biotop zerstört wird; dürfen wir Straßen bauen, die die Tierwechsel kreuzen und z. B. die Kröten von der Fortpflanzung abhalten etc. Oder noch komplizierter: Dürfen wir den Fluß aufstauen, womit wir zwar Überschwemmungen von Wohngebieten verhindern, aber Lebensräume von Tierarten vernichten. Hier handelt es sich um Güterabwägungen, um die Entscheidung von Zielkonflikten.

1 H. Jonas meint, daß es eine Ethik für die technische Zivilisation allererst zu entwickeln gelte. Diesem Ruf nach einer »neuen Ethik« traue ich nicht. Das eigentliche Desiderat scheint nicht die fehlende Ethik zu sein, sondern die Beachtung und Durchsetzung von Normen, die wir durchaus im Rahmen schon existierender Ethiken herleiten können. – Ich versuche es auf der Grundlage der Kantschen Ethik (s. u. Kap. 6.1-6.5).

Sie machen zwar einen guten Teil von Entscheidungen im »kleinen Stil« aus, treffen jedoch m. E. noch nicht die Dimension der ökologischen Fragestellungen in ihrer brisanten Form.
Die im eigentlichen Sinn ökologische Frage scheint eine noch indirektere Form zu verlangen; in die Frage nach der Erlaubtheit bzw. Nichterlaubtheit des intendierten Handlungszieles muß eine Abwägung des Gutes, das die Erlangung dieses Zieles darstellen würde, gegenüber der Summe der nicht intendierten Effekte, die mit der Verwirklichung des Zieles verbunden sind, einbezogen werden. Denn die in der ökologischen Krise angezeigten Gefährdungen bestehen nicht deshalb, weil unsere Handlungen schlecht oder nicht zu rechtfertigen wären; sie gehen vielmehr hervor aus der Akkumulation der nicht intendierten Nebeneffekte unserer Handlungen.
Sehen wir einmal von den unmittelbar kriminellen Pansch-und-Misch-Praktiken ab, die zu den Wein-, Öl-, Nudel- und Fleisch-Skandalen geführt haben, und klammern wir die Frage der Fahrlässigkeit aus, die vielleicht zu den großen Industrieunfällen wie in Seveso, Bophal, Basel, Tschernobyl geführt hat, dann dürfen wir davon ausgehen, daß die fatalen Folgen unseres technischen Handelns nicht intendiert sind. Denn wir wollen nicht die Tierarten ausrotten, wir wollen nicht den Ozongürtel zerstören, wir wollen nicht das Klima ruinieren – und bewerkstelligen es doch![2]
Die Beurteilung von Rationalität und Verantwortlichkeit von Handlungen erfolgte bisher in einem Licht, das von unseren unmittelbaren Interessen aufgeblendet wurde, während die nicht

2 Auch wenn mir klar ist, daß der Großteil der Bevölkerung von den Entscheidungen ausgeschlossen ist, so sage ich doch bewußt »wir«; denn durch die Teilnahme am Konsumverhalten bejahen wir die jetzige technische Nutzungspraxis der Natur, mögen sich einzelne oder Gruppen auch über »Fehlentwicklungen« noch so heftig empören. – Andererseits weiß ich wohl, daß hinter dem »wir« große Probleme lauern; denn es gibt kein homogenes Konsumentenheer, das eine Praxis stillschweigend akzeptiert, sondern vor allem Entscheidungsetagen, die für die Mehrheit nicht zugänglich sind. Aber in erster Näherung ist es die Gesellschaft als solche, die Träger einer Kultur ist, auch einer technischen Kultur.

intendierten Effekte im Dunkeln blieben oder gar verdunkelt wurden. Wir sind offenbar sehr sorglos mit der alten Unterscheidung vom Wesentlichen und Nebensächlichen (essentia und accidens) umgegangen, bzw. wir haben unterstellt, daß dasjenige, was wir aus unseren Absichten heraus für vernachlässigbar hielten, auch in sich ein Unwesentliches sei. Die Akkumulation der nicht intendierten Effekte belehrt uns eines Besseren; erst wenn wir sie ins Auge fassen, bekommen wir die ökologische Problemstellung zu sehen.

Die Indirektheit der erzeugten Wirkungen macht es freilich auch so schwierig, mit den ökologischen Problemen angemessen umzugehen. Und doch müssen wir gerade diese Indirektheit als definierende Eigenschaft der ökologischen Problemstellung anerkennen. Deshalb sind der Treibhauseffekt (soweit allein der CO_2-Ausstoß in Betracht gezogen wird) und die Zerstörung der Ozonschicht nicht nur dringende ökologische Probleme, sondern sie definieren das Eigentümliche des ökologischen Problems. Denn CO_2 wird ständig in der Natur und zwar in großen Mengen erzeugt, und mit jedem Atemstoß »belasten« wir gleichsam die Umwelt. Es wäre absurd, darin ein ökologisches Problem sehen zu wollen. Das Problem entsteht allein durch die dramatische Steigerung des CO_2-Ausstoßes infolge der Industrialisierung, vor allem durch die Verbrennung fossiler Stoffe. Das Schädliche nun liegt nicht in der Anreicherung des CO_2-Gehaltes der Atmosphäre per se, sondern in dem Sekundäreffekt, daß die CO_2-Mengen den Treibhauseffekt, d.h. globale Klimaänderungen verursachen. – Noch indirekter verhält es sich mit der Schädigung durch die FCKWs. Denn ihre Einführung war begleitet von Tests, die die Unschädlichkeit für den Menschen spektakulär belegten: Sie ließen sich gefahrlos einatmen, reagierten nicht mit der Haut etc. Und doch erweisen sie sich in einem extrem indirekten Sinn dadurch als schädlich, daß sie den Ozongürtel, der uns vor der harten kosmischen Strahlung schützt, abbauen. Es genügt also nicht einmal, die nicht intendierten Nebenwirkungen, die sich direkt am Menschen nachweisen ließen, in die Güterabwägung einzubeziehen, man muß auch die in einem Fernraum sekundär induzierten Effekte berücksichtigen.

Damit stellt sich das Problem der Verantwortung auf eine neue

Art und Weise; gerade durch die in ihm auftretenden Dimensionen, für die eine zeitliche, räumliche, wirkungsmäßige Ferne von unserer normalen Wahrnehmungssphäre charakteristisch ist, stellt es sich als befremdend und kaum traktierbar dar.

Zwar kennen wir die Einbeziehung nicht intendierter Effekte in unsere Verantwortlichkeit auch in alltäglichen Situationen: Wenn wir im Umgang mit feuergefährlichem Gut einen Brand auslösen, weil wir eine Zigarette anzündeten, dann werden wir uns nicht damit entschuldigen können, daß wir erklären, es sei nur unsere Absicht gewesen, eine Zigarette zu rauchen, nicht aber den Brand auszulösen. Man wird vielmehr sagen, daß wir diese Gefahr hätten sehen können und in unsere Überlegungen hätten einbeziehen müssen; wir seien mithin voll verantwortlich für den Schaden, auch wenn wir ihn nicht intendiert hätten.

Gegenüber diesen Formen der Zurechenbarkeit auch nicht intendierter Handlungsfolgen liegen die Verhältnisse bei den ökologischen Problemen mehrfach komplizierter: Auch wenn es einzelne Verursacher für ökologische Katastrophen gibt, wie z.B. bei den Industrieunfällen, so lassen die vielfach miteinander wechselwirkenden Faktoren in der Natur kaum die monokausale Zuweisung eines Schadens nach dem Verursacherprinzip zu. Hier (wie z.B. beim Waldsterben) überlagern sich so viele, einzeln betrachtet minimale, Effekte, die überdies meist erst langfristig wirksam werden, daß die für eine Zurechnung erforderliche Entflechtung der verschiedenen kausalen Faktoren entweder nicht geleistet werden kann oder doch zu spät kommt.

Ein Hauptunterschied zur Normalsituation wird schließlich in unserem Nichtwissen gesehen: Hinsichtlich komplexer Fernwirkungen könne man eben prinzipiell nicht sagen, daß »man es hätte wissen müssen«, welche Nebenfolgen zu erwarten waren.

Hier liegt m.E. zwar ein Problem, aber kein unüberwindbares. Um so dringender nämlich wird nun die Verpflichtung, sich um die Entwicklung eines antizipierenden Wissens zu bemühen, das über die Abschätzung und Kalkulation der intendierten Effekte hinausgreift. Es ist falsch, die Forderung nach einem antizipierenden Wissen mit dem Hinweis zurückzuweisen, daß es sich dabei um eine über unsere neuzeitliche Vorstellung von Wissenschaft hinaustreibende und unerfüllbare Forderung handele.

Denn jedes auf technische Anwendung ausgerichtete Wissen ist auf die Antizipation zukünftiger Effekte angewiesen. Deshalb die Auszeichnung der Prognostik als Gütekriterium naturwissenschaftlicher Theorien: Eine Theorie, die im Vergleich mit anderen genauere und treffendere Voraussagen macht, verdient den Vorzug vor ihnen. Wenn wir Raketen zum Mond schicken oder Meß-Satelliten in den Weltraum, die erst in vielen Jahren ihre Zielregion erreichen und uns dann Daten übertragen, dann müssen wir sehr genau die projektierte Bewegung und die übrigen Prozesse berechnen. Um das zu können, mußten hochleistungsfähige Rechner und Programme entwickelt werden, die die erforderlichen Datenmengen handhaben konnten. Ohne ihre Verquickung mit der Raketenentwicklung und Weltraumfahrt[3] hätte die Entwicklung von Großrechnern noch lange auf sich warten lassen. Dort allerdings ging es um die Verwirklichung eines explizit angestrebten Ziels, das zu erreichen als die Erfüllung des uralten Menschheitstraumes ausgegeben wurde, obwohl es der Demonstration technischer Überlegenheit der Machtblöcke entsprang. – Nun wird unter ökologischen Perspektiven eine neue Steigerung prognostischer Kalkulationsmöglichkeiten verlangt, die die Einbeziehung der nicht intendierten Effekte gestattet. Freilich nimmt daran niemand ein unmittelbares Interesse, denn wir bemessen die »Erfolge« unserer Technologien und ihres wirtschaftlichen Einsatzes bis jetzt an der Verwirklichung der direkt angestrebten Ziele – meist nur am kurzfristig erwirtschaftbaren Profit. Wir sollten aber an der Einbeziehung der nicht intendierten Effekte in unsere Entscheidungen über die Zulässigkeit bestimmter Technologien ein Interesse nehmen – hängt doch unsere langfristige Überlebenschance davon ab, ob wir diese kontrollieren können.

Der vielleicht noch wichtigere Gewinn aus einer leistungsfähigen Rechnergeneration liegt in der Möglichkeit der Simulation von sehr komplexen Naturprozessen. Die Risiken, die in dem wirklichen Experimentieren liegen, sind zu groß, als daß wir sie

3 Ebenso eng verquickt war die Entwicklung von Großrechnern mit dem Bau der Atombomben. Die bahnbrechenden Arbeiten von S. Ulam und J. v. Neumann beginnen mit den aufwendigen Berechnungen der H-Bombe. Vgl. P. Galison, Experiment and Simulation (forthcoming).

eingehen dürften; und die Zeiträume, in denen sich in der Natur die Auswirkungen bestimmter Maßnahmen manifestieren, sind viel zu lang – verglichen mit unseren gewöhnlichen Wahrnehmungssituationen. Deshalb hängt sehr viel von der Entwicklung quasi-experimenteller Simulationsverfahren ab; das Wachsen eines Waldes, die komplexen Wechselwirkungen zwischen den unterschiedlichen Arten und Umweltfaktoren in einem Biotop müssen auf dem Bildschirm darstellbar sein, damit man die Folgen bestimmter Eingriffe in die Haushalte der Natur simulieren und antizipieren kann. Die Modellierung von Prozessen eröffnet neben der Theorie und dem herkömmlichen Experiment eine ganz neue Möglichkeit der wissenschaftlichen Erschließung von komplexen Naturbereichen – gerade unter dem Gesichtspunkt möglichen Handelns. Hier kommt natürlich alles darauf an, wie zuverlässig, wie getreu die wirklichen Prozesse dargestellt werden. Modelle, d.h. Grundvorstellungen vom Wirken der Natur (wie Organismus, Uhrwerk, selbststeuerndes System etc.), die seither in der Wissenschaftstheorie meist nur unter Gesichtspunkten ihrer heuristischen Ergiebigkeit für die Forschung gewürdigt wurden (wenn sie nicht überhaupt als metaphysischer Ballast galten, den man abwerfen sollte), bieten sich nun als alternative Möglichkeiten der Simulation von Naturprozessen an. Damit werden wechselseitige Kritik- und Korrekturmöglichkeiten der Simulationsverfahren angeboten, die die Adäquatheit der Darstellung optimieren helfen. Computerprogramme sind nicht nur machtvolle Mittel für die Bewältigung großer Datenmengen, sie liefern zugleich neue Modelle für das Funktionieren von Organismen und Ökosystemen.[4] Hier gibt es mithin Möglichkeiten des Kalkulierens und Simulierens von komplexen Systemen, die unsere herkömmlichen Möglichkeiten weit übertreffen und einem verantwortungsvollen Handeln weit bessere Grundlagen geben können, als wir es uns träumen ließen.

Die Verantwortung gebietet uns also, uns um die Entwicklung eines entsprechenden Wissens zu bemühen.[5] –

4 Vgl. D.B. Botkin, Discordant Harmonies, aaO, Ch. 8: »The Forest in the Computer: New Methaphors for Nature«, S. 113-131.

5 Damit vertrete ich eine Forderung, die auch Hans Jonas erhoben hat: Auch er verlangt die Entwicklung eines antizipierenden Wissens, eine

Im übrigen haben die Normen, die für die Zulassung von Technologien beachtet werden sollten, viel Gemeinsamkeit mit der Zulassungsprozedur für ein neuartiges Medikament, das auch erst auf seine Nebenwirkungen hin zu testen ist, ehe es auf den Markt gelangen darf – jedenfalls ist die BGA-Konstruktion so, und man hält es für prinzipiell möglich und richtig, so zu verfahren. Im Rahmen dieser Überlegungen bin ich immer öfter an die Medizin als eine Orientierungsgröße geraten, wie im folgenden deutlich werden wird. Das hat gute Gründe für sich: denn die Medizin ist eine Wissenschaft, die die Orientierung auf den Handlungskontext unter therapeutischem Interesse nicht verlieren kann. Es ist mithin plausibel, daß im Kontext ökologischer Fragen die Medizin die Rolle eines wissenschaftlichen Musterbeispiels eher übernehmen kann als die sonst paradigmatische Physik, an der die meisten Wissenschaftstheorien orientiert sind.

2.2 Die Täuschung des Augenscheins und das Übergewicht des Minimalen

Die Einbeziehung des vermeintlich Nebensächlichen in unsere Erwägungen wird zum Prüfstein der Erlaubtheit oder Unerlaubtheit eines Handelns in ökologischer Perspektive. Sie verlangt deshalb ein Abrücken von der Fixierung auf die unmittelbar intendierten Ziele unseres Handelns. Wir müssen eine weitere Fixierung verabschieden, die in wissenschaftlicher wie lebensweltlicher Erfahrung eine bedeutende Funktion ausgeübt hat: die Vergewisserung durch Augenschein.
Etwas selbst gesehen zu haben, sich mit eigenen Augen überzeugt zu haben, daß sich dies und das ereignet hat, übertrifft an Glaubwürdigkeit alle historischen Berichte und Mitteilungen. Anschauungen, der erfahrungsmäßige Bezug aufs Gegebene, bilden die Grundelemente genuinen Wissens, das ohne diese Haftung an die Einzelheit sich in den unsicheren Regionen der Spekulation verirrt.

»Tatsachenwissenschaft von den Fernwirkungen technischer Aktion«, er fordert eine »vergleichende Futurologie«. (PV 62f.)

In unserer alltäglichen Erfahrung kämen wir ohne die Beachtung dessen, was vor unseren Augen liegt, nicht aus. Die Evolutionstheoretiker erklären uns, daß die Beachtung dessen, was die Sinne bieten, Teil der Anpassung der Organismen an die Umwelt ist, durch die sie sich das Überleben sichern, und für die species homo sapiens sapiens verhält es sich nicht anders.
Unsere Rechtsprechung sieht Lokaltermine vor, damit über die Berichte von Zeugen (und Inspektoren) hinaus sich das Gericht mit eigenen Augen ein Bild von der Sache machen kann.
Dem trug auch die antike Wissenschaft, die keine Erfahrungswissenschaft im modernen Sinne war, Rechnung durch die Forschungsmaxime von der »Rettung der Phänomene«: Alle Theoriebildung, die sich auf metaphysische Prinzipien stützte, blieb doch rückgebunden an das den Sinnen vorliegende Augenscheinliche, das es zu »erklären« galt (sozein ta phainomena). H. Blumenberg spricht deshalb von einem »Sichtbarkeitspostulat«, dem die antike Naturforschung verpflichtet gewesen sei.[6]
Unser Realitätssinn scheint aufs engste mit diesem Bezug aufs anschaulich Zugängliche verbunden zu sein. – Und doch kann hierin genau der Irrtum lauern, ja, diese Einstellung selbst eine Fehleinstellung sein. Das wird gerade an der Erfassung ökologischer »Phänomene« deutlich.
Der sterbende Wald, die verendenden Robben, die Mißbildungen der Fische, die vom Öl verklebten Gefieder der toten Seevögel, die mit ruiniertem Sensorium gestrandeten Wale und dergleichen mehr werden uns in den Medien vor Augen geführt, und wir werden aufgefordert, etwas dagegen zu unternehmen. Wir starten Hilfsaktionen. Wir impfen die Robben und halten sie in Quarantäne, wir dirigieren die Wale hinaus aus flachen Küstengewässern, wir waschen den verklebten Vögeln das Öl aus den Federn, wo es noch geht; denn wer könnte diese Bilder des Elends sehen und

6 Blumenberg hat dabei zwar den engeren Kontext der Astronomie im Sinn und zeigt, daß mit Galileis Fernrohr nicht nur ein neues Instrument eingesetzt wird, sondern daß dem eine neue Forschungsmaxime zugrunde liegt. Aber es geht ihm vor allem darum zu zeigen, wie eng die Naturvorstellung, die Forschungsmaximen und das Selbstverständnis des Menschen korrespondieren. Vgl. die Einleitung zu G. Galilei, Sidereus Nuncius, Frankfurt/M. 1965, S. 13.

untätig bleiben? Aber damit kratzen wir nur an der Oberfläche herum – und häufig auch nur, damit der Schein gewahrt wird; wir beruhigen unser Gewissen damit, daß wir schließlich schon dabei wären, etwas zu tun, um der ökologischen Krise zu begegnen.
Zwar werfen sich die Greenpeace-Helfer vor Schiffe, die Dünnsäure in der Nordsee verklappen wollen, binden sich die Robin-Wood-Helfer an Schornsteine, aus denen die Ladungen für den sauren Regen rauchen, und lenken damit unsere Aufmerksamkeit auf die Quellen des »phänomenalen Elends« unter den Naturwesen. Dieses sind überaus wichtige Aktionen, weil sie uns vor Augen führen, daß erst eine Bekämpfung der Ursachen erfolgversprechend sein kann, und wir andernfalls mit einer Kloake von Nordsee auf der einen Seite und mit überfüllten Badewannen und Aquarien auf der anderen enden.
Und doch ist auch hier der Kreis zwischen Verursachern und »Opfern« noch zu eng geschlossen, weil einem Augenschein, einem »Sichtbarkeitspostulat« gefolgt wird. Zwar beeindruckt es unser Gemüt, wenn wir auf der einen Seite die verendenden großäugigen Robben sehen und dann auf der anderen Seite, wie kühne Menschen versuchen, das giftbringende Verklappungsschiff aufzuhalten – der Rettungsakt in einem filmischen Melodram kann nicht rührender sein[7] – und es wird schon stimmen, daß diese Bilder selbst bei jenen, die sonst passiv bleiben, einen Impuls zum Einschreiten auslösen können.[8]

7 Die »Rettung« der drei vor der Nordküste Alaskas im Treibeis gefangenen Wale im Oktober 1988 war eine reine Medieninszenierung von sentimentaler Verlogenheit. – Ein Trupp von Helfern mit Hubschraubern und am Ende sowjetische Eisbrecher bahnten den Weg durchs Eis von Atemloch zu Atemloch – und mehrere Fernsehteams hielten ihr Publikum über drei Wochen mit der Frage in Atem, ob die gewagte Aktion wohl gelingen könne. Zur Steigerung der Dramatik erhielten die Wale Eigennamen, und als »Schneeflocke«, natürlich der jüngste (!) von den dreien, nicht mehr auftauchte, war es eine »Katastrophe«. – Heute macht sich niemand Gedanken, ob die zwei »Geretteten« inzwischen auf den Planken der Walfangflotte abgespeckt wurden oder ob sie der Beeinträchtigung ihres Lebensraumes zum Opfer gefallen sind. – Sie sind »aus den Augen (= weg vom Bildschirm) – aus dem Sinn«.

8 In der Regel wird der Augenschein bemüht, um darzutun, daß es so

Aber zugleich gibt dieser emotional gesteuerte Kurzschluß auf der Ebene des betroffenen Augenscheins den Abwieglern die Chance, mit den besseren wissenschaftlichen Argumenten den Vorwurf der direkten Verursachung von sich zu weisen. Je drastischer die Bilder des Scheußlichen wurden, die wir sehen konnten, desto länger und subtiler wurden die Kommentare und Artikel, in denen dargelegt wurde, daß die Forschung nach wie vor vor Rätseln stehe und in weiteren Untersuchungen den Dingen auf den Grund gehen müsse. Ob es sich nun um den sterbenden Wald, die Zerstörung der Ozonschicht, die verendenden Robben handelte – den Berichten über das Grassieren der Schädigungen folgten Berichte über die noch unsicheren Daten und wissenschaftlichen Theorien. Auch wenn diese Abwiegelei moralisch verwerflich ist, so haben ihre Advokaten doch insofern recht, als die Dinge in der Tat viel komplizierter liegen und wir von einer Situation monokausaler Erklärung unendlich weit entfernt sind.

Um die unheilvolle Entwicklung, die wir in Gang gesetzt haben, erfassen zu können, müssen wir unsere Aufmerksamkeit auf die Dimension des Unsichtbaren und des Minimalen lenken: die Welt der Mikroorganismen und der Stoffe, die wir mit unserem Sensorium nicht erfassen können. Die Veränderungen in diesem Bereich beeinflussen schließlich in globalem Maßstab, von welcher Art die Lebensvorgänge im uns phänomenal zugänglichen Bereich sein werden. Von den Stoffwechselvorgängen der Mikroorganismen hängen vermutlich auch weitgehend unser Klima und die anteilige Zusammensetzung unserer Atmosphäre ab.[9] Die Großtiere verhalten sich zu den Mikroorganismen wie die Spitze eines Eisbergs zu seinem untergetauchten Rumpf. Wir wissen

schlimm nicht sei, wie in den Medien geschildert. Die grünende Hecke im Vorgarten dient dann als Beleg für die These, daß das Waldsterben nur eine Erfindung der linken Presse sei. – Ähnlich kehren die Touristen aus Südafrika zurück und behaupten, die negativen Auswirkungen der Apartheitspolitik würden in unseren Medien übertrieben; sie hätten dort eigentlich nur Schönes sehen können. – M. a. W., der Augenschein wird sehr selektiv eingesetzt und besagt für sich allein noch gar nichts.

9 Vgl. *Natur* 6/88, S. 64-66.

noch viel zu wenig über die physiologischen Zusammenhänge zwischen dem Leben, über das wir von den Verhaltensforschern erfahren, und dem der Mikroorganismen, die unter dem Erdboden und in den Schelfböden der Meere existieren.

Die Mikroorganismen haben im Laufe von Milliarden von Jahren die Bedingungen auf unserem Planeten geschaffen, die höhere Formen des Lebens erst möglich machten. Und sie sind auf subtile Weise als Zwischenglieder der Nahrungsketten wie als interne Energiewandler und Enzymerzeuger in das Leben der Großtiere integriert. Jedenfalls werden die Grundbedingungen der Biosphäre, unter denen die uns bekannten Tierarten, darunter wir selbst, gedeihen können, von Ebenen her geprägt, denen wir bis jetzt kaum Beachtung geschenkt haben.[10]

Wie gravierend unsere Eingriffe in die Naturprozesse sind, zeigt sich daran, wie schwer sie rückgängig zu machen sind. Solange die Grundbedingungen des Lebens intakt sind, ist da manches möglich, wie die Rücksiedlung mancher Vogel- und Wildarten gezeigt hat. In dem Maße jedoch, in dem unsere Manipulationen die Fundierungsschichten beeinflussen, treffen wir die Sphäre der Daseinsbedingungen des Lebendigen selbst; solche Schäden sind nicht mehr gutzumachen. Das ökologisch Erlaubte oder Unerlaubte ließe sich also bemessen an den Auswirkungen unseres Handelns auf die Sphäre der Mikroorganismen, die ihrerseits die Trägerschicht für das Leben auf der Erde bilden. Generell: es ließe sich daran messen, inwiefern die induzierten Effekte reversibel oder irreversibel sind.

Unsere Sinnesorgane, die an die uns umgebenden Dinge unserer Größenordnung angepaßt sind, haben uns angetrieben, die uns störenden, belästigenden Zustände (den Gestank einer mittelalterlichen Stadt, den Qualm des Kohlereviers, usw.) zu beseitigen (oder sonstwie unsichtbar zu machen und zu verdrängen). Denn ein starker Antrieb unseres Handelns kommt zweifellos über die sinnliche Erfahrung; wenig wird getan, weil es die Vernunft gebietet. Wir fühlen uns von dem Gestank einer Käserei stärker belästigt als von den Autoabgasen, und wenn wir unsere Sinne

10 Vgl. D.B. Botkin, Discordant Harmonies, aaO, Ch. 9: »Within the Moose's Stomach: Nature as the Biosphere«, S. 133-151.

nicht direkt belästigt fühlen, finden wir vieles akzeptabel, was uns mit Abscheu erfüllen sollte.[11] Als die Luft in London aufgrund der vielen mit Kohle befeuerten Kamine und der in der City stationierten Kraftwerke mehr und mehr verpestet wurde, hat man die Kaminfeuer verboten und die Kohlekraftwerke an den Stadtrand verlegt. Das reduzierte die Belästigung der Sinne der Bürger in der City – aber mitnichten die Belastung der Atmosphäre mit Schadstoffen, die sich langfristig gleichwohl negativ auf die Lebensbedingungen auswirken. Die Tonnen und Tonnen von Schwefel und Stickoxiden, die die nasen- und augenfern stationierten Kraftwerke in die Luft schicken, sind mitnichten Winzigkeiten. Es sind sogar beängstigende Riesenmengen. Nicht in dem Sinn spreche ich von der Beachtung des Minimalen. Sondern nur sofern sich die schädigenden Effekte und die schädliche Wirkungsweise nicht in unmittelbarer Wahrnehmung manifestieren. Denn die Sinne halten uns fixiert an die Dimension dessen, was sich in der Evolution als das Bezugsfeld unserer Wahrnehmung herausgebildet hat. Das sind zunächst die Dinge und Ereignisse, die uns in unserer gewöhnlichen Erfahrung begegnen und unmittelbar zugänglich sind.

Um uns von dieser Fixierung an die Unmittelbarkeit zu lösen, brauchen wir *Wissen*. Wir wissen, daß, auch wenn wir die FCKWs nicht riechen, sie nicht unsere Sicht verdunkeln, sie nicht unsere Haut reizen, sie doch deshalb schädlich sind, weil sie erstens zum Treibhauseffekt beitragen, vor allem aber weil sie die uns schützende Ozonschicht der oberen Stratosphäre zerstören. Nur ein Wissen kann hier als Warner auftreten, und nur die Vernunft allein kann uns anhalten, die Schädigung abzustellen. Wer hier auf die Belästigung der Sinne als Motor der Änderung warten wollte, käme immer schon zu spät.[12]

11 Hamlet artikuliert den verbrecherischen Zustand am Hof in Dänemark in der Metapher des Gestanks. – Die politischen Verhältnisse würden sicher besser sein, als sie sind, wenn sie im wörtlichen Sinne stinken würden.

12 Auf die Diskrepanz zwischen den Sinnen und den nichtwahrnehmbaren Gefährdungen durch technisierte Lebensverhältnisse geht auch Wolfgang Welsch, Ästhetisches Denken, Stuttgart 1990, ein. – Da die

Die für die Biosphäre entstehenden Gefahren erzeugen sich aber durch die Akkumulation und Verbindung von Stoffen und Effekten, die für sich betrachtet minimal und unaufällig sind und die uns deshalb als vernachlässigbar erscheinen. Unsere Achtlosigkeit dem Minimalen gegenüber steht in keinem Verhältnis zu der Bedeutung, die ihm im Rahmen des Naturhaushaltes zukommt.

Jetzt – infolge der technologischen Effekte, die wir in der Natur hervorrufen – müssen wir uns Dimensionen zuwenden, für die wir (noch) keine Sensibilität entwickelt haben. Das macht es so schwer, uns zu motivieren, diesem Bereich überhaupt Aufmerksamkeit zuzuwenden, während unsere Neugier gerne Heinz Sielmann, Jacques Cousteau oder Konrad Lorenz folgt. Das ökologische Problem verlangt, daß wir der Vernunft folgen.

2.3 Von der »Rettung der Phänomene« zur »Schonung der Lebensgrundlagen«

Die Rede vom Paradigmawechsel in den Wissenschaften ist seit T.S. Kuhn inflationär geworden. Dem möchte ich keinen Vorschub leisten. Und doch scheint mir durch die mit der ökologischen Krise aufgegebene Neubestimmung der Aufgabe von wissenschaftlichen Theorien eine Zäsur markiert zu sein, die mit der Entstehung des Typus der naturwissenschaftlichen Theorie im 17. Jahrhundert durchaus vergleichbar ist.

Sinne uns den kontaminierten Zustand unserer Umgebung nicht anzeigen, sondern noch immer in die Sonne locken, erscheint eine Desensibilisierung bereits als positive Aufgabe: »Anästhesierung als Lebensvorteil in einer technologisch veränderten Welt« (aaO, S. 18ff.). – Aber die Empfehlung der Anästhesie von Welsch ist eine makabre Provokation; denn während es für den Träger von Scheuklappen noch ein Vorteil sein mag, daß er jedenfalls vermeintliche Gefahren nicht für wirkliche halten kann, bringt sich der Anästhesierte vollends um die Möglichkeit der Gefahrwahrnehmung. – Daß man als Hilfe wider die falschen Verlockungen nur die Blendung empfehlen kann, will mir nicht einleuchten (trotz Matthäus 5,29) und zeigt nur die Begrenztheit einer auf die Aisthesis bezogenen Betrachtung.

Bei aller Orientierung auf Berechenbarkeit und Prognostizierbarkeit von Naturereignissen, die mit der Entstehung der neuzeitlichen Naturwissenschaft im Felde der Physik eingetreten war, blieben zunächst doch interne bzw. theoretische Gesichtspunkte maßgebend für die Beurteilung der Güte von Theorien. Ja, man kann sogar sagen, daß die »instrumentellen« Kennzeichnungen wie Erklärungskraft und Prognoseleistung zunächst durchaus im Schatten der traditionellen Kriterien wie Wahrheit, Einheit, Einfachheit verblieben. Damit konnte der aus der Antike geerbte »bloß theoretische« Anschein der Naturwissenschaft sich durchaus halten, zumal gerade bei und durch Galilei und Kepler das Gedankengut des Platonismus verlebendigt wurde. Aber die Orientierung an realen technisch-praktischen Problemen zeigt sich ebenso, und es ist signifikant, daß Galilei die »Discorsi« im Arsenal von Venedig stattfinden läßt und die mathematisierende Erkenntnisweise ins Praktische wendet und auf die Konstruktion von Maschinen und Apparaten anwendet.
Bacon hatte die Naturwissenschaft unmittelbar auf die Lösung der externen Probleme, die Beseitigung des materiellen Elends verpflichtet und sie damit »extern instrumentalisiert«. Galilei zeigt demgegenüber, daß ein Problem erst lösbar wird, wenn es gemäß der wissenschaftlichen Denkweise reformuliert wird, wenn es zu einem internen Problem gemacht wird. Galileis »Erfahrung« hat nichts mit der Unmittelbarkeit alltäglicher Kenntnisnahme zu tun; sie findet statt unter den im Labor erzeugten künstlichen Bedingungen, die für das gezielte Experimentieren charakteristisch sind. Die Gesetze natürlicher Bewegung werden untersuchbar gemacht, indem die natürlicherweise festen Randbedingungen (konstante Erdbeschleunigung) durch einfallsreich ersonnene Experimente (Fallrinne unterschiedlicher Neigung) variiert werden. Der Vorgang des »freien Falls« wird damit künstlich manipuliert, d.h. durch die technische Experimentiersituation so weit verlangsamt, daß die Fallzeiten meßbar und vergleichbar werden. Galilei hat die Wissenschaft »intern instrumentalisiert«.[13] Die Natur wird gleichsam durch ihn ins Labor geholt

13 Zu der Unterscheidung von interner und externer Instrumentalisierung s. L. Schäfer, Erfahrung und Konvention, Stuttgart 1974, S. 29-46.

und auf dem Seziertisch präpariert. In der Theorie des freien Falles von Galilei werden nicht schlicht »die Phänomene gerettet«, sondern sie werden gemäß den physikalischen Vorstellungen umgeformt und internalisiert. Ob ein Phänomen einfach oder komplex ist, geht nicht aus dem augenscheinlichen Befund hervor, sondern aus dem methodischen Vorgehen: Die Zahl der Bewegungskomponenten, aus denen die Bewegungsbahn Punkt für Punkt konstruiert wird, liefert das Maß der Einfachheit oder Komplexität. Vor allen prognostischen und erklärenden Leistungen der Theorien Galileis besteht seine Hauptarbeit darin, die schlicht gegebene Phänomenalität umzusetzen in laborgerechte[14] Konstrukte. Seine Theorien erklären, d.h. retten, die nach internen Standards reformulierten Probleme. Das ist der Weg, dem die Naturwissenschaft seither gefolgt ist.

Goethe hatte sich bekanntlich gegen Newtons Experimente zur Optik gestellt und zwar im Namen der unpräparierten Naturphänomene. Er hat gegen die tote Natur auf dem Experimentiertisch die den Sinnen zugängliche lebendige Natur ins Feld führen wollen. Manche meinen, daß die Einstellung Goethes zur Natur die angemessenere ist und daß der Triumph Newtons über Goethe der Beginn des Ruins der Natur, der uns jetzt in der ökologischen Krise entgegentritt, war.[15] Indessen scheint mir hier keine Alternative vorzuliegen. Wir können nicht von Galileis und Newtons Naturwissenschaft hinüberwechseln zur Betrachtung Goethes und meinen, wir würden dann eine bessere Form der Naturwissenschaft praktizieren.

Zu fordern ist vielmehr, daß die Tore der Laboratorien nicht

14 Wenn wir heute den Ausdruck »Labor« benutzen, dann denken wir zwar an technisches Gerät wie Bunsenbrenner, Destillierkolonnen, Mikroskope usw.; wir denken kaum noch an die primäre Bedeutung »Arbeit«. – Eine in Laboratorien entwickelte Wissenschaft ist eine auf die Bearbeitung der Naturphänomene im experimentellen Hantieren gestützte Wissenschaft. Die Benennung der neuzeitlichen »Mechanik« verweist nicht zufällig auf ihre Herkunft aus den Werkstätten der Mechaniker.

15 »Wenn Goethe sich gegen Newton ... durchgesetzt hätte, gäbe es heute wahrscheinlich keine Umweltprobleme.« K.M. Meyer-Abich, Friede mit der Natur, S. 248.

geschlossen bleiben dürfen. Wir dürfen nicht die Aufgabe der Wissenschaft exklusiv durch die Lösung der internen Probleme definieren. Wir müssen den Problembezug zu den realen externen Problemen beachten, sonst verwechseln wir die präparierte Natur mit der Natur. Das perfekte interne Wissen kann sich extern eher ohnmächtig ausnehmen: Man vergleiche die Leistungsfähigkeit der Bewegungsgesetze, die den Fall einer Kugel auf der schiefen Ebene adäquat beschreiben, mit ihrer Dürftigkeit gegenüber dem Fall der letzten Blätter von unseren Bäumen!

Weit gravierender als in diesem Fall wirkt sich die Diskrepanz zwischen der im Labor entwickelten Naturwissenschaft und dem erforderlichen Wissen von der Natur aus im Falle der biologischen Wissenschaften – selbst auf der makroskopischen Ebene, die sich im Labor wie im Freiland vergleichsweise ähnlich darstellt. Ökologische Katastrophen in Naturschutzgebieten, wie z. B. das große Elefantensterben in Tsavo, lassen sich darauf zurückführen, daß Erkenntnisse, die im Labor bestens geprüft und bestätigt waren, auf die Freilandsituation übertragen wurden.[16] Die im Labor zu erreichende Reduktion der Komplexität von Vorgängen, indem Randbedingungen festlegt und gezielt manipulierbar werden, ist zwar ein attraktives, ja unerläßliches Mittel der Erkenntnisgewinnung, aber hinsichtlich der Anwendung des so gewonnenen Wissens erweist sich die erreichte Vereinfachung als ein Hindernis. Zwar wissen wir, daß »im Prinzip« die Vorgänge »draußen« sich genauso, d. h. nach den gleichen Gesetzen abspielen wie im Labor; aber was wissen wir schon, wenn wir wissen, wie es im Prinzip geht, und der Teufel im Detail steckt!

Der letztendlich maßgebliche Bezug auf die externen Probleme modifiziert die alte Forschungsmaxime von der »Rettung der Phänomene« erneut: wissenschaftliches Arbeiten und Theoretisieren darf sich nicht bei der Rettung der nach internen Prinzipien rekonstruierten Phänomene bescheiden, sondern muß zugleich

16 »It seemed to me that it is one thing to play games in a laboratory and pretend that nature is like an artificial container of fruit flies, but quite another to fool ourselves that such a game should be played out with the remaining treasures of wildlife and wild habitats in the realities of our complex and discordant world.« Vgl. D.B. Botkin, Discordant Harmonies, Oxford 1990, S. 15-25.

die Anwendbarkeit auf wirkliche, reale Phänomene mitbedenken, d.h. sie muß in ihrer Problemorientierung vom Primat der externen Probleme ausgehen. In der Sprache des Aristoteles: Die Maxime vom »sozein ta phainomena«, die auf den theoretischen Erklärungskontext eingeschränkt ist, wäre fortzuführen zu einem praktischen »sozein ta hypokeimena«, zu einem Retten des Zugrundeliegenden; nur in dem Maße, in dem Wissenschaft Anwendung auf die wirklichen, die externen Probleme findet, kann sie zu der praktischen Rettung und Sicherung der Lebensbedingungen einen Beitrag liefern.
Der Bezug auf externe Probleme wird überdies ein neues Verhältnis zwischen den Wissenschaften zeitigen, das unter der Konzentration auf die internen Probleme in einzelwissenschaftlicher Zersplitterung verschwunden war. Der Gedanke, daß Probleme eine Verbindung, eine Kooperation, eine Integration von bislang getrennten Disziplinen erzwingen können und auch de facto werden, scheint mir sehr plausibel zu sein. Ich möchte deshalb die These vertreten: *Die realen, externen Probleme, vor die die Wissenschaften, und gerade die hochspezialisierten, gestellt sind, üben einen integrativen, ja totalisierenden Zwang aus, der gegen die Spezialisierungstendenz der Wissenschaften gerichtet ist und zu einem neuen Typus von Wissenschaftseinheit führt.*

2.4 Problemorientierte Forschung vs. disziplinäre Forschung

Daß dem Begriff des Problems in der Methodologie eine wichtige Rolle zuzusprechen ist, die insbesondere eng mit dem der Einheit, besser der Einigung, verbunden ist, ist nicht oft gesehen worden. Aber in den Arbeiten von Popper ist dieser Gesichtspunkt mehr und mehr ins Zentrum seiner Erkenntnistheorie gerückt. So wie alle Organismen ständig in einem Problemlösungsverhalten stehen, um überleben zu können, ist auch die wissenschaftliche Aktivität als ein Lösen von Problemen zu charakterisieren. Popper hat hervorgehoben, daß mit der Orientierung an Problemen ein neuer Gesichtspunkt insofern ins Spiel kommt, als sich Probleme nicht an die disziplinären Abgrenzungen halten.

Es ist beachtlich, daß Popper, der ja das Abgrenzungsproblem als Grundproblem der Erkenntnistheorie betrachtet und nicht zu Unrecht als ein Vertreter des »Bereichsdenkens« charakterisiert wird, von der Einteilung der Wissenschaften in verschiedene Disziplinen nicht allzuhoch denkt und sie primär unter historischen und organisatorisch-ökonomischen Gesichtspunkten rechtfertigt. Aber eigentlich hält er diese Klassifizierung und Trennung der Wissenschaften für eine unwichtige und oberflächliche Angelegenheit. »Wir erforschen nicht irgendwelche Fachgebiete, sondern Probleme. Und Probleme mögen die Grenzen irgendeiner Disziplin, irgendeines Fachgebietes genau überschreiten.«[17] Andererseits soll nicht bestritten werden, daß es Probleme gibt, die man spezifisch bestimmten Disziplinen zuordnen kann und muß – auch Popper will von spezifisch mathematischen, spezifisch physikalischen und spezifisch philosophischen Problemen sprechen. Das will sagen, daß diese Probleme durch ihre Fragestellung und zugelassenen Lösungsverfahren an bestimmte disziplinär fixierte Denk- und Vorgehensweisen gebunden sind. Deshalb sollte man solche Probleme interne oder immanente Probleme nennen. Die Bedeutung solcher immanenten Probleme für die Entwicklung einer Disziplin kann nicht bestritten werden – man denke nur an die kreativen Turbulenzen, die das Parallelenpostulat seit Euklids Zeiten bis hin zur Entwicklung der nichteuklidischen Geometrien erzeugt hat. In den immanenten Problemen sind gleichsam die Herausforderungen an die Mitglieder der jeweiligen Wissenschaftler-Zunft definiert, wobei die Experten unter sich sind und sich auf die strikteste Beachtung interner Standards konzentrieren.

Aber Interesse und Bedeutung über solche Herausforderungen hinaus kommt ihnen nur zu aufgrund ihrer Beziehung auf externe Probleme, die sich aus dem technisch-praktischen oder sozialen und politischen Leben ergeben. Wenn die immanenten Probleme den Bezug auf die externen verlieren, stehen sie, meint Popper, in der Gefahr zu degenerieren[18], was insbesondere für philosophische Probleme zu konstatieren sei. – Ich füge dem hier lediglich den Gedanken bei, daß an dieser externen Seite der Pro-

17 K.R. Popper, Conjectures and Refutations, London 1963, S. 67.
18 Ebenda, S. 72.

bleme auch die Funktion festzumachen ist, die zur Einigung von verschiedenen Disziplinen führt, zu einer Wissenschaftseinheit neuen Typs. Neuen Typs insofern, als hier keine Vereinheitlichung im methodischen, begrifflichen oder formalen Sinn erfolgen muß. Dieser Schritt ist kein Schritt zur Einheitswissenschaft, kein reduktiver Schritt, sondern er erfolgt *unter den Bedingungen fortbestehender und fortschreitender Spezialisierung*.[19] Damit behalten jene Vorstellungen von Einheit, die zur Kennzeichnung der Forschungsziele im internen Sinn verwendet wurden, ihre (problematische) Geltung, verlieren aber ihren primordialen Status; sie werden unter dem externen Problembezug in die Zweitrangigkeit versetzt.

Meinen hier zu verfolgenden Gesichtspunkt kann ich am besten erläutern, indem ich zunächst an Kuhn anschließe und dann abgrenze. Kuhn meint, daß die Leistungsfähigkeit einer Wissenschaft gerade durch ihre Abkopplung von den Bedrängnissen durch die Probleme der Gesamtgesellschaft erreicht wird. Erst durch die Konzentration auf die immanenten Fragestellungen tritt jene Entlastung von den komplexen Problemstellungen, von denen wir zunächst umgeben sind, ein, welche Entlastung eine Voraussetzung erfolgreicher Wissenschaftsentwicklung ist. Die Ausbildung disziplinärer Spezialisierung ist die Wiege des Expertentums, und für Kuhn ist allein der Spezialist in der Lage, Probleme wirklich zu lösen. Wird er aber auch, so müssen wir dann fragen, in der Lage sein, die wirklichen Probleme zu lösen? Kuhns Gesichtspunkt scheint mir sehr wichtig zu sein: Leistungsfähigkeit und schließlicher Erfolg sind an Präzisierung und

19 Häufig wird die Spezialisierung als solche, insbesondere das Auseinanderklaffen von Natur- und Geisteswissenschaften (die »zwei Kulturen«), für das Auftreten unserer Krisen verantwortlich gemacht. Es wird dann dagegen das alte Ideal der Einheit der Wissenschaften beschworen oder auch »Transdisziplinarität« als Abhilfe vom Elend der Spezialisierung verordnet. – Das halte ich für Bekenntnisse zu alten Bildungsidealen, denen Leibniz oder auch noch Humboldt genügen konnten, die aber vor der Explosion in allen Sektoren des Wissens sich surrealistisch ausnehmen. Zwar müssen wir übergreifende Konzepte entwickeln – aber unter Anerkennung der Spezialisierung, die die Basis der Leistungsfähigkeit der Wissenschaften bildet.

Expertentum gebunden, diese jedoch an Spezialisierung und Ausbildung immanenter Standards der Problembewertung und Problemlösung. Wer also die Leistungsfähigkeit der Wissenschaften steigern will, muß die Spezialisierung vorantreiben, das heißt insbesondere auch, man muß die Natur ins Labor holen.
Das wäre zweifellos eine hinreichende Empfehlung und richtig, wenn alle Probleme sich als Spezialprobleme im Sinne disziplinärer Gliederung darstellen würden bzw. ließen. Das ist aber nicht der Fall. Notorisch sind dieFragen, die sich als Grenzfragen verschiedener Disziplinen stellen, etwa betreffend die Mischformen von Belebtem und Unbelebtem, die zur Entwicklung der Virologie führten, oder Fragen der physiko-chemischen Basis von Bewußtseinsvorgängen, die zur Entwicklung der Neurophysiologie führten, oder ganz allgemein die meisten Probleme der Medizin, für deren Bearbeitung mehrere Disziplinen kooperieren müssen. Allerdings stellen sich die meisten dieser Probleme so dar, daß sie eine weitere Ausdifferenzierung der Wissenschaften zur Folge haben; es kommt neben den alten Disziplinen zur Etablierung neuer Spezialdisziplinen. Man sollte nicht von der Biochemie sagen, daß sie aus der Vereinigung von Biologie und Chemie hervorgegangen sei – denn beide bestehen weiter –, sondern daß sich die Biochemie als eine neue Disziplin etabliert hat, die zwar bei den Methoden der beiden Ursprungsdisziplinen Anleihen macht und auch ihre erkenntnismäßigen Auswirkungen auf diese Disziplinen hat, die sich aber selbständig neben ihnen entwickelt.
Während es also schon bei den internen Problemen mit der Einschlägigkeit von Spezialdisziplinen Grenzen gibt, ist dies erst recht für die externen Probleme der Fall. Einen besonderen Status unter den externen Problemen scheinen mir nun jene einzunehmen, die wir selbst induziert haben im Gefolge der industriellen Wissenschaftsverwertung, und die ich oben »ökologische Probleme« genannt habe.[20] Ich rechne dazu aber auch die Übervölke-

20 Eine ähnliche Tendenz verfolgt H. Poser, »Gibt es noch eine Einheit der Wissenschaften?« (Vortrag auf der Tagung des »Engeren Kreises der Allgemeinen Gesellschaft für Philosophie in Deutschland«, Braunschweig 1986). Auch er betont, daß die neue Erfahrung der Verletzlichkeit natürlicher Verhältnisse für das Einheitsthema bedeutsam ist.

rung, Probleme der Gentechnologie, kurz alle Probleme, die aus der Überlagerung vieler Effekte hervorgehen, die wir durch unsere technischen Eingriffe im physiologischen Haushalt bewirken. Solche Probleme sind erstens externe Probleme, und sie sind per se keine Spezialprobleme. Sie sind externe Probleme, denn sie bedrängen uns unabhängig davon, ob sie als wissenschaftliche anerkannt sind. Und es sind per se keine Spezialprobleme, sind sie doch zu definieren als Effekte, in denen sich äußere Gegebenheiten diversester Art und menschliches Handeln überlagern, die mithin nie in die Kompetenz einer Disziplin fallen können.
Der externe Charakter dieser Probleme macht es möglich, daß sich überhaupt mehrere Disziplinen aus ihren verschiedenen Vorgehensweisen heraus auf sie beziehen können; der Umstand, daß sie als Effekte komplexer Überlagerungen auftreten, bringt es mit sich, daß nicht eine neue Spezialdisziplin sich zu ihrer Bearbeitung etablieren kann, sondern eine neue integrierende Form der Kooperation von Spezialisten verschiedenster Prägung gefordert ist.
Wie allerdings deren Kompetenzen zu koordinieren bzw. zu integrieren sind, dafür gibt es bis jetzt kein Modell. Interdisziplinäre Arbeitsgruppen verlangen jedenfalls andere Organisationsformen als die von Hilfswissenschaften im Bereich einer Disziplin, sagen wir wie der Handschriftenkunde in der Geschichtswissenschaft. Auch das Modell des Hausbaus, bei dem ja auch die unterschiedlichsten Fachleute kooperieren müssen, läßt sich hier nicht anwenden; denn weder lassen sich die erforderlichen Schritte isoliert und additiv bestimmen, noch gibt es ein Analogon zum Architekten bzw. Bauleiter. Hier besteht also die Verlegenheit, daß wir nicht wissen, wie die erforderliche Integration verschiedener Disziplinen überhaupt aussehen sollte.[21]
Die spezifische Form der Integration, die wir durch den Bezug

Allerdings teile ich nicht seine These, daß es in diesem Zusammenhang zu einer Umorientierung des Erkenntnisinteresses komme: weg von der universellen Gesetzmäßigkeit, hin zu dem Einzelnen und Besonderen.

21 Es ist eigentlich überraschend, daß fächer- und fachbereichsübergreifende Forschungsvorhaben doch noch so häufig zustande kommen und offenbar auch erfolgreich durchgeführt werden können. Bedenkt man die mit der Spezialisierung verbundene Ausbildung je eigener

auf das externe ökologische Problem erreichen, liegt darin, daß in seiner Konsequenz keine Vereinheitlichung unter den Disziplinen erfolgt, sondern die Verschiedenheit und Pluralität zwischen ihnen aufrechterhalten bleibt. Die Einheit ergibt sich aus der praktischen Sphäre durch das gemeinsame Sich-Beziehen auf eine externe Problemstellung, die durch ihre Komplexität die Kooperation der separaten Disziplinen erfordert. Die Notwendigkeit des Einigens folgt hier nicht dem kontingenten Faktum der Einheit der Natur, nicht der Notwendigkeit der theoretischen Vernunft, nicht den Zweckmäßigkeitserwägungen pragmatischer Denkökonomie, sondern einem realen Zwang, den wir durch die nicht intendierten Effekte unserer Intervention in die Naturprozesse selbst erzeugt haben. Deshalb ist dieser Zwang zugleich nötigend im Sinne der praktischen Philosophie. Er resultiert aus der Verantwortung, die wir für unsere Handlungen zu übernehmen haben.[22]

Es war ein falscher, noch dem alten Ideal unter dem Primat der Theorie verpflichteter Ansatz, die Einheitsidee in oder zwischen den Wissenschaften zu suchen; sie ergibt sich als Konsequenz eines technisch-praktischen Wissenschaftsverständnisses durch den Bezug auf die externen, die realen Probleme.

In Verbindung mit der Ökologie wird oft in der Spezialisierung der Naturwissenschaften die Wurzel des Übels gesehen und als Remedium ein holistisches Wissenschaftsverständnis anempfohlen.[23] Mir scheint, daß die hier vorgeschlagene Form der Koope-

Wissenschaftssprachen, sind die Verständigungsschwierigkeiten immens. Unsere in Disziplinen spezialisierten Universitäten zeigen große Ähnlichkeit mit der Bauaktivität am babylonischen Turm, die an der nicht zu leistenden Koordination scheiterte. Vielleicht kann die Orientierung an den externen Problemen uns helfen, die Sprachbarrieren zu überbrücken.

22 Vgl. mein »Selbstbestimmung und Naturverhältnis des Menschen«, in: O. Schwemmer (Hg.), Über Natur: Philosophische Beiträge zum Naturverständnis, Frankfurt/M. 1987, S. 15-35.

23 So von K.M. Meyer-Abich, Wissenschaft für die Zukunft: Holistisches Denken in ökologischer und gesellschaftlicher Verantwortung, München 1988. – Ders., Der Holismus im 20. Jahrhundert, in: Klassiker der Naturphilosophie (Hg. G. Böhme); München 1989.

ration durch Bezug auf externe Probleme dem »Holon« eher angemessen ist und die berechtigte Kritik am Parzellendenken eher aufnehmen kann, als es dem »Holismus« möglich ist.

2.5 Über die Totalisierung ökologischer Probleme

Mit Bezug auf die Umweltprobleme kann man von einer zunehmenden *Totalisierung*[24] sprechen, die spiegelbildlich zur fortschreitenden Spezialisierung in Wissenschaft und Technik voranschreitet.

Von einer Totalisierung dieser Probleme läßt sich in einem zweifachen Sinn sprechen:

(1) Ihre *Komplexität* nimmt zu, d.h. für ihre Problembewältigung wird die Kooperation von mehr und mehr Disziplinen erfordert. Nicht nur müssen Spezialisten aus den diversesten Naturwissenschaften zu kooperieren lernen; Techniker und Politiker, Ökonomen und Juristen sind ebenso häufig durch die ökologischen Probleme einschlägig berührt wie Soziologen, Psychologen und Philosophen. Die Probleme der Übervölkerung haben schließlich einen direkten Bezug zu religiösen Normen. Die durch diesen neuen Typus von selbstinduzierten Problemen erzeugte Gefahr läßt sich geradezu bemessen durch die Zahl der durch das Problem einschlägig berührten Disziplinen. Und obwohl es gegenwärtig nicht möglich ist anzugeben, wie eine Problemlösung durch die Kooperation so unterschiedlicher Wis-

24 Da ich hier positiv an Poppers Auffassung von Wissenschaft als Problemlösen anknüpfe, sollte ich betonen, daß durch die Totalisierungstendenz der ökologischen Probleme Poppers Absage an holistische Betrachtungsweisen, seine aus dem Kontrast mit dem Holismus entwickelte Stückwerkstechnologie nicht so festgehalten werden kann. – Die ökologischen Probleme würden ja als solche nicht faßbar, wollte man sich auf die isolierten Wirkungszusammenhänge beschränken. So könnten wir an der Spray-Dose nur kritisieren, daß die Düse nicht funktioniert, der Treibsatz zu schwach, übelriechend oder giftig ist – während doch das ökologische Problem erst in der globalen Bilanzierung der Effekte, die durch den eigentlich nebensächlichen Treibsatz an der so fernen Ozonschicht hervorgerufen werden, hervortritt.

senschaften erreicht werden könnte, so kann man doch sagen, daß die Vernachlässigung bestimmter einschlägig berührter Disziplinen – also etwa die nur technisch forcierten Problemlösungsversuche – schon das Scheitern in sich trägt, häufig die Situation sogar verschlimmert.

(2) Ihre *Globalität* nimmt zu. Nicht nur daß sie sich über den ganzen Globus verteilt finden, sondern daß sie ihrer Dimension nach selbst global geworden sind. Ökologische Probleme sprengen Grenzen, denn sie haben die für die meisten Probleme charakteristische lokale Eingrenzbarkeit verloren, es sind globale Probleme. Die Verschmutzung von Luft und Wasser, die Belastung der Flüsse und Meere mit Schadstoffen, die Zerstörung des Ozongürtels, die durch die Abholzung der Wälder zu erwartende Veränderung des Klimas usw. sind von diesem globalen Typus, daß sie sich nicht innerhalb regionaler und politischer Grenzen halten. Sie haben Auswirkungen für alle jetzt lebenden Menschen und Organismen und vor allem für die nach uns kommenden Generationen.

Es bedarf keiner großen Phantasie, um zu sehen, daß über kurz oder lang wir alle vor diesen Problemen gleich sein werden und geeint. Was kein aufgeklärtes Vernunftideal hat zuwege bringen können, wird der zunehmenden Totalisierung der selbstinduzierten Probleme gelingen; denn für sie wird die lokale Eingrenzbarkeit nicht mehr gelten, die es uns bis jetzt gestattet hat, satt den Verhungernden zuzuschauen und reich die Armen zugrundegehen zu lassen.

Die die Biosphäre insgesamt betreffenden Belastungsprobleme überspringen die politischen Grenzen; denn die im physiologischen Metabolismus auftretenden Zirkulationen von Stoffen halten sich nicht an sie. Lange bevor wir verfolgten, wie die giftige Wolke nach dem Unglück von Tschernobyl um den Erdball kreiste, konnten wir die Verteilung des Fallouts bei den Atombombentests über den Globus verfolgen, die sauren Niederschläge über den Wäldern Nordschwedens, die aus den Schloten im Erzgebirge stammten, usw. Die in Deponien abgelagerten Stoffe diffundieren, versickern, mischen sich und wandern ohne Beachtung des ihnen auferlegten »telos« in unsere Umwelt zurück. Diese dynamische Eigenschaft der Natur wird später im »physiologischen Naturbegriff« (Kap. 6.7) weiter relevant werden. Ökologische Probleme sind global, räumlich wie zeitlich.

2.6 Strukturmerkmale des Krisenbegriffs

Von welchem Subjekt wird etwas prädiziert, wenn wir behaupten, es bestünde eine ökologische Krise? Meist meinen wir, wir behaupteten damit etwas über die Natur. Die Natur, bzw. Teilsysteme von ihr, befänden sich in der Krise. Aber die Natur kennt keine Krisen, sie kennt nur Zustände. Diese Zustände mögen sich im Laufe der kosmischen Evolution dramatisch voneinander unterscheiden, es sind aber nichtsdestoweniger Zustände der Natur, die keiner Wertung unterliegen. Wenn wir aber sagen, daß die Natur immer in Krisen steht, beläuft sich das auf die Behauptung, daß sie nie in einer Krise steht, und der Krisenbegriff würde nichtssagend. Wir benutzen aber den Krisenbegriff, um besondere Zustände eines Systems gegenüber denen, die »normalerweise« herrschen, auszuzeichnen. Wir *bewerten* mit diesem Begriff mithin die Zustände eines Systems. In welchem Sinn wird hier bewertet?

Man könnte versuchen, objektive Parameter einzuführen, etwa das Artensterben, oder die Verschmutzung der Umwelt; z.B. könnten die Anzahl von Tier- und Pflanzenarten in einer Region zu einer bestimmten Zeit oder die Anteile von Schadstoffen in Gewässern oder in der Luft als Meßgrößen eingeführt werden, und sofern es dramatische Veränderungen in der Zeit gibt, würden wir von Krisen oder kritischen Entwicklungen sprechen.

Das sind zweifellos aussagekräftige Größen. So können mehrfach aufgetretene riesige Massensterben lokalisiert werden, von denen das vorletzte der Untergang der Dinosaurier vor etwa 65 Millionen Jahren war. Die Paläontologen können teilweise auch Veränderungen in der Atmosphäre in diesen frühen Perioden der Erdgeschichte ausmachen, die teils durch Vulkanausbrüche, teils durch Meteoriteneinschläge verursacht waren.[25] – Wir hätten mithin Meßgrößen und Bewertungen, die sich auf Naturobjekte bezögen.

25 Nicht alle Veränderungen sind im übrigen negativ zu bewerten. Die Entwicklung der Erde vom roten Wüstenball zum von Pflanzen über-

Aber ein so eingeführter Krisenbegriff wäre doch für unsere Problemstellung unbrauchbar. Denn wenn wir heute von ökologischer Krise sprechen, dann meinen wir gerade nicht Krisen der Ökosysteme, die durch Naturereignisse ausgelöst werden. Als ökologische Krise, wie wir den Ausdruck gegenwärtig gebrauchen, sprechen wir die lebensbedrohenden Veränderungen in der Natur an, die durch das menschliche Handeln hervorgebracht sind und die insofern auf eine Änderung unseres Handelns verweisen. Verursachend und erleidend steht der Mensch als Definiens im Begriff der Krise.

Der Krisenbegriff ist kein Konzept rein theoretischer Bewertung, sondern in eminentem Maße handlungsbezogen. Die hier gemeinte Bewertung ist auf ein Eingreifen und Abwehren des Zustandes aus, auf den die kritische Entwicklung zutreibt. Das Konzept der Krise verweist in einen therapeutischen Handlungskontext. Krisen werden ausgesagt von einem System, das pathogener Zustände fähig ist, und werden diagnostiziert in therapeutischer Absicht. Krisen bezeichnen Zustände bzw. Phasen einer Entwicklung, die wir »zu bewältigen« suchen.

Solange es eine »Krisentheorie der Natur« nicht gibt, ist die Rede von der ökologischen Krise als einer Krise der Natur ohne Fundament. – Es lohnt sich deshalb, an die alte hippokratische Medizin, aus der der Begriff der Krise stammt, anzuknüpfen, um Strukturmerkmale des Krisenbegriffszu entwickeln.[26]

wachsenen Globus, mit der die Bildung und zunehmende Anreicherung von Sauerstoff in der Atmosphäre einhergeht, ist vielleicht die dramatischste Veränderung auf Erden überhaupt. Diese Entwicklung, die vor etwa 1,4 Milliarden Jahren begann, hat die Oberfläche der Erde völlig verändert, und doch können wir sie nur positiv sehen als die Schaffung der Grundlagen für die Formen des Lebens, die wir heute kennen.

26 In den Castelgandolfo-Gesprächen von 1985 »Über die Krise« (hg. v. K. Michalski, Stuttgart 1986) sucht man vergeblich nach einer brauchbaren Begriffsexplikation von »Krise«, obwohl viel über die verschiedenen Verwendungsweisen und ihre Kontexte, vor allem viel über die Krise der Moderne gehandelt wird. Zwar bemüht sich C.F. v. Weizsäcker, einen »objektiven« Krisenbegriff einzuführen; in den folgenden Beiträgen dominiert jedoch ein subjektiver Krisenbegriff. Im »Rückblick auf das Gespräch« verweist v. Weizsäcker, um seine Vor-

(1.) Krisen bezeichnen besondere Stadien[27] im Verlauf der Erkrankung, in denen sich entscheidet, ob eine Erkrankung zur Gesundung hin sich entwickelt oder zum Tode. Die Wertung des Verlaufs erfolgt über den Begriff der Gesundheit; Gesundheit gilt uns als ein Wert und ein Gut, das wir uns erhalten möchten und im Falle der Erkrankung wiederzuerlangen suchen, wofür wir gegebenenfalls auch einen Arzt konsultieren.

(2.) In der hippokratischen Medizin ist der Krisenbegriff eingebunden in eine Theorie der körpereigenen Säfte. Erkrankungen sind Ausdruck einer Störung im Haushalt der Körpersäfte (humorales). Der Arzt muß sich darauf verstehen, Zustände des Patienten als *Symptome* spezifischer Störungen in der Balance der Körpersäfte zu deuten, und dementsprechend seine Medizin verabreichen.

(3.) Nach der Säftetheorie bezeichnet die Krise genauer eine Phase, in der es entweder zur Reifung (pepsis) und Scheidung, d.h. Trennung, der krankmachenden von den gesunden Körpersäften und zur nachfolgenden Ausscheidung (apostatis) der ersteren kommt oder dies unterbleibt. Der erste Fall führt zur Genesung, der zweite zur Verschlimmerung oder zum Tode.

Die Krisen genau zu erkennen, d.h. die Symptome richtig zu deuten, ist für den Arzt wichtig, nicht nur um den Krankheitsverlauf richtig prognostizieren zu können, sondern auch um seine Einwirkungsmöglichkeiten auf den Verlauf der Erkrankung günstig einsetzen zu können.[28] Eine Medizin kann ihre gute Wirkung nur dann vollbringen, wenn sie im richtigen Zeitpunkt verabreicht wird.

stellung zu verdeutlichen, bezeichnenderweise auf die Herkunft des Begriffs aus der Medizin (aaO, S. 192). – M.E. lassen sich die strukturellen Merkmale des Krisenbegriffs am deutlichsten der hippokratischen Theorie entnehmen.

27 Nach der hippokratischen Medizin treten die »kritischen Tage« in streng periodischen Zyklen auf. Dieses »pythagoreische« Element im Krisenverständnis wird hier nicht festgehalten. – Näheres zu Krise und kritische Tage s. in: V. Langholf, Medical Theories in Hippocrates: Early Texts and the »Epidemics«, Berlin 1990, S. 73-117.

28 Hippokrates, Prognostikon, c. 1.

Auch wenn die antike Medizin von der ökologischen Krise weit abzuliegen scheint, so scheint mir der Begriff der Krise doch nach wie vor nur verwendbar zu sein, wenn wir die angegebenen Strukturmerkmale in ihm festhalten. Um von einer Krise sprechen zu können:

(1.) müssen wertende Gesichtspunkte (Normen) zur Verfügung stehen, die über die neutrale Beschreibung von Zuständen hinausführen und etwas als »bekömmlich«oder »unbekömmlich« qualifizieren;

(2.) brauchen wir theoretische Annahmen über die zugrundeliegenden Mechanismen, als deren Ausdruck wir die Krise sehen. Nur aufgrund von Theorien vermögen wir bestimmte Zustände als Symptome einer Krise zu deuten;

(3.) muß der in der Krise sich abspielende Vorgang ein Prozeß der Trennung, der Absonderung und schließlichen Ausscheidung sein, wie es in der ursprünglichen Wortbedeutung von krinein gemeint ist – erst von da kommt es zur Bedeutung von »entscheidend« (= kritisch).

Daß diese Merkmale noch immer mit dem Krisenbegriff verbunden sind, scheint mir auch aus der Rede von ökologischer Krise direkt hervorzugehen:

(1) Sie enthält immer einen wertenden Bezug auf den Menschen[29] (oder die Tierarten, die mit ihm unter vergleichbaren Bedingungen leben). Ich habe bereits oben betont, daß der Bezug auf den Menschen zweifach – als Verursacher und als Betroffenen – auftritt.

(2) Die Veränderungen der Austauschbeziehungen mit unserer Umwelt, die wir durch Einsatz unserer Technologien induzieren, bilden den »Mechanismus«, aus dem die ökologischen Krisen hervorgehen. Nur wo und sofern wir Naturzerstörung als Symptom des technischen Handelns gegenüber der Natur deuten können, haben wir es mit ökologischen Problemen im eigentlichen Sinn zu tun, die uns zu einer Umorientierung unseres Handelns nötigen.

29 Daß diesem Bezug auf den Menschen auch die Physiozentriker nicht entkommen können, wird weiter unten gezeigt. Ganz allgemein zeigt er sich darin, daß alle die ökologische Krise als eine Aufforderung an den Menschen sehen, sein Handeln zu ändern.

(3) Der kritische Vorgang muß verstanden werden als ein Vorgang der Trennung der ruinösen Formen technischer Naturnutzung von den langfristig vertretbaren und der Eliminierung der ersteren.

Verglichen mit der Deutung der ökologischen Krise als einer Krise der Natur, ist es viel plausibler, sie als Gegenstück oder Ausdruck einer Krise des Baconschen Programms zu deuten; denn worum es in dieser Krise geht, ist die Trennung und Abscheidung der verantwortbaren von den unverantwortlichen Handlungsweisen des Menschen gegenüber der Natur.

Weil es letztlich auf eine Änderung unseres Handelns ankommt, handelt es sich bei den ökologischen Problemen nicht nur um theoretische Probleme, sondern um praktische Probleme, sowohl um technisch-praktische wie insbesondere um moralisch-praktische. Letztere sind angesprochen, sofern wir unser Handeln unter dem Verantwortungsprinzip ausrichten und beurteilen.

Wenn ich im folgenden von Bacons Ideal spreche, dann meine ich nicht jene Hybris, die sich über alle moralischen Bedenken hinwegsetzt, sondern eine Macht, die ihr Können immer noch daraufhin reflektiert, ob es auch vor dem, was man das Gute nennen kann, gerechtfertigt werden kann.

2.7 Über den pragmatischen Status des Prinzips Verantwortung[30]

Es ist wohl eine communis opinio, daß die »Verantwortung« eine grundlegende Rolle unseres Handelns und Verhaltens – auch unseres Handelns gegenüber der Natur – zu spielen hat. Diese Auffassung verbindet unstrittig viele Autoren, die ansonsten eher entgegengesetzte Tendenzen verfolgen, wie z. B. Hans Jonas und John Passmore, die beide die Verantwortung in den Titeln ihrer einschlägigen Monographien hervorheben.

Die Divergenz setzt erst dort ein, wo es einerseits um die Begründung dieses Prinzips geht, seinen Status vis à vis den tradi-

30 Ich danke Christoph Fehige (Saarbrücken) für hilfreiche Diskussionen zu diesem Kapitel.

tionellen Ethikansätzen, und andererseits um seine Reichweite, d.h. dasjenige, worauf sich die Verantwortung erstreckt.
Das Problem der Verantwortung stellt sich notorisch immer dort, wo etwas schiefgegangen ist; wenn eine Rechnung aufgemacht wird für einen angerichteten Schaden und gesucht wird, wer dafür haftet. Das muß nicht immer der direkte Verursacher sein; es ist derjenige, der die Verantwortung trägt, wie wir sagen. Dabei wird
(1) unterstellt, daß durch die Verantwortlichkeit einer Person eine Zuständigkeit zugewiesen wird, die nicht ausgeschöpft wird durch die Betrachtung der tatsächlich ausgeführten Handlungen und ihrer Folgen, sondern wozu auch Unterlassungen gehören;
(2) ebenso wird unterstellt, daß die schuldhafte Tat, um deren Zurechnung es geht, nicht zwangsläufig eingetreten ist, sondern vermeidbar war; sie muß mithin in einem Kontext alternativer Handlungsmöglichkeiten stehen, so daß sie überhaupt auch hätte unterbleiben bzw. verhindert werden können.
Sofern wir also überhaupt von verantwortlichem Handeln sprechen wollen, müssen wir immer eine Person als Träger der Verantwortung setzen und ihr die Freiheit unterstellen, so oder auch anders handeln zu können, wozu das Unterlassen einer Handlung völlig gleichwertig gehört (wir bewerten das Unterlassen einer Handlung positiv oder negativ, je nachdem, ob der Verantwortliche besser daran getan hätte zu unterlassen, was er getan hat, oder ob er durch sein Nichthandeln den Schaden herbeigeführt hat).
Bereits hier wird deutlich, daß Verantwortung auf einen Handlungskontext verweist, der durch Rechtsnormen qualifiziert ist. Unsere heutigen Vorstellungen von Verantwortung haben im römischen Rechtswesen ihre Wurzeln.[31] Dort, wie heute auch noch, wird der Beschuldigte vor Gericht zitiert und hat dort auf die Anklage zu antworten, d.h. seine Taten zu verantworten (lat. respondere, was im englischen Wort responsibility direkt übernommen ist).
Zwei Strukturelemente lassen sich von hierher gewinnen. Das

31 Vgl. G. Picht, Der Begriff der Verantwortung, in: Ders., Wahrheit, Vernunft, Verantwortung: Philosophische Studien, Stuttgart 1969, S. 318-371.

Gericht definiert die Instanz *vor der* oder *der gegenüber* die Verantwortung besteht, die mithin zur Verantwortung heranziehen kann. Genauer: Das Gericht muß nicht die letzte Instanz sein, vor der die Verantwortung besteht; meistens ist das sogar nicht der Fall, das Gericht nimmt lediglich die Einforderung der Verantwortlichkeit wahr, die gegenüber dem Monarchen, dem Senat, dem Volk oder einer anderen Instanz besteht.[32]

Und es gehört zur Struktur der Verantwortung ein *Wofür*. Das können Sachen oder Personen oder Institutionen sein, die uns in gewisser Weise – sei es durch Wahl, Auftrag oder auch durch »natürliche Sittlichkeit« wie im Eltern-Kind-Verhältnis – anvertraut sind. Letztlich sind wir jedoch verantwortlich für unsere auf die Wahrnehmung der Verantwortung bezogenen Handlungen, wozu wie gesagt die Unterlassungen gehören. Und wie schon früher betont wurde, zeigt sich die Verantwortlichkeit insbesondere an der Berücksichtigung und Gewichtung der *Handlungsfolgen* – auch der nicht intendierten.

Wenn wir primär an die Rechtsverhältnisse denken, dann hat allerdings der Begriff der Verantwortung eine doppelte Verengung, die nicht den Verantwortungsbegriff als solchen bestimmen sollte. Für das Rechtswesen ist es wichtig, daß die Verantwortlichkeiten möglichst explizit fixiert werden, d. h. Verantwortung verlangt die Formulierung fester Regeln und Vorschriften, die die Zuständigkeiten umschreiben. Und zum andern wird man vor Gericht im nachhinein zur Verantwortung gezogen. Verantwortung tritt eigentlich nur ex post in Erscheinung; nämlich wenn Ereignisse eingetreten sind, für die die Verantwortlichen zur Rechenschaft zu ziehen sind. Dann würde Verantwortung nur als verletzte oder mißachtete zum Vorschein kommen.

Demgegenüber verstehen wir Verantwortung positiv in einem

32 »Zu den Instanzen, denen gegenüber jemand verantwortlich ist, können gehören: Gott (dem gegenüber der Gläubige sich verantwortlich weiß), die Menschheit (oder die Idee der Menschheit), die Gesellschaft, der Staat, das Recht (Rechtssystem, Rechtsidee), Institutionen und Organisationen, gegebenenfalls berufliche Standesorganisationen sowie Personen.« H. Lenk, »Über Verantwortungsbegriffe in der Technik«, in: Lenk & Ropohl (Hg.), Technik und Ethik, Stuttgart 1987, S. 116.

entschieden umfassenderen und zukunftsorientierten Sinn. Georg Picht spricht deshalb von einem »Überschuß« im Verantwortungsbegriff, der sich gerade nicht kodifizieren läßt. Die Komplexität der Welt läßt es überhaupt nicht zu, daß alle Eventualitäten explizit formuliert werden können, und wir meinen deshalb, daß auch dann jemand unverantwortlich handelt, wenn er z. B. durch eine Handlung ein Unglück hätte verhindern können, obwohl es keine Vorschrift gab, die ihm so zu handeln explizit gebot. Picht knüpft diesen »Überschuß« im Verantwortungsbegriff vor allem an die christliche Vorstellung, derzufolge sich alle Menschen am Ende der Tage vor dem göttlichen Richterstuhl verantworten müssen. In dieser religiösen Verantwortlichkeit liegt eine Totalität, die auch noch die verschwiegenen und geheimen Gedanken einschließt, die also weit über die Verletzungen codifizierter Rechtsnormen hinausgeht und die überdies ganz auf Zukünftiges ausgerichtet ist. Georg Picht versteht deshalb den Verantwortungsbegriff als einen eschatologischen Begriff. »Erst aus der Erwartung dieses letzten Gerichtes konnte der Gedanke entspringen, daß das menschliche Leben insgesamt der Vorbereitung auf diese letzte ›Verantwortung‹ dienen müsse.«[33] Verantwortung betrifft nun also nicht nur die durch das Recht zu regelnden Verhältnisse, sondern alle Lebensvollzüge des Menschen, sein gesamtes Tun und Lassen. Auf diese religiöse Verankerung der Verantwortung vor oder gegenüber muß ich später zurückkommen. Man kann aber den Gedanken des eschatologischen Vorlaufes zunächst einmal in »säkularisierter« Form festhalten: Der Mensch hat Verantwortung vor einer (hier nicht näher spezifizierten) Instanz, die ihn *als geschichtliches Wesen*, als Akteur der Geschichte betrifft. Geschichte bzw. geschichtliches Handeln ist dabei vornehmlich durch den Ausgriff auf Zukunft charakterisiert. Verantwortung stellt sich dann im Unterschied zu dem anfänglichen juristischen Kontext primär als »Zukunftsverantwortung«[34] dar.

Es ist ein Verdienst von Picht, den geschichtlichen Charakter der Verantwortung hervorgehoben und stark gemacht zu haben. Aber er ist in zwei Punkten m. E. über das Ziel hinausgeschossen.

33 G. Picht, Der Begriff der Verantwortung, aaO, S. 319.

34 So versteht sie Hans Jonas (vgl. PV, Kap. 4).

Nach Picht tragen wir nicht nur Verantwortung, weil und sofern wir als geschichtliche Wesen existieren, sondern er meint, daß die Geschichte selbst auch eine Instanz ist, vor der unsere Verantwortung besteht, wir stehen gleichsam vor dem Gericht der Weltgeschichte, die über uns das Urteil spricht. Sicher ist es eine geläufige Redewendung, daß über manche Schritte, die wir jetzt unternehmen, erst sehr spät entscheidbar sein wird, ob sie zum Guten oder zum Schlechten ausgeschlagen sind, und wir in dem Sinn der Geschichte das letzte Wort überlassen müssen. Picht scheint damit mehr zu meinen, als daß die kommenden Generationen ihr Urteil sprechen werden. So weit er aber über diese Deutung hinausgeht, kann ich darin nur eine unhaltbare Subjektivierung der Geschichte einerseits und eine bloße Metaphorik andererseits sehen, die ohne die Rückbindung in eine Theologie (die bei Picht gegeben ist) eher maliziöse Züge annimmt und gegen den Gedanken der Verantwortung geht. – Picht meint überdies, daß wir für die Geschichte nicht nur als zukünftige, sondern auch als vergangene verantwortlich seien. Aber er kann sicher nicht meinen, daß wir für die Taten der Vergangenheit, an denen wir nicht kausal beteiligt waren, verantwortlich wären; denn damit würde er behaupten, daß die kommenden Generationen für das verantwortlich sein werden, was wir jetzt hier veranstalten. Wir können nicht für die Taten der Vergangenheit, an denen wir nicht kausal beteiligt waren, verantwortlich sein, wohl aber für ihre Deutung, für ihre Präsenz in unserem historischen Bewußtsein. Unverantwortlich wäre es, sie zu verdrängen, uns von ihnen auf eine Art zu distanzieren, die der Geschichtlichkeit unserer Existenz widersprechen würde. Auch die schlimme Vergangenheit darf nicht vergessen oder umgedeutet werden. Haltbar an Pichts Punkt ist die hermeneutische Verantwortung für die angemessene Präsenz und Verarbeitung der Vergangenheit in unserem Bewußtsein.

Der Status eines »Prinzips Verantwortung« scheint mir keineswegs klar zu sein, auch wenn wir es so selbstverständlich mit dem ethischen Handeln verbinden. Denn Verantwortung ist keine Tugend wie Gerechtigkeit oder Hilfsbereitschaft. Es ist keine Norm der utilitaristischen Ethik, wie »Maximiere den Gesamtnutzen für die größtmögliche Zahl«. Wir finden es auch nicht unter den

Pflichten einer Sollens-Ethik, wie »Du sollst nicht lügen«. Offenbar ist es auf einer anderen Stufe anzusiedeln als die der einzelnen Tugenden, Maximen oder Handlungsnormen.

Die Rede vom »Prinzip Verantwortung« suggeriert, daß der Verantwortungsbegriff auf der Prinzipienebene steht, der Ebene des Sittengesetzes bei einer deontologischen Ethik oder des Glücks bei einer teleologischen Ethik – zumal Hans Jonas dieses Prinzip als Ansatz einer völlig neuen Ethik für die technische Zivilisation einführt. Aber das Prinzip Verantwortung kann nicht »alle frühere Ethik ersetzen«, wie Jonas meint, sondern es setzt Ethik in traditionellem Sinn immer schon voraus und bringt darin eine bestimmte Qualifikation zum Ausdruck. Sofern Verantwortung uns zu etwas »verpflichtet«, ist sie zu verstehen im Kontext einer Sollens- und Pflichtenethik. Sofern es aber um die Berücksichtigung von Handlungskonsequenzen geht, ist sie eher auf einen utilitaristischen Denkansatz zu beziehen.[35] Bei Jonas selbst liegt ein Mischtyp insofern vor, als er einerseits vom Sollen spricht, also deontologisch argumentiert und auch einen »neuen kategorischen Imperativ« entwickelt, und er andererseits das Prinzip Verantwortung in der teleologischen Struktur der Natur zu begründen sucht.

Wie also steht es um den Status des Verantwortungsprinzips vis à vis den üblichen Ethikansätzen?

Wenn ich recht sehe, ist das Spezifikum der Verantwortlichkeit darin zu sehen, daß für das verantwortliche Handeln immer ein Konflikt zwischen Handlungsoptionen unterstellt wird, der nur *in Eigenverantwortung* entschieden werden kann. Es wird in einem emphatischen Sinn an die Autonomie, d.h. an Freiheit und Umsicht des Subjekts appelliert, in einer bestimmten Situation das Richtige zu tun, insbesondere das richtige Maß zu finden. Das ist ganz offensichtlich so, wenn wir Verantwortlichkeit für den Umgang mit der Macht einfordern, sei es nun gegenüber der weltlichen oder kirchlichen Herrschaft, gegenüber den Wirtschaftsunternehmen oder auch wie neuerdings gegenüber den in Wissenschaft und Technik konzentrierten Handlungspotentialen. Verantwortung scheint mir designiert zu sein, um in einem

35 Vgl. D. Birnbacher, Verantwortung für zukünftige Generationen, Stuttgart 1988.

Handlungsraum, der gleichsam von sich aus über das rechte Maß hinaustreibt, die Grenze des Vernünftigen einzufordern. Das Prinzip Verantwortung hat keinen begründenden, sondern appellativen Status: es mahnt die Beachtung von ethisch-moralischen Gesichtspunkten in unserem Handeln an, aber es legitimiert nicht bestimmte Handlungen als moralische. Die Verantwortung gebietet nur in dem Sinn, daß sie *bestimmten Personen bestimmte Zuständigkeiten zuordnet*[36] und damit zugleich nachdrücklich die Beachtung des moral point of view einfordert. Die normative Verbindlichkeit stammt aber entweder aus dem schon etablierten ethischen Sollen oder aus dem schon etablierten utilitaristischen Maximierungsgebot, in das die durch die Verantwortung hervorgehobenen Gesichtspunkte einzuschließen sind.

Wie es für die juridische Herkunft des Gedankens der Verantwortung zu erwarten ist, steht er in einem primär pragmatischen Kontext, nicht aber dem einer Begründung ethischen Handelns.[37] Was mit einer sog. Ethik der Verantwortung mithin gefordert ist, ist keine neue Begründung für neuartige Handlungsmaximen, sondern eine (pragmatische) *Regelung von Zuständigkeiten und die emphatische Betonung von moralisch-praktischen Normen in Handlungskontexten, wo sie bislang keine Rolle spielten* – sei es, daß wir sie dort für entbehrlich oder nicht einschlägig hielten, sei es, weil wir sie dort nicht anzuwenden verstanden.[38] Das technisch-instrumentelle Handeln und die Erforschung der Natur

36 Hans Lenk hat darin auch den Gedanken der Mitverantwortung festgemacht, der also nicht einem Subjekt die Gesamtverantwortung zuweist, sondern die Zuständigkeiten parzelliert, die durch ihre Integration die Gesamtverantwortung (Gemeinschaftsverantwortung) repräsentieren. Vgl. sein »Über Verantwortungsbegriffe in der Technik«, aaO, S. 123ff.

37 Deshalb ist G. Picht nicht zuzustimmen, wenn er in seiner Analyse des Verantwortungsbegriffs zu dem Ergebnis kommt, die Verbindlichkeit der Verantwortung verlange eine Verankerung in einer unbedingten Instanz, die menschlicher Entscheidung entzogen sei; sie verlange eine Verankerung im göttlichen Willen. – Aber Picht überfordert hier: Die Verantwortung *setzt* keine Verbindlichkeit, sondern *regelt* sie. Und dafür brauchen wir keine absolute Instanz.

38 Ich stimme D. Birnbacher zu, der ebenfalls meint, daß die Zukunftsverantwortung »keine von Grund auf neue Ethik [verlangt], sondern

waren die Bereiche, die als ethisch neutral galten und für die nun die Beachtung ethischer Normen gefordert wird. Es wird mit dem Prinzip Verantwortung die Beachtung ethischer Maximen auch in Wissenschaft und Technik[39] eingefordert.

Aber wie das! Oben schien klar zu sein, daß die Rede von Verantwortung immer den Bezug auf ein autonomes Subjekt verlangt. Dann können Entitäten wie Wissenschaft und Technik – wie läßt sich in diesem Zusammenhang überhaupt der Singular verstehen! – nicht Träger der Verantwortung sein. Wir kämen einen Schritt weiter, wenn wir dafür die jeweiligen institutionellen Einheiten einsetzen, in denen geforscht und/oder praktisch angewandt wird: d.h. die (individuellen oder kollektiven) Leiter oder auch alle Mitarbeiter der Institute und Labors, der Konstruktionsbüros und Unternehmen.

Es gibt die Rechtsfigur der »juristischen Person«, die genau für die Zwecke eingeführt ist, wo nicht bestimmte Individuen, sondern Gesellschafter in ihrer Gesamtheit als Rechtssubjekt fungieren. Allerdings wird damit nicht wirklich einer Nicht-Person Verantwortung zugewiesen; denn die juristische Person wird von wirklichen Personen vertreten und ohne diesen Rückgriff auf zuständige Individuen würde die Rechtsfigur der juristischen Person inexistent.

Hinter der Rede von der Verantwortung der Wissenschaft und der Technik steht also ein Bezug auf Wissenschaftler und Techniker als autonome Subjekte, und nur durch diesen Bezug wird die obige Formulierung sinnvoll. Verantwortung wird jedem ein-

die Aktualisierung allgemeiner moralischer Prinzipien, die bereits heute weitgehend anerkannt sind. Sie verlangt neue Operationalisierungen, neue Praxisnormen, neue Werthaltungen, neue Tugenden und nicht zuletzt auch neue Institutionen«. (Verantwortung für zukünftige Generationen, Stuttgart 1988, S. 269)

39 Ich unterscheide im gegenwärtigen Zusammenhang nicht zwischen einer Verantwortung der Wissenschaft und einer der Technik, wie das mit guten Gründen oft geschieht. Im Sinne des Bacon-Projekts gehe ich von einem einheitlichen Komplex aus, demgemäß Wissenschaft auf Anwendung, auf Technologieerzeugung ausgerichtet ist und insofern in einem Handlungskontext steht, für den Verantwortlichkeit reklamiert wird.

zelnen zugewiesen, und an seine Autonomie wird appelliert. Freilich gilt es festzuhalten, daß nicht alle an einem Projekt Beteiligten in gleichem Maße Träger von Verantwortung sind. Wie in anderen Kontexten auch werden wir vielmehr dem in größerem Maß Verantwortung zusprechen, der größere Macht und Einflußnahme hat.[40]

Da aber offensichtlich der Einzelne oft überfordert ist, die ihm zugewiesene Verantwortung angemessen wahrzunehmen, werden wir verpflichtet sein, entsprechende Institutionen zu entwikkeln, die auf die Einhaltung der Normen besonders zu achten haben. Das wird insbesondere dann schon eine Verbesserung sein, wenn die Institution gegenüber den Projektträgern einen unabhängigen Stand hat.

Das ist im Gesundheitswesen und in vielen anderen Teilbereichen unseres Lebens eine gängige Praxis, und es ist nicht einzusehen, warum dergleichen nicht auch mit Bezug auf die Entwicklungen in Wissenschaft und Technologie möglich und sinnvoll sein soll.[41] Denn so unbestreitbar die Selbstkontrolle moralisch höherwertig und so unverzichtbar sie überdies ist, so schwer ist sie durchzuhalten in Sektoren, für die die Jagd nach der Innovation konstitutiv ist. Wo die Demonstration eines Könnens und Machens so hoch prämiert wird, wird die Frage des Dürfens – auch ohne Bösartigkeit – ins Abseits geraten. Da bilden die Wissenschaftler keine Ausnahme.[42]

Es ist überdies nicht einmal das Mißtrauen in die Fähigkeit zur

40 Edward Teller und Robert Oppenheimer trugen beim sog. Manhattan-Projekt entschieden mehr Verantwortung als die vielen Forscher, die z.T. nicht einmal wußten, an welchem Projekt sie mit ihren Forschungsergebnissen beteiligt waren. Vgl. R. Rhodes, Die Atombombe: Oder die Geschichte des 8. Schöpfungstages, Nördlingen 1988.

41 So wie Beobachter der USA/UNO die Forschungs- und Entwicklungsanlagen von z.B. Saddam Hussein überwachen, um die Produktion chemischer, bakterieller und atomarer Waffen zu verhindern, bräuchten wir entsprechende Kontrollsysteme auch im je eigenen Land.

42 Bacon, dessen überschäumender Optimismus ansonsten unterstellt, daß jede Forschung zum Wohl der Menschen beiträgt, hat immerhin vorgesehen, daß der Rat der Alten des Hauses Salomonis prüfen muß, welche Ergebnisse zu publizieren sind und welche nicht.

Selbstkontrolle, weswegen unabhängige Institutionen der Projektbewertung in Wissenschaft und Technologie unter normativen Kriterien erforderlich werden; denn im allgemeinen ist der einzelne Forscher, selbst der moralisch integre und bemühte, überfordert. Die Forschungs- und Entwicklungsprojekte sind so verzweigt, so komplex, daß das erst in der Zusammenführung der Ergebnisse aufscheinende Gefahrenpotential gar nicht von ihm gesehen werden kann. Dementsprechend ist aber auch die individuelle Zurechnung einer Verantwortlichkeit problematisch.

Um so dringender wird die Entwicklung von Organisations- und Rechtsformen der Kontrolle, die dieser Komplexität gerecht werden könnte. Darauf haben vor allem Hans Lenk und Günther Ropohl hingewiesen.[43]

In den bis jetzt angesprochenen Konstruktionen für die Übernahme von Verantwortung ist immer nur von den Experten die Rede gewesen oder von Gremien, die von Experten beschickt werden. Es gibt aber einen Gedanken von Verantwortung, der diesen Kreis überschreitet und der zunächst einmal alle von den Auswirkungen des technischen Handelns Betroffenen einbezieht. Sie müßten in irgendeinem repräsentativen Modus an den Entscheidungen beteiligt werden. Eine weitergehende Bezugsgröße wäre nicht unter dem Gesichtspunkt der Betroffenheit zu erschließen, sondern unter dem der Trägerschaft. Wer ist letztlich der Träger des wissenschaftlich-technischen Großprojekts? Es ist Bestandteil unserer modernen Kultur. Der Bund und die Länder zweigen aus ihren Haushalten beträchtliche Geldmengen ab, um dieses System zu unterhalten, das in zunehmendem Maß auch von den Industrieunternehmen in eigener Regie weitergeführt wird. Es ist letztlich die Gesellschaft im ganzen, die als Träger dieser Kultur anzusehen ist. Dies ist ein Grundgedanke Bacons. Damit ist es der politischen Willensbildung in der Gesellschaft anheimgegeben, wie die Entwicklung dieses Systems insgesamt weitergeführt werden soll.[44] Natürlich kann sich diese Verankerung der Verantwortung in der Gesellschaft nicht so äußern, daß über Ein-

43 Vgl. die Beiträge in: H. Lenk und G. Ropohl (Hg.), Technik und Ethik, Stuttgart 1987.

44 K.M. Meyer-Abich hat dem Gedanken der »Sozialverträglichkeit« von Technologien besondere Aufmerksamkeit geschenkt, in: Ders.

zelprojekte abzustimmen wäre. Sie kann sich aber äußern in Volksabstimmungen über bestimmte Großtechnologien, wie das in Österreich hinsichtlich des Ausstiegs aus der Atomenergiewirtschaft der Fall war. Eine aufgeklärte Gesellschaft sollte über die generellen Linien der Wissenschafts- und Technikentwicklung mitbestimmen können und ihren Anteil an der Verantwortung übernehmen. Die Zielvorstellungen, die mit der technischen Kultur verbunden sind, sind keineswegs mit den wissenschaftlichen Mitteln der Forscher und Techniker hinreichend zu kennzeichnen, sondern sie müssen schließlich von den Bürgern bejaht und akzeptiert werden, oder es wird zu Widerstandsbewegungen kommen. Bürgerinitiativen haben sich zu vielen Fragen des modernen Lebens gebildet und sinnvoll in seine Entwicklung eingeschaltet. Der Gefahr einer Experto- und Technokratie wird man nur entgehen können, wenn die aufgeklärten Bürger sich auch dem Sektor von Wissenschaft und Technologie verstärkt zuwenden und ein Wissen und Problembewußtsein entwickeln, wie man es in Fragen der Nachrüstung hat beobachten können.

Einer der wichtigsten Gedanken des modernen Staates hat sich im Modell der Gewaltenteilung niedergeschlagen. Exekutive, Legislative und Jurisdiktion stehen unabhängig voneinander, um mit ihrer je spezifischen Funktion zugleich eine Kontrolle und Korrekturmöglichkeit der je anderen Instanz wahrnehmen zu können. Seit und mit Bacon betrachten wir das Wissen als eine Form von Macht, die durch ihre innere Tendenz zur Technologieerzeugung zum dominanten Faktor in der Entwicklung unserer Kultur avancierte. Muß man nicht angesichts dieser neuen Machtkonzentration ebenfalls den Gedanken einer analogen Gewaltenteilung ernsthaft ins Spiel bringen? Beides, die kollektive Trägerschaft des Großprojekts Wissenschaft–Technologie und die zu verantwortenden Auswirkungen dieses Großprojekts auf die Lebensverhältnisse der Gesellschaft im Ganzen (eingeschlossen nachkommende Generationen), verweist auf ein mehrgliedriges Modell von Beteiligung und Kontrolle.

Dies scheint mir eine zwingende Forderung zu sein, die jüngst mit

und B. Schefold, Die Grenzen der Atomwirtschaft, München 1986.

dem Ansatz der »Diskursethik« erhoben und auf die ökologische Krisensituation bezogen wurde.[45] Sie verbindet mit dem alten Gedanken der Aufklärungsphilosophie von der Öffentlichkeit (»Publizität«) den der Beteiligung der Bürger (»partizipatorische Öffentlichkeit«); dementsprechend seien »praktische Diskurse« einzurichten, in denen die Beteiligung an der Diskussion und Entscheidung über die Projekte und Experimente sich vollziehen kann. Mir scheint darin weniger der begründungstheoretische als vielmehr der verfahrensmäßige Gedanke wichtig zu sein: der diskursethische Ansatz *verpflichtet zur Entwicklung von Institutionen und Kommunikationsformen*, in denen sich die Beteiligung aller an der Entwicklung zukünftiger Wissenschaft/Technologie vollziehen könnte.[46]

Man muß also die Expertendimension noch einmal auf die Ebene der Bürger insgesamt beziehen, wie das z. B. bei Friedrich Rapp in der Tradition der Aufklärung gefordert wird. »Innerhalb dieses Aufklärungsprozesses hat die deskriptive Technikfolgenabschätzung (Technology Assessment) ihre legitime und sogar unerläßliche Funktion: Sie kann das Spektrum der Handlungsmöglichkeiten aufzeigen und darlegen, welche faktischen Resultate jeweils mit einer gewissen Wahrscheinlichkeit von einem bestimmten Vorgehen zu erwarten sind. Doch die normative Technikfolgenbewertung kann den mündigen Bürgern nicht durch die Experten abgenommen werden. Das Risiko der künftigen Entwicklung müssen alle gemeinsam tragen.«[47]

45 Vgl. D. Böhler, »Mensch und Natur: Verstehen, Konstruieren, Verantworten«, in: *Deutsche Zeitschrift für Philosophie*, 39. Jg., 1991, H. 9, S. 999-1019. – Böhler hat primär die Situation der Gentechnologie im Blick, spricht aber auch über Technologie allgemein. Für ihn ist die Gentechnologie in einem doppelten Sinn wichtig, insofern sie einmal als der wissenschaftliche Höhepunkt des Naturkonstruktivismus erscheint, zum anderen eine irreversible Verdrängung des Naturverstehens bedeutet.

46 Böhler erwähnt in seinem o. a. Artikel Vorschläge von Juristen, die Kontrollinstitute in verfassungsrechtlich-politischer Hinsicht skizziert haben – darunter auch ein Modell der Gewaltenteilung (vgl. aaO, S. 1015 f.).

47 F. Rapp, »Die normativen Determinanten des technischen Wandels«, in: Lenk & Ropohl (Hg.), aaO, S. 46.

In diesem Sinn hat K.M. Meyer-Abich seine Vorschläge zum Frieden mit der Natur nun verstärkt an die Konsumbürger der ersten Welt gerichtet und ruft sie auf zum »Aufstand für die Natur«.[48]

Aber damit sind wir von den Überlegungen zu Begriff und Träger der Verantwortung, denen dieser Abschnitt gewidmet war, übergegangen zur Diskussion des Objekts der Verantwortung, dem Wofür der Verantwortung.

48 K.M. Meyer-Abich, Aufstand für die Natur: Von der Umwelt zur Mitwelt, München 1990.

3. KAPITEL

Anamnese

Der Streit um Bacons Vermächtnis

3.1 Bacons Ideal und die ökologische Krise

Hans Jonas hat in seinem Buch »Das Prinzip Verantwortung« die Unheilsdrohung des Baconischen Ideals beschworen und die absehbare ökologische Katastrophe direkt auf das Übermaß des Erfolges des Baconschen Ideals zurückgeführt. Er verlangt deshalb, daß wir dieses Ideal aufgeben, ja daß wir uns überhaupt von dem utopischen Vorgriff auf bessere Verhältnisse verabschieden, um uns auf ein verantwortungsvolles Bewahren der Natur einzustellen. –

Ich werde Jonas folgen, insofern er überhaupt den Beginn der neuzeitlichen Naturwissenschaft im 17. Jahrhundert mit dem jetzt offensichtlich ruinös verlaufenden Umgang mit der Natur verklammert und dabei Francis Bacon eine Leitfunktion zuspricht. Damit wird keine philosophiehistorische These formuliert, sondern es werden die durch die technische Zivilisation in unserer Umwelt herbeigeführten realen Veränderungen mit dem von Bacon vertretenen Ansatz verknüpft. In Bacons Entwurf, obwohl er ihn selbst unter dem der *verstehenden Hermeneutik* zuzuordnenden Titel einer »Interpretation der Natur« einführt, haben wir einen Kandidaten von programmatischer *Weltveränderung* vor uns, wie es Marx in seiner 11. These gegen Feuerbach angemahnt, aber den Philosophen vor ihm nicht zugebilligt hatte. Es scheint mir insofern eine konsequente Linie zu sein, wenn Jonas den Marxismus unter den Erben von Bacon anführt, ja ihn recht eigentlich als den Vollstrecker des Baconschen Vermächtnisses versteht. Daß aber in dieser starken Erbschaftsbindung historische Fehlerquellen stecken, sehen wir nun, nachdem sich diese Erbengemeinschaft – als politische Realität jedenfalls – aufgelöst hat. Es könnte so scheinen, als sei mit dem Prozeß der Selbstauflösung der »marxistischen« Staatsführungen in den Ostblockländern auch das Baconsche Erbe liquidiert. Dies scheint mir jedoch ein verhängnisvoller Fehlschluß zu sein. Unabhängig von dem politischen Schicksal des Marxismus bleibt die Frage aktuell, ob wir das Baconsche Ideal aufgeben dürfen, bzw. aufgeben müssen, wie Jonas plädiert hat, oder nicht.

Im folgenden werde ich argumentieren, daß wir der Empfehlung von Jonas nicht folgen sollen noch dürfen. Ich will plädieren, daß wir das Baconsche Ideal nicht aufgeben sollten, wenn wir vom Ideengut der europäischen Aufklärung auch nur einen guten Gedanken festhalten wollen, und daß wir es nicht aufgeben dürfen, solange noch Hunger, Krankheit und materielle Not die Menschheit oder große Teile von ihr peinigen.

Ich bin aber ebenso der Meinung, daß wir dem Baconschen Ideal nicht mit der Naivität seines Anfangs weiter folgen dürfen. Gerade um an dem von Bacon definierten Ziel festhalten zu können, müssen wir über dieses selbst und insbesondere über die zu seiner Erreichung vorgeschlagenen bzw. bis jetzt praktizierten Mittel und Methoden erneut nachdenken. In erster Näherung möchte ich sagen, daß uns die ökologische Krise nicht zwingt, das Baconsche Ideal preiszugeben, wohl aber das Baconsche Programm einer drastischen Revision zu unterziehen. Um diese Modifikationen anbringen zu können, mache ich im folgenden einen dreifachen Unterschied. Ich spreche vom »Bacon-Projekt«, womit ich den Gesamtentwurf bzw. den Grundansatz, an dem ich festhalten möchte, meine. Er besteht in der Verklammerung von Wissenschaft, Technologie und dem Allgemeinwohl, wobei die Klammer selbst in der durchgängigen praktischen Deutung (»works«, »operations«) aller Sektoren – auch der Theorie – ausgewiesen wird. In diesem Projekt gilt es dann zwischen dem »Bacon-Programm« und dem »Bacon-Ideal« zu unterscheiden. Das Bacon-Projekt spannt gleichsam den Rahmen auf; in ihm definiert das Ideal das angestrebte Ziel, das Programm formuliert die für seine Beförderung erforderlichen Mittel. Das Ideal artikuliert sich in normativer Begrifflichkeit: Zwecke, Ziele, Werte. Das Programm schließt alle Verfahrensangaben ein: Methoden, Strategien, Einstellungen, Institutionen und Organisationsformen.

Die dramatischeren Änderungen werden das Programm betreffen, aber auch das Ideal bedarf der Revision, wie wir sehen werden. Man muß sich natürlich fragen, ob bei so viel Zurücknahme und Änderung der Baconschen Ideen noch von einem Festhalten am Bacon-Projekt gesprochen werden kann. Manche meiner Mitarbeiter und Kollegen haben mir empfohlen, das ganze eher als eine Aufkündigung des Bacon-Projektes zu schreiben, weil es meinen eigenen Vorstellungen zugute käme und weniger mißverständlich wäre. Ich hoffe, daß ich dieser Empfehlung nicht nur aus dem dubiosen Grund nicht gefolgt bin, weil ich mich dann in größere Nähe zu Hans Jonas begeben hätte, dem ich doch zu widersprechen wünsche. Vielmehr verstehe ich meine eigenen Überlegungen durchaus in der Tradition Bacons und kann die derzeit populäre generelle Kritik am »Projekt der Moderne« keineswegs teilen. Der Leser selbst wird finden müssen, ob ich recht daran tat, bei aller Modifikation doch am Bacon-Projekt festzuhalten.

Um die hier benutzten Termini mit Bedeutung zu füllen, wird zunächst auf Bacon zurückgegriffen. Ich sehe aber keine Untreue darin, sie weiter aufzufüllen mit Bestimmungen, die wir nicht in den Schriften von Bacon, sondern von Zeitgenossen und Nachfolgern finden, sofern sie sich dem Konzept Bacons nahtlos einfügen, erst recht wenn sie sich als Verstärkungen darstellen lassen. Soweit ich von dem revidierten Bacon-Projekt spreche, versteht es sich von selbst, daß damit weder eine Zuschreibung zu Bacon noch einem anderen Autor gemeint sein kann.

Eine Vorbemerkung scheint mir gleichwohl erforderlich zu sein, um den Sinn der Berufung auf Bacon klarzustellen, die man als eine rein philosophie-historische auffassen könnte, zumal ich im nächsten Kapitel so beginne. Dies wäre ein Mißverständnis. Es geht mir um die Erfassung einer realen »Wirkungsgeschichte«, die in einer strukturellen Verklammerung von Naturforschung, Technikerzeugung und industrieller Naturnutzung wurzelt und durch diese Verklammerung eine permanente Tendenz auf Progreß enthält; diese reale Wirkungsgeschichte zunächst zu verstehen, um sie sodann einer kritischen Sichtung zu unterziehen hinsichtlich der möglichen Fortführung, ist das Thema der Untersuchung, wie es auch von Jonas angegangen wurde und wie es zuvor von Husserl, Heidegger, Cassirer u.a. traktiert worden war. Diese Geschichte ist im 17. Jahrhundert in Gang gekommen, wenngleich ihre Wurzeln weiter zurückreichen.

Wenn vom Bacon-Projekt, vom Baconschen Programm und Baconschen Ideal gesprochen wird, dann soll damit nicht die Menge der Meinungen gemeint sein, die dem Lord von Verulam und späteren Viscount von St. Albany in einem exklusiven Sinn zugesprochen werden könnten. Vielmehr handelt es sich bei diesen Kennzeichnungen um epochale Kennzeichnungen.[1] Wir finden gleichsinnige Äußerungen bei Descartes, bei Hobbes, bei Galilei und anderen Protagonisten der neuen Naturwissenschaft. Bacon fungiert lediglich als ein *Exponent der neuen Einstellung zur Natur*, das jedoch ganz zu Recht, weil er ihr in seiner »Großen Erneuerung der Wissenschaft« einen beredten, ja propagandistischen Ausdruck gegeben hat und überdies die organisatorische und institutionelle Verankerung von Naturforschung und Technikentwicklung in der Gesellschaft in seiner utopischen Schrift »Das neue Atlantis« dargestellt hat. Unbestreitbar sind die Beiträge von Descartes, Galilei, Kepler, Pascal und anderen Forschern des 17. Jahrhunderts zur Naturforschung wie zur Methodologie bedeutender als die von Bacon; und doch hat Bacon nicht nur die Verdienste des Propagandisten einzubringen, sondern er hat wie kein anderer die *Handlungsbezüge und Handlungselemente* im modernen Konzept von Wissenschaft erkannt und zum Ausdruck gebracht. Das praktische Moment der Wissenschaft wird bei ihm bis zur Theoriefeindlichkeit vorangetrieben, womit er zwar ein verzerrtes Bild entwirft, aber andererseits einen Grundzug hervorhebt, der sonst kaum erfaßt, sicher nirgends zentral thematisiert wird. Das spricht für Bacon als Leitfigur der Moderne.

Man wird einiges zugunsten der These sagen können, daß der Cartesianismus die Wiege der neuzeitlichen Denkweise sei; denn mit ihm erscheint das Selbstbewußtsein als Prinzip in der Philo-

1 Bacon selbst spricht von seinem Projekt in diesem Sinn, wenn er im »Prooemium« zur *Instauratio Magna* (I 121) sein Projekt als die Kräfte eines einzelnen übersteigend beschreibt, zu dem er nur den Anfang und Anstoß liefern kann, und wenn er in der »Widmung an König Jakob« seine Schrift ankündigt als ein »Kind der Zeit, nicht seines Genies« (»magis pro partu temporis quam ingenii«; I 123).

sophie. So hat Hegel die Zäsur gesehen und Kritiker der Moderne wie Heidegger haben deshalb ihre Kritik an Descartes festgemacht, mit dessen Subjekt-Objekt-Spaltung das Naturding in die bloße Vorhandenheit eines Gegenstandes verkommen war. Der »Cartesianismus« wird zum Titel für die verengte wissenschaftliche Rationalität, die man in der neuzeitlichen Naturwissenschaft und ihren Technikfolgen am Werke sieht.[2] Manche gehen noch weiter und sehen in der cartesianischen Spaltung der Welt in res cogitans und res extensa den Ursprung für den Riß in der Moderne, dem C.P. Snow[3] mit dem griffigen dictum von »den zwei Kulturen« Ausdruck verliehen hat.[4]

Aber verglichen mit Bacons Wissenschaftskonzept ist Descartes traditionell, geradezu platonisch. Die Differenz von Subjekt und Objekt wird substantiell verankert in der Unterschiedenheit von res extensa und res cogitans – bei Bacon wird sie handelnd produziert. Descartes denkt über das Wissen nach als Grundlage rationalen Handelns – bei Bacon ist Erkennen selbst ein Handeln, und Fakten werden geschaffen. Wenn denn die Moderne durch die Selbstermächtigung der Subjektivität charakterisiert werden soll, dann ist Bacon eine Leitfigur von größerer Radikalität.

Es spricht auch viel für die These, daß mit Galileis Werk der eigentliche Schritt in die neue Art der Naturforschung vollzogen wird; denn mit ihm beginnt das hypothetische Prüfverfahren seinen Siegeszug, das die metaphysische Prinzipienforschung ablöst. So hat Kant die Zäsur gesehen, und Husserl und die Neukantianer sind ihm gefolgt. Im erfahrungsvorgängigen Ent-

2 So V. Hösle, Philosophie der ökologischen Krise, München 1991, S. 54-68.

3 Es ist interessant zu vermerken, daß Snow seinerseits die naturwissenschaftliche Kultur einseitig favorisiert, und zwar unter ausdrücklicher Berufung auf »Bacons Programm«: nur die naturwissenschaftliche Orientierung könne die Weltbevölkerung aus materieller Not befreien. Vgl. vor allem seinen Nachtrag (1963) in: Die zwei Kulturen: Literarische und naturwissenschaftliche Intelligenz: C.P. Snows These in der Diskussion (Hg. H. Kreuzer), Stuttgart 1987 (dtv 4454).

4 Vgl. mein »Die ›zwei Kulturen‹ vor der Einheit ihrer Probleme« in: G. Pasternack (Hg.), *Zwei Kulturen – oder die Einheit der Wissenschaften* (= Schriftenreihe des Zentrums Philosophische Grundlagen der Wissenschaften der Universität Bremen Bd. 8), S. 61-73.

wurf der Vernunft, der zur Mathematisierung der Natur führt, sehen sie die eigentliche Leistung Galileis und die »Kopernikanische Wende«. Aber Galilei, der gegenüber dem Certismus und Einheitsgedanken Descartes' einen größeren Freiraum der Hypothesenbildung und -prüfung gewinnt, bleibt doch eingeschränkt auf die Sphäre der Theorie und pocht auf die Macht der Wahrheit im platonischen Geist. Für Bacon steht alle Forschung im Dienste der Veränderung gegebener Verhältnisse, worunter er zuerst die natürlichen Gegebenheiten versteht. Wo Galilei zeigen will, nach welchem Gesetz die Körper in freiem Fall sich bewegen, will Bacon sich ein Machtmittel verschaffen, verändernd in die Natur eingreifen zu können. Wenn also der vom Subjekt veranstaltete Umbau der Natur durch wissenschaftlich gestützte Technologie Signum der Moderne ist, dann ist Bacon auch damit die Leitfigur von größerer Radikalität.

Jonas, in vielem den Heideggerschen Thesen zugetan, verbindet meines Erachtens zu Recht das in der modernen Welt waltende Amalgam von Wissenschaft, Technologie und industrieller Naturnutzung mit dem Namen von Francis Bacon, und hierin folge ich ihm uneingeschränkt.

Zwei große Selbsttäuschungen sind tief in das Projekt der Moderne verflochten, von denen wir uns nur zögernd freizumachen vermögen, und nur zu leicht gerät dies zur Absage an die Idee der Moderne, wie es im Gerede von der Postmoderne nun modisch grassiert. Zum einen die Idee von Descartes, in der Selbstbezüglichkeit des Ich hätten wir ein Prinzip erfaßt, in dem sich nicht nur die Subjektivität völlig klar und deutlich transparent sei, sondern das sich darüber hinaus als Standard (Kriterium) einer sicheren Erkenntnis festhalten und aller Wissenschaft zugrundelegen ließe. – So verlockend dieser Ansatz sich prima facie darstellte, so schwer wurde die Einsicht, daß wir im Ego keineswegs die erhoffte Transparenz einer einfachen Substanz antreffen, sondern ein Bündel von konfligierenden Strebungen und Vorstellungen (Hume), oder gar ein zur Selbsttäuschung und Verdrängung geneigtes Subjekt, das nur schwer zum genuinen Bewußtsein von sich selbst gelangt (Freud).

Zum anderen gibt es die Idee, der Vico in seinem berühmten Prinzip Ausdruck verlieh, daß wir nur das erkennen können, was wir selbst hervorbringen, und wir die Dinge auch nur insofern erkennen können, als sie von uns produzierte sind. Vico hat mit diesem Prinzip die von uns veranstaltete Geschichte gegen die nicht von uns gemachte Natur ausgespielt, die immer als primäre Domäne objektiven Wissens gegolten hatte. Aber wenn wir uns die Komplexität der von uns herbeigeführten modernen Welt vor Augen führen, mit ihrem signifikanten Amalgam von Ökonomie, Wissenschaft, Technologie, Politik etc., dann stehen wir nicht minder verwirrt und verständnislos vor dieser selbstinduzierten 2. Natur wie unsere Urahnen vor der Komplexität der 1. Natur. Das Machen impliziert keineswegs das Durchschauen des Gemachten, oder doch nur partiell. Das Verstehen der Zusammenhänge, die sich aus unseren Inszenierungen ergeben, kann sehr wohl in die Opakheit zurücksinken, die für die anfängliche Erkenntnis so charakteristisch ist.

Beiden Illusionen ist der Versuch gemeinsam, Prinzipien zu etablieren, in deren Licht alle Erkenntnis in völliger Klarheit etabliert werden könnte. Die Selbstreflexion oder das Handeln sollten sich völlig transparent sein können und somit sichere Grundlagen der Wissenschaft bieten. Beide sind einer Auffassung von Wissenschaft unter dem theoretischen Konzept der Gewißheit (Wahrheit) verpflichtet.

Bacons Betonung des Handlungsaspekts im Erkennen wird oft gedeutet als Ausdruck von Vicos verum-et-factum-Prinzip. Aber mir scheint, daß Bacon zu sehr pragmatisch orientiert war, um ein Programm der Grundlegung, wie es Vico angestrebt hat, unterschreiben zu können. Bacons praktische Ausrichtung der Wissenschaft sollte nicht mit einem Anspruch auf Letztbegründung und Sicherheit der Fundierung verquickt werden. Deshalb zerbricht sein Projekt nicht zugleich mit der Zurücknahme der Begründungsprogramme von Descartes und Vico.

Der Optimismus freilich, der Bacons praktische Orientierung inspirierte, verdient eine Ernüchterung und Zurücknahme. Nur unter der Aufnahme entsprechender Provisos läßt sich am Projekt der Moderne im Sinne von Bacon festhalten.

3.2 Die Unterscheidung von Ideal und Programm im Bacon-Projekt

Francis Bacon (1561-1626) hatte in der wissenschaftlich fundierten technischen Nutzung von Kräften und Stoffen der Natur ein Mittel gesehen, durch dessen Einsatz das materielle Wohlergehen aller Menschen gemehrt und gesichert werden könne.

War für die Antike das Wissen erstrebenswert, sofern es einen Wert in sich, einen höchsten Zweck, darstellte, so wird es seit dem 17. Jahrhundert erstrebt, weil es als ein Mittel verstanden wird, die Lebensbedingungen des Menschen zu bessern und zu sichern. Von den »wahren Zielen« der Wissenschaft sagt Bacon, daß wir sie erstreben »zum Wohle und Nutzen für das Leben«.[5] In seiner Frühschrift[6] verlangt Bacon von der Wissenschaft die Verbesserung »des Zustandes und der Gemeinschaft der Menschen«, um »die Hoheit (sovereignty) und Macht des Menschen, die er im Urzustande der Schöpfung hatte, wiederherzustellen und ihm größtenteils wiederzugeben«. Die Aphorismen mit dem Titel »Über die Interpretation der Natur« sind zugleich Untersuchungen über den Herrschaftsbereich des Menschen (de regno hominis). – Schon aus diesen wenigen Stellen geht hervor, daß »Wissenschaft« für Bacon weit über eine theoretische Erkenntniseinstellung hinausragt: durch die Entwicklung der Wissenschaft wird sich der Mensch, wie er meint, (wieder) in einen Zustand versetzen, wie er ihn vor der Vertreibung aus dem Paradies innehatte. Um diesen Anspruch jedoch nicht über Gebühr zu mystifizieren, darf man annehmen, daß Bacon hier nicht an den Zustand der Unschuld denkt, sondern zunächst an den der Bedürfnislosigkeit: im paradiesischen Zustand fehlte es dem Menschen an nichts, während er im gefallenen Zustand hungern, darben und Not leiden muß. Zum anderen aber, und das ist das wichtigere, dachte er an die Verfügungsmacht über die Naturdinge, die er im noch nicht gefallenen Adam besaß, »for whensoever

5 »Ad meritum et usus vitae«, F. Bacon, The Works (eds. Spedding, Ellis, Heath), London 1857, Vol. I, S. 132.

6 F. Bacon, *Valerius Terminus*, Würzburg 1984, S. 42f.; in: The Works, aaO, Vol. III 222.

he shall be able to call the creatures by their true names he shall again command them«.[7]

Im Vorwort von Bacons *Großer Erneuerung der Wissenschaften* heißt es: »Ich arbeite daran, die Grundlagen zu schaffen, nicht für eine Schule oder Doktrin, sondern für Nutzen und Macht des Menschen.« Die Macht des Menschen wurzelt im angemessenen Wissen von den Naturprozessen, von den ursächlichen Wirkfaktoren. Deshalb muß man zuerst die Wirkmechanismen der Natur erfassen. »Menschliches Wissen und menschliche Macht sind eins; denn wo die Ursache nicht bekannt ist, kann die Wirkung nicht hervorgerufen werden. Will man der Natur befehlen, so muß man ihr gehorchen; denn was im Überlegen als Ursache gilt, das gilt im Tun als Regel.«[8]

Bacon hat mithin Wissenschaft und Technologie nicht einfach identifiziert, wie es der ihm fälschlich zugesprochene Slogan »Wissen ist Macht« suggeriert. Das Bacon-Projekt fordert eine Wissenschaft, die gegenüber den Verfahren der Ingenieure und Techniker mit eigenen Methoden und Standards operiert. Bacon verwirft nicht nur nicht den Wahrheitswert von Behauptungen zugunsten rein pragmatischer Erfolgsnormen; er sagt ausdrücklich, daß er von den Erfolgskriterien nicht überboten werden kann. Bacon scheint hier sogar dem platonischen Wissenschaftsverständnis (epistêmê) sehr nahe zu stehen. Erst wenn wir die Bedeutung der »operations« für den Wissenserwerb sehen, erhalten wir eine angemessene Vorstellung von seinem Wissenschaftskonzept. »Handlungen« sind nicht erst dem Stadium technischer Anwendungen vorbehalten, wie wir es gerne rekonstruieren, sondern ohne Handlungen hätten wir keinen Zugang zu den Ursachen und damit zur Wahrheit. Wahrheitsansprüche werden aber von Bacon in der Tat erhoben, wenn er von seinem Projekt erklärt, daß es um »den Bau eines wahren Modells der Welt im Erkennen« gehe. »Hoc autem perfici non potest, nisi facta mundi dissectione atque anatomia diligentissima.« (I 218, IV 110) Was

7 The Works (aaO), III 222.

8 »scientia et potentia humana in idem coincidunt, quia ignoratio causae destituit effectum ... et quod in contemplatione instar causae est, id in operatione instar regulae est.« Novum Organum, 1. Buch, Aph. 3. (I 157).

heißt: ein getreues Bild der Welt kann man nicht erhalten ohne sorgfältige Zerlegung und Präparierung der Welt, d.h. nicht ohne Handlungen. Und insofern die Handlungen/Werke »pignora veritatis« sind, ein Unterpfand der Wahrheit, besitzen die Werke einen höheren Wert insofern, als sie Beiträge zur Besserung des Lebens sind.

Das hier angestrebte Wissen kann nicht in bloßer »Schau« (= Theorie) erworben werden, sondern es ist auf den aktiven Eingriff angewiesen. Eingriffe in die Natur sind nach Bacon nicht erst für die technischen Anwendungen reserviert, sondern schon in seinen Begriff von Wissenschaft eingebunden. Das neue Wissen, das zugleich Macht ist, kann nur durch Eingriffe in Naturprozesse erworben werden, und es stellt zugleich Handlungsmöglichkeiten bereit. Die Intervention kommt also zweifach im Wissenschaftskonzept vor: (1) Die Intervention ist Erkenntnisziel: das Wissen wird erstrebt, um in die Naturprozesse verändernd und sie nutzend eingreifen zu können. (2) Die Intervention ist das einzige Erkenntnismittel: in der experimentellen Situation wird die Natur gleichsam präpariert, d.h. für den Anschluß der Meßgeräte zugänglich gemacht. Beobachten läßt sich die Natur immer; um jedoch Meßdaten zu erhalten, muß sie zuvor meßbar gemacht werden, wobei das Machen in einem starken Sinn zu nehmen ist.

Es ist bemerkenswert, daß mit Bacon der Mensch, d.h. die Mehrung seines materiellen Glücks, einerseits in die Zielbestimmung der Wissenschaft einrückt, und ineins damit der Mensch, d.h. seine schlichte Beobachtung und Sinnlichkeit, aus ihr verschwindet und durch Apparate abgelöst wird. »Denn die Feinheit der Experimente ist weit größer als die der Sinne ... Deshalb lege ich auf die unmittelbare und eigentliche Wahrnehmung der Sinne nicht viel Gewicht, sondern ich halte die Sache so, daß der Sinn nur über das Experiment, das Experiment aber über die Sache das Urteil spricht.«[9] Bacon gibt der Erfassung der Daten durch Meßinstrumente gegenüber dem Empirismus der Sinnesdaten den Vorzug. Jedoch zieht Bacon den Apparat nicht vor wegen der größeren Sicherheit und Objektivität gegenüber den Irrtums-

9 *Instauratio Magna*, in: *The Works* (aaO), Bd. 1, S. 138.

und Täuschungsanfälligkeiten des Menschen. Das ist zwar ein naheliegender Gedanke, und unsere heutigen Technologen empfehlen vielfach den Einsatz von Apparaten, um den »Risikofaktor Mensch« zu eliminieren. Das ist jedoch nicht Bacons Gedanke. Er verwirft die Sinnesdaten als Basis der Wissenschaft, weil über die Apparate eine beliebig feiner zu machende Kenntnisnahme möglich wird, die dem menschlichen Sensorium versagt ist. Man kann Messungen genauer und genauer machen, indem man die Meßgeräte sensibler und sensibler macht. Die Perfektibilität des Wissens wird auf die Perfektibilität der Instrumente gestützt. Die Instrumente aber sind unsere Artefakte, sie werden von uns gemacht. Und Maschinen lassen sich verbessern, weil und sofern sie von uns gemacht sind.

Wenn wir an das Mikroskop und erst recht an das Teleskop denken, geht uns noch nicht die Schärfe der Position von Bacon auf. Denn diese beiden Geräte richten sich betrachtend auf ihre Objekte. Sie entstammen zwar einem Handlungskontext, insofern sie ja hergestellt wurden, sind aber eher Paradigmen einer schauenden Erkenntnisgewinnung. Bacons Auffassung vom Meßvorgang sieht aktiver aus: Messen ist Eingreifen in Naturprozesse. Die Leistungen des Mikroskops können überhaupt erst zum Vorschein kommen, wenn zuvor Skalpell oder Mikrotom tätig waren. Das Herstellen der Präparate, die man unter das Mikroskop legt, zeigt die Pointe Bacons fast deutlicher als das Beobachtungsgerät. – Wenn im DESY oder am CERN Elementarteilchen mit hoher Energie aufeinandergeschossen werden, so daß sie in kurzlebige Subpartikel, die unter Normalbedingungen gar nicht vorkommen können, zerfallen, und dann diese »Ereignisse« in gigantischen Detektoren registriert werden, worüber schließlich ein Computerausdruck auf dem Tisch des Forschers landet, dann haben wir, scheint mir, eine gute Illustration dafür, was Bacon mit der Ablösung der Sinneswahrnehmung durch apparative Erkenntnis gemeint hat.

Mit der Formulierung des neuen Zieles der Naturforschung hat Bacon die Naturwissenschaften, noch ehe sie de facto entwickelt waren, auf die Bewältigung von Problemen verpflichtet, die als solche den Wissenschaften äußerlich sind: die Beseitigung von materieller Not, von Hunger, Krankheit und allen mit der Leiblichkeit des Menschen verbundenen Nöten.[10] Er hat damit die Naturwissenschaften insgesamt als ein Instrumentarium verstanden, durch das sich der Mensch aus der Abhängigkeit von der Natur, ihren zufälligen und kargen Gaben und ihren stets drohenden Gewalten, befreien kann und soll. Man kann deshalb sagen, daß Bacon die Wissenschaften extern instrumentalisiert hat, oder sie »finalisiert« hat, wie es die Starnberger Gruppe nannte.

Die eigentliche, die erstrebte und erstrebenswerte Wissenschaft von der Natur ist damit angewandte, praktische Naturwissenschaft, eine auf Technikerzeugung ausgerichtete Wissenschaft. Die auf die Wissenschaft gestützte Technik erzeugt mit ihren Erfindungen »Glück und Wohlergehen, ohne jemandem Unrecht und Leid anzutun«, heißt es bei Bacon.[11] – Bacon spricht hier von einer bestimmten Art, wie man Erträge erwirtschaften und steigern kann, und darin spielt das neue Naturverständnis eine wichtige Rolle. Die Bearbeitung und Kultivierung der Natur, durch die der Mensch sich im Dasein erhält, soll nicht mehr durch den Einsatz der menschlichen oder tierischen Arbeitskraft erfolgen, sondern durch die Ausnutzung der mechanischen Naturkräfte selbst. Während in der feudalen, vorindustriellen Wirtschaftsform der Profit des Herrn nur gesteigert werden konnte, indem er andere Menschen (Frau, Kinder, Knechte, Taglöhner) mehr für sich arbeiten ließ, kann in einer technisierten Wirtschaftsform maschinell und unter Verzicht auf die Muskelkraft produziert werden. Indem die Schatzkammern der Natur, die angefüllt sind mit wertvollen Stoffen und unerschöpflichen Kräften, durch Technik geöffnet und zum Nutzen des menschlichen Lebens verwendet werden, läßt sich der Benefit für alle steigern, ohne daß eine Ausbeutung des Menschen durch den Menschen nötig wäre. Die experimenta lucifera, die lichtbringenden Experimente, die neu zu veranstaltende Art der Grundlagenforschung,

10 Bacon hegte auch die optimistische Vorstellung, daß die Beseitigung der Knappheit an materiellen Gütern auch eine moralische Besserung mit sich führen würde. Wie er in »Neu-Atlantis« skizzierte, sollten die Gesellschaften nach innen und außen friedfertig und hilfsbereit sein.

11 The Works, Bd. 1, aaO, S. 221.

setzen den Menschen instand, endlich auch die experimenta fructifera, die einträglichen Experimente voranzutreiben.[12] Wenn der Mensch nur über das richtige Wissen verfügt (das aber wird ihm quasi automatisch zufließen, wenn er sich nur der experimentell-induktiven Methode bedient, meint Bacon) und es gezielt einsetzt, dann kann er die Natur anregen, Früchte hervorzubringen ohne Grenzen und ohne Mühen.

Dieses Ideal hat Bacon in seinem Fragment »Neu-Atlantis« skizziert, in dem nicht nur materieller Wohlstand herrscht, sondern ineins mit der wissenschaftlich-technischen Kultur blüht auch die Humanität. Die dort dargestellte Gesellschaft ist nicht von einem ständigen Kampf um die Macht geprägt, sondern von Güte, Wohlwollen und Weisheit – und Bacon hätte seine utopische Stadt ebenso ein neues Jerusalem nennen können, wenn das nicht ein zu großes Zugeständnis an und Vertrauen in die kirchlichen Mächte bedeutet hätte. – Während Platon im »Kritias« das alte Atlantis und das frühe Athen in eine Konkurrenz setzt, die in kriegerischer Auseinandersetzung die Überlegenheit und Bestheit der athenischen Polis bezeugen sollte, stellt Bacon das neue Atlantis als ein abgeschiedenes Reich des Friedens dar, das nur durch Forschungsexpeditionen in Kontakt mit den übrigen Staaten und Ländern steht. Bacon hat insofern ein gesellschaftliches Ideal abgeschiedener Friedfertigkeit skizziert. – Wie steht es dann mit dem Ideal, das Wohlergehen *aller* Menschen sei zu fördern? Hängt Bacon hier selbst einem verborgenen Platonismus oder auch Stoizismus in dem Sinn an, daß nur durch die Distanzierung von der großen Menge das gute Leben verwirklicht werden kann? Ist das skizzierte Ideal utopisch in dem Sinne, den Morus ihm gegeben hat, so daß es nur in insularer Abgeschiedenheit existenzfähig ist? Die Neuatlantiker senden jedenfalls keine Missionare aus, um überall Polisgründungen nach ihrem Muster zu bewirken. Zunächst heißt also das Wohlergehen aller wohl, daß alle Neuatlantiker gleichermaßen an den erwirtschafteten Gütern teilhaben, daß es innerhalb der Polis keine Ungleichbehandlung geben darf. Wie schon bei Morus gibt es auch bei Bacon nicht mehr die privilegierte Klasse des Idealstaats von Platon.

12 Instauratio magna, Praefatio, in: The Works, Bd. 1, S. 128.

Wie immer es um die Interpretation der (unvollendeten) »Utopie« Bacons stehen mag, es wäre sicherlich unvereinbar mit dem aufklärerischen Pathos Bacons, sollte das Ideal nur einer insularen Minderheit vorbehalten bleiben! Der Idee nach kann es nur um die Menschheit insgesamt gehen. Es geht um das Ideal der Humanität selbst, das nicht auf das Wohlergehen einiger unter Ausschluß womöglich der Mehrheit eingeschränkt werden kann.

Tatsächlich hat die Organisation der Wissenschaft, wie sie in »Neu-Atlantis« beschrieben wird, nicht nur die Steigerung der Effizienz im Sinn. Rawley schreibt in seiner kurzen Vorbemerkung für den Leser über Bacons Absicht: »His Lordship thought also in his present fable to have composed a frame of Laws, or the best state or mould of a commonwealth.« (IV 127) Die Forschungsaktivitäten, die im Hause Salomonis organisiert und institutionalisiert sind, werden als ein Beitrag zur Bestheit des Staates verstanden und als etwas, das von der Gesellschaft im ganzen veranstaltet ist. Die Gesellschaft erachtet Salomons Haus als ihr größtes Juwel und unterstützt seine Arbeit, und umgekehrt reflektieren die Forscher ihre Ergebnisse immer noch daraufhin, inwieweit sie zum allgemeinen Wohl einen Beitrag darstellen – und nur solche Resultate werden veröffentlicht. Die gesellschaftliche Organisation erfolgt also aus einem Verständnis von wechselseitiger Verpflichtung auf das gemeinsame Ziel, die Mehrung des Wohles aller zu verfolgen, das die Aktivitäten der Einzelnen wie der Institutionen umgreift. In diesem übergreifenden Sinn hatte Bacon selbst in seinem Widmungsschreiben des »Novum Organum« an König James, wo er die wahren Ziele der Naturforschung definiert, eine »generelle Ermahnung an alle« seinem Projekt übergeordnet: »that they perfect and govern it in charity. For it was for lust of power that the angels fell, from lust of knowledge that man fell; but of charity there can be no excess, neither did angel or man ever come in danger by it.« (I 132/IV 21) Diese generelle Ermahnung, die Bacon nur in einem Satz ausgesprochen hat, hätte eine bessere philosophische Ausarbeitung verdient. Die Tatsache, daß Bacon sich hier so beiläufig und kurz faßte, hat es leichter für die Kritiker der Moderne gemacht, Bacon als einen rohen Advokaten rein instrumentellen Denkens zu denunzieren, für den schließlich die Übermächtigung der Natur zum Selbstzweck wurde. Jedoch zeigen die Äußerungen Bacons, daß die Produktion von Gütern für unsere materiellen Bedürfnisse, wie Wohnung, Ernährung, medizinische Versorgung, etc. übergriffen wird von der Caritas, der Sorge um die Humanität, möchte ich zunächst sagen – ich werde unten (vgl. 6.2) in Aufnahme von kantischen Überlegungen darauf zurückkommen.

Wenn aber die Mehrung des materiellen Wohlergehens aller Menschen das Ziel des Bacon Projekts definiert, dann kann man keineswegs sagen, daß es bis jetzt über die Maßen erfolgreich wäre und für das Übermaß seines Erfolges kritikwürdig sei, wie es Hans Jonas sieht. Betrachtet man die ungleiche Verteilung der erwirtschafteten Güter und die ungleiche Beteiligung am Projekt selbst, dann stellt sich die seitherige Praxis doch eher als eine Pervertierung und keineswegs als eine erfolgreiche Umsetzung des Baconschen Ideals dar!

Aber Bacon hat auch ein *Programm* entworfen. Er hat sich über Methoden und Organisationsformen geäußert, durch die wir das Ideal erreichen oder verwirklichen könnten. Das »Novum Organum« ist nichts anderes als die Darstellung der neuen Methode der Naturforschung, die auf die Erreichung des praktischen Zieles ausgerichtet ist. Deshalb die Gegenwendung gegen das Organon des Aristoteles[13], mit dem sich kein Erkenntnisfortschritt hat erreichen lassen und das auch keine praktischen Anwendungen intendierte. Nur über die Orientierung an den mechanischen Künsten ergibt sich für Bacon der Gedanke der ständigen Verbesserung der Mittel und damit die Möglichkeit einer Verwirklichung des Ideals.

Das Programm freilich, das Bacon entworfen hat, ist in mehrfa-

13 »Natürlich wollte er mit seinem *Novum Organum* das *Organum* des Aristoteles ersetzen. Vergleicht man es aber mit den verschiedenen Auffassungen von wissenschaftlicher Methode in klassischer und moderner Zeit, so zeigt sich deutlich, daß Bacons Methode viel mehr mit der des Aristoteles gemein hat als die postulierende Methode von Archimedes und Galilei.« A. C. Crombie, Von Augustinus bis Galilei: Die Emanzipation der Naturwissenschaft, Köln/Berlin 1964, S. 519.

cher Hinsicht offen für Kritik. Erstens ist das Verfahren der eliminativen Induktion, wie er es in der Tafelmethode entworfen hat, gänzlich unbrauchbar, und es ist nie von der modernen Naturwissenschaft praktiziert worden.[14] Zu Recht hat Harvey, der genuine empirische Forschung betrieb, und dem wir die Entdeckung des Blutkreislaufs verdanken, kritisiert, daß Bacon wie ein Lordkanzler die Wissenschaft verstehe: er erlasse die Methode durch Dekret.

Dennoch läßt sich weiterhin sinnvoll vom Baconschen Programm sprechen, und man meint damit eine Konzeption, in der die falsche oder ineffiziente Tafelmethode, die der Lord von Verulam entworfen hatte, durch die de facto in der modernen Naturforschung erfolgreich praktizierten Methoden ersetzt ist. Aber auch ein so gestärktes Programm ist offen für Kritik, die nun ins Zentrum unserer Thematik führt.

Bacon hatte angenommen, daß alle Eingriffe in die Natur erlaubt seien, ja daß wir in ihr möglichst tiefgreifende Veränderungen herbeiführen müßten, um einen maximalen Nutzen aus ihr ziehen

14 Die einzige mir bekannt gewordene Ausnahme bildet Charles Darwin. Darwin behauptet, bei seiner Entdeckung des Gesetzes von der natürlichen Selektion streng als Baconianer vorgegangen zu sein: d.h. ohne theoretische Vorannahmen und durch reines Faktensammeln. »Ich arbeitete nach echten Baconschen Grundsätzen und sammelte ohne irgendeine Theorie Tatsachen in großem Maßstab.« (Ch. Darwin, Autobiographie [Hg. S. Schmitz], München 1982, S. 92). – Aber Darwin erklärt in demselben Zusammenhang auch, daß er bei den Tier- und Pflanzenzüchtern in England die Methoden studierte, nach denen sie bei der Entwicklung »domestizierter Naturprodukte« vorgehen, und er erkennt in den Praktiken der Zuchtwahl »den Schlüssel zum Erfolg des Menschen beim Hervorbringen nützlicher Rassen«; sein Problem stellt sich nicht als theoriefrei dar, sondern er sucht nun nach einem Mechanismus in der Natur analog zur Zuchtwahl – und auch diesen findet er schließlich im Humanbereich, als er Malthus' Buch über das Bevölkerungswachstum liest, und in dem »überall stattfindenden Kampf um die Existenz« den natürlichen Selektionsfaktor identifiziert. – Die Affinität zu Bacon mag mithin eher in der Orientierung an einer Praktik liegen – und natürlich in der allgemeinen empirischen Orientierung, zu der wir auch Bekenntnisse von Newton haben – als in der direkten Befolgung der Tafelmethode.

zu können. Sofern ein verändernder Eingriff in die Natur überhaupt machbar ist, sind wir nicht nur berechtigt, sondern geradezu verpflichtet, ihn in die Tat umzusetzen; denn es bedeutet eine Steigerung der Macht des Menschen über die Natur und damit zugleich eine Verbesserung menschlicher Glücksmöglichkeit. Je maschineller und gewalttätiger der Natur die Erkenntnis abgerungen wird, um so menschenzuträglicher werden die Effekte sein.

Der Bacon zugesprochene aggressive Grundzug seines neuen Erkenntnisideals ist von ihm hauptsächlich an dem Einsatz von Meßgeräten in Experimenten festgemacht worden: Der Gebrauch des Experimentes, sagt Bacon, »ist der radikalste und grundlegendste Weg zur Naturphilosophie, einer Naturphilosophie, die sich nicht in den Nebeln spitzfindiger, sublimer oder ergötzlicher Spekulation verliert, sondern einer, die zur Bereicherung und zum Wohle des menschlichen Lebens beiträgt; sie wird nämlich ein getreueres und wirklicheres Bild von den Ursachen und Axiomen liefern, als das bisher geschehen ist. Denn wie eines Menschen Charakter erst dann genau erkennbar wird, wenn sich ihm Hindernisse in den Weg stellen, und Proteus immer erst die Gestalt wechselte, wenn er in die Enge getrieben und festgehalten wurde, so können die Übergänge und Veränderungen der Natur in Freiheit nicht so vollkommen in Erscheinung treten wie unter der Wirkung künstlicher Schikanen und Proben.«[15] Die Instrumente des Experimentierens werden gleichsam wie Waffen gegen die Natur gerichtet, damit sie ihre Geheimnisse und verborgenen Schätze preisgibt. Es ist öfter bemerkt worden, daß Bacon, der Jurist und Lordkanzler, hier eher die Praktiken »peinlicher Verhöre« beschreibt als die Methoden der Naturforschung; die Wahrheit wird der Natur abgepreßt »mit Hebeln und mit Schrauben«, wie es Goethe voll Abscheu beim Namen nennt.[16] Man muß

15 *Advancement of Learning*, in: *The Works*, aaO, Bd. 1, S. 92.

16 W. Krohn hat sich in seiner Bacon-Monographie (München 1987) bemüht, diesen aggressiven Tenor in Bacons Einstellung zur Natur abzuschwächen; er hat betont, daß dem Anspruch auf Naturbeherrschung der Mensch als »Diener und Interpret der Natur« vorgeordnet ist. Aber auch bei Krohn wird deutlich, daß das Interpretieren der Natur im Dienste ihrer erfolgreichen Eroberung und Nutzung zur

aber bei einer solchen Einschätzung berücksichtigen, daß der Topos von der Gewalt nicht primär aus der Folterkammer stammt und auf die Natur projiziert wird; die primäre Naturerfahrung ist ihrerseits von Gewaltsamkeiten geprägt, der Mensch fühlt sich in seinem Dasein von Naturgewalten bedroht, denen er sich schutzlos ausgeliefert fühlt – die Mythen des Altertums haben uns viel davon zu berichten. Es muß nicht überraschen, daß der Mensch in dem Moment, in dem er Programme und Maßnahmen entwickelt, die ihn aus der Naturabhängigkeit herausführen sollen, auf den Gedanken eines Gegenangriffs verfällt. Die Natur erscheint dann pointiert unter dem Gesichtspunkt der Macht, sie ist eine Urgewalt[17], aber der Mensch muß sich noch stärkerer Machtmittel versichern, um die Naturmacht berechenbar, lenkbar, nutzbar zu machen. Deshalb ist er primär an der Prognostik interessiert und erst sekundär an der Erklärung.[18] Das Interesse an der Prognose ist immer handlungsbezogen, indem man sich im Falle ihrer Unabwendbarkeit auf die Ereignisse einstellen möchte und angemessene Vorkehrungen treffen, oder andernfalls die Ereignisse selbst auch verhindern und abwenden möchte. Das war schon so in der antiken Medizin, wo das Prognostikon die Grundlage bildete. Auch dort ging es um die Erkenntnis von Prozessen, um angemessene Eingriffsmöglichkeiten in den Krankheitsverlauf wahrnehmen zu können. Unter dem prognostischen Interesse nimmt

Mehrung des materiellen Nutzens der Menschheit steht, daß es Bacon um »die Errichtung der Herrschaft über die Natur« geht (vgl. S. 9, 26, 48, u.ö.).

17 Es ist auffällig, wie zentral das Thema der Gewalt in den Naturstudien von Leonardo da Vinci vorkommt: Wasser bricht durch Felsgestein, Gewitter toben über Täler hinweg, Wogen überschlagen sich … Vgl. Leonardo da Vinci, Natur und Landschaft: Naturstudien aus der Königlichen Bibliothek in Windsor Castle (Katalog von C. Pedretti), Stuttgart/Zürich 1983.

18 Wie immer es um die These über die Symmetrie von Erklärung und Prognose bestellt sein mag, hinsichtlich des jeweils mit ihnen verbundenen Interesses kann es keine Symmetrie geben: Die Prognose interessiert uns, weil sie sich auf Zukünftiges erstreckt, das wir in unser Handeln einbeziehen möchten; die Erklärung fordern wir für die Rechtfertigung bzw. das Verstehen von Ereignissen, die eingetreten sind.

die Berechenbarkeit selbst praktische Züge an und dient der Bereitstellung von Mitteln für die Nutzbarmachung der Natur. Dieser kann sich der Mensch nur versichern, indem er in die Natur eindringt. Insofern kann man vielleicht sagen, daß am Anfang der modernen Wissenschaft das Skalpell steht. Wir sehen es überdies nicht nur in der Hand des Anatomen, sondern auch in der Hand des Künstlers der Renaissance. Mit dem Skalpell und in der Sektion kommt man über die phänomenologische Fixierung auf das unmittelbar Sichtbare hinweg. Ins Innere der Natur ist nicht ohne verletzende Eingriffe zu gelangen. Descartes sah sich berechtigt, Hunde zu vivisezieren, um zu demonstrieren, daß er – und nicht Harvey – die wahre Theorie von der Herztätigkeit besaß. Aber er hat damit weder die Wahrheit gewonnen, noch moralische Bedenken gegen seine Vorgehensweise entwickelt. Wenn Heidegger, Jonas, Spaemann und andere der neuzeitlichen Naturwissenschaft anlasten, sie verwandelte die lebendige Natur in eine erstarrte res extensa, dann kann man das als Effekt des Trennmessers verstehen, dem das Erkenntniskriterium folgt: deutliche Erkenntnis liegt nur vor, wo etwas so scharf von allem anderen abgetrennt (worden) ist, daß die Einzelheiten klar erfaßbar sind. Die Natur liegt auf dem Seziertisch. Der »Tod der Natur«[19] scheint dem Baconschen Programm inhärent zu sein. Gibt es zu diesem Teil des Bacon-Programms eine Alternative?

Der Erwerb der angemessenen Machtmittel ist ferner für Bacon an die *Organisation der Forschung* in Großforschungsinstituten gebunden. Denn das von der Wissenschaft zu erbringende Werk übersteigt die Fähigkeiten einzelner Individuen[20] bei weitem und seien diese noch so genial. »So muß das Werk wie durch eine Maschine vorangetrieben werden ... Denn es ist sonnenklar, daß bei jedem großen Werk, das von Menschenhand erschaffen wird, ohne Werkzeuge und Maschinen weder die Kraft der einzelnen recht angesetzt, noch die Kräfte zweckmäßig vereinigt werden können.«[21]

19 So der Titel des bemühten, aber verfehlten Buches von C. Merchant, Der Tod der Natur, München 1987.

20 Diesen Punkt hebt W. Krohn hervor. Vgl. seine o.a. Monographie.

21 *Novum Organum*, in: *The Works*, aaO, Bd. 1, S. 152.

Eine arbeitsteilige Forschung kann nur sinnvoll sein, wenn eine Organisationsform bereit steht, die die verschiedenen Tätigkeiten aufeinander bezieht und abstimmt. Die wissenschaftliche Methode einerseits und die Zielvorstellungen der Gesellschaft andererseits geben die Gesichtspunkte vor, nach denen die Organisationsform der Forschung konzipiert wird, wie es Bacon in seiner utopischen Schrift *Das neue Atlantis* beschrieben hat. Die Gesellschaft im ganzen ist Träger und Veranstalter der Forschung, die im »Hause Salomon« – eine Mischung aus Akademie und Max-Planck-Institut – institutionalisiert ist.

Auch hierin sehe ich eine Überlegenheit des Ansatzes von Bacon gegenüber Descartes. Zwar hat Descartes mit dem Gedanken der Subjektivität das Tor zur Philosophie der Neuzeit aufgetan, aber im ego eine individualistische Konzeption von Wissenschaft verankert, von der sich erst die Wissenschaftssoziologie unseres Jahrhunderts hat freimachen können.

Das Sammeln, Ordnen und Auswerten von Beobachtungsdaten erfolgt in methodisch organisierter Form, in der die Individuen gewissermaßen unwesentlich vorkommen und gegeneinander austauschbar sind. Die Langfristigkeit von Forschungsprojekten wird damit kein Problem. Lange bevor es wirklich so weit kam, hatte die Taylorisierung der Arbeit in Bacons Entwurf auch schon die wissenschaftliche Arbeit ergriffen. Und das mit Recht, denn nach Bacon findet sie in einem kollektiven Rahmen statt und nach Regeln der Verfahrenstechnik wie in einem chemischen Großbetrieb. Da wird gesammelt, gemischt, entmischt, fraktioniert und destilliert, so daß schließlich die »falschen Formen« sich in Rauch auflösen und die »wahre Form« (so etwas wie das Naturgesetz) rein und ungetrübt übrig bleibt.

Im »Hause Salomons« geht es um das Ziel, »die Ursachen und die verborgenen Bewegungen der Dinge zu erkennen, um so die Grenzen der menschlichen Herrschaft auszuweiten, indem alle möglichen Dinge hervorgebracht werden können«. Als Beispiele für das letztere werden angeführt: die Produktion neuer, künstlicher Metalle, die Beschleunigung oder Verzögerung des Wachstums der Pflanzen, die Veränderung im Größenwachstum der Tiere, die Produktion von Hybriden u. dgl. m. Hier scheint es vor allem darum zu gehen, die jetzt in der Natur schlicht vorfindlichen Zustände und Dinge umzukrempeln, das Große klein zu machen und umgekehrt. Es ist dies häufig als Beleg für Hochmut und eine falsche Einstellung der Natur gegenüber genommen worden.[22]

Mir scheint jedoch Bacon nicht zu sagen, daß wir all das auch wirklich tun sollten; denn dann würde er sich in nichts unterscheiden von den »Projektemachern«, die Swift in der dritten Reise seines »Gulliver« karikiert hat. Der Gesichtspunkt des Nutzens wäre gänzlich aus den Augen verloren, wie bei den Züchtern nackter Schafe in Lagado. Bacon geht es beim Benennen der Beispiele um die *Hervorhebung der Macht, es tun zu können*! Es geht um die Illustration der These »Wissen ist Macht«, und so beschreibt er es in den bekannten Kennzeichnungen der Macht, die gerade nicht durch gegebene Verhältnisse eingeschränkt ist, sondern sie zu verändern vermag.[23] Es zu können, ist der Anspruch der Macht. Es aber auch tun zu dürfen, verlangt – gerade auch nach Bacon –, daß man es als ein Gutes erkannt hat, d.h. daß man es im Rahmen einer Ethik rechtfertigen kann. Deshalb wird im »Hause Salomons« auch beratschlagt, ob und welche Forschungsresultate veröffentlicht werden sollen; auch wenn Bacon nicht darlegt, nach welchen Kriterien entschieden wird, was veröffentlicht und was geheim gehalten werden soll, so sagt er doch explizit, daß von den Akademiemitgliedern ein Eid verlangt wird, jene Ergebnisse auch definitiv geheim zu halten, von denen die Auffassung besteht, daß sie besser nicht veröffentlicht werden sollten.[24]

22 So spricht auch K.M. Meyer-Abich von der neuzeitlichen Hybris, die von Bacon zum Ausdruck gebracht sei; vgl. sein *Wissenschaft für die Zukunft*, München 1988, S. 20.

23 Schon bei Hesiod wird die Macht des Zeus durch diese Willkür beschrieben: »Ruhmlos oder berühmt macht er ja sterbliche Männer / Preislos oder gepriesen, nach Zeus' erhabenem Willen. / Leicht verleiht er Stärke, und den Gestärkten verdirbt er; / Leicht den Ragenden stürzt er und führt den Verborgenen aufwärts. / Leicht erhebt er Gebeugte, und Hochgemute vernichtet / der weitdonnernde Zeus, der hoch über allem behauste.« *Werke und Tage*, 3-8.

24 Vgl. den Schlußpassus aus *Neuatlantis*. – Aber auch schon 1603 schlägt er vor, »daß die Formel der Interpretation und die mit ihr erreichten

In der optimistischen Verbindung von Wissensvermehrung, technischem Umbau der Natur und nachfolgender Steigerung des Benefits für alle, die für ihn streng wie eine Naturnotwendigkeit aussieht, ist jenes Stück des Baconschen Programms zu sehen, dem wir nicht weiter folgen dürfen.

Denn hierin hat Bacon mindestens zwei Idealvorstellungen unterstellt, die wir inzwischen durch bittere Realitäten austauschen müssen: Erstens ist uns in der Industrialisierung die Ausbeutung der Natur vorgeführt worden als eine Form der Unterjochung der Menschen durch den Menschen, worauf hauptsächlich die Vertreter der kritischen Theorie hingewiesen haben. D.h. Hand in Hand mit der progressiven Erwirtschaftung von materiellen Gütern erzeugte sich das Industrieproletariat mit seiner einseitigen Abhängigkeit von Unternehmertum und Kapital, so daß auch der erwirtschaftete Profit keineswegs als Benefit aller Menschen oder gar primär aller Bedürftigen, sondern als Gewinn der Besitzenden in Erscheinung trat.

Und zweitens muß, wie wir gegenwärtig erfahren, die intensive Nutzung von Naturkräften und -stoffen keineswegs automatisch zu einer Mehrung des materiellen Wohlergehens führen, sondern sie kann durchaus zur Gefahr für Gesundheit und leibliche Existenz des Menschen werden. Durch die überaus intensive und extensive Industrialisierung sind zwar Machtmittel und Kräftepotentiale erschlossen worden, die alles übertreffen, was sich Bacon und die anderen Protagonisten dieser Bewegung im 17. Jahrhundert einmal erträumt hatten; auch hat sich ein Teil der Menschheit materiellen Wohlstand verschafft; zugleich sind aber auch durch die Industrialisierung neue Gefahren für das leibliche Wohlergehen produziert worden. Der Einsatz der Technologie in großem Stil scheint nun – auch wenn wir die Gefährdungen durch die militärischen Sektoren unterschlagen – die natürliche Basis unseres Daseins zu zerstören.

Es scheint damit die Gefahr, die wir mit dem Titel der ökologischen Krise ansprechen, gerade dadurch eingetreten zu sein, daß

Erfindungen unter den legitimierten und befähigten Geistern geheim gehalten werden sollten«. (Zit. nach W. Krohn, Bacon, S. 35). – Das ist ein Punkt, der in Spannung zu seiner Auffassung von »öffentlicher Wissenschaft« steht.

jedenfalls eine der Leitideen Bacons – der tiefgreifende Umbau der Natur – überaus erfolgreich umgesetzt und verwirklicht worden ist.

Infolge der sog. ökologischen Krise wird von uns in der Tat verlangt, daß wir die neuzeitliche Nutzungspraxis der Natur, die in ihrer seitherigen Form ruinös verläuft, einer äußerst kritischen Prüfung unterwerfen. Jedoch, was uns durch die »ökologische Krise« angezeigt wird, ist nicht das Signal zur Aufkündigung des Baconschen Ideals, sondern eine Anzeige, daß sich das Baconsche Programm in einer kritischen Phase befindet.

Durch die Krise wird uns angezeigt, daß grundlegende Unterscheidungen, die Bacon noch nicht sah oder meinte vernachlässigen zu können, in das Baconsche Programm eingebracht werden und vor allem auch in verantwortlichem Handeln berücksichtigt werden müssen. So hat Bacon keinen Raum für eine Unterscheidung von vernünftiger Naturnutzung (= langfristig haltbare Form der Kultivierung der Natur) und Raubbau an der Natur[25] (= Zerstörung von Natur wegen kurzfristigem Profit); denn jede Form von Naturnutzung mündet für ihn in eine Mehrung des Menschenwohles. Und Bacon hat auch keinen Raum für eine Unterscheidung von guten und schlechten Technologien (vgl. u. 7.2); denn Technik als solche mehrt und sichert menschliches Wohlergehen.

Der Gedanke schließlich, daß es in der Natur etwas zu schonen gilt, gerade auch weil und sofern wir sie nutzen möchten, ist Bacon noch völlig fremd; denn für ihn ist Natur noch die unzer-

25 Was wir Raubbau an der Natur nennen, ist keine Beraubung der Natur, verstanden als das geplünderte Subjekt, sondern letztlich eine Selbstschädigung und Mißachtung menschlicher Interessen. Wenn wir Wälder abholzen, so gewinnen wir zwar sowohl Rohstoffe für die Holzwirtschaft als auch Flächen für andere Bewirtschaftung oder Besiedlung; wir zerstören aber zugleich Lebensräume von Menschen, die zu vertreiben wir kein Recht haben. Wir vernichten Stabilisatoren des Weltklimas und die Regeneratoren des Sauerstoffgehaltes der Luft, an deren Erhaltung uns allen gelegen sein muß. Tier- und Pflanzenarten werden ausgerottet, deren ökologische Verflechtung in die uns zuträglichen Umweltverhältnisse nicht zu übersehen ist, von dem ästhetischen Interesse an ihrer Erhaltung ganz zu schweigen.

störbare, unerschöpfliche, sich ewig selbst regenerierende Potenz, durch deren Nutzung man sich von den Bedingungen der Kargheit und Knappheit befreien kann. Für ihn darbt der Mensch nur deshalb, weil er sich der unendlichen Reichtümer der Natur nicht zu bedienen weiß. Im Hintergrund des aufklärerischen Naturnutzers lauert noch immer die alte Vorstellung von den unendlichen Gaben der Großen Göttin Natur, die man sich nun aus eigener technologischer Kraft aneignen kann.[26] Für ihn ist deshalb die zu nutzende Natur schlicht identisch mit dem Universum.

Demgegenüber erfahren wir infolge der industriellen Naturnutzung jetzt die Natur, jedenfalls die Biosphäre, zu der wir als Organismen gehören, als labil und störanfällig, erschöpfbar und nur in Grenzen belastbar, unvermögend, den Artenverlust wettzumachen und die zugefügten Schädigungen auszuheilen. Es ist also erforderlich, auch im Naturbegriff eine Unterscheidung einzubringen, die dieser Verletzlichkeit und Endlichkeit gerecht wird, obwohl wir nach wie vor das Universum als infinit betrachten, eine Unterscheidung, die in Bacons optimistischem Beginn unterblieben war (vgl. u. 6.7).

Das Bacon-Projekt kann nur aufrechterhalten werden, wenn es im Baconschen Programm hinreichenden Raum für Unterscheidungen und darauf gestützte Vorkehrungen und Vorbehaltsklauseln gibt, die die in der ökologischen Krise sich meldenden destruktiven Effekte auf die Biosphäre zu vermeiden gestatten.[27]

Es wird sich zeigen, daß durch die ökologische Krise die Kraft des Unterscheidens, und nicht der pauschale Verwerfungs- oder Be-

26 Freilich finden wir ähnlich irrationale, mythische Vorstellungen auch noch hinter modernen Naturschutzprogrammen. Sie sind dort nicht minder verhängnisvoll und verdienen Kritik. Das hat Botkin in seinem schon erwähnten Buch unternommen: Discordant Harmonies, aaO, 1990.

27 Wenn Hans Jonas Bacons Ideal als Bringer des Unheils anprangert, dann äußert er damit keineswegs seine private Philosophie, sondern er bündelt darin eine breit gestreute Ablehnung der neuzeitlichen Nutzungspraxis der Natur. Diese Ablehnung reicht vom Kampf gegen bestimmte Technologien bis zur Wissenschaftsfeindlichkeit und zur

jahungseffekt, und die Kraft der Kritik, und nicht der Wesenserkenntnis, gefordert ist. Das kam schon in der Etymologie des Krisenbegriffs zum Ausdruck und noch klarer in der ersten und immer noch paradigmatischen Krisentheorie in der Hippokratischen Medizin.

3.3 Politische und gesellschaftliche Einstellungen zur Technologie

J. Passmore hat, wie schon mehrfach erwähnt, die ökologischen Probleme als soziale Probleme aufgefaßt; denn in ihnen ist die Gesellschaft vor die Frage gestellt, wie lange sie glaubt, sich die und die Form von Umweltbelastung, Wachstum, Rohstoffverbrauch etc. leisten zu können bzw. wieviel es ihr wert ist, besseres Wasser in Flüssen und Seen zu haben, weniger Blei und andere Schwermetalle im Salat und im Gemüse etc. Eine weniger verschmutzte und zerstörte Umwelt hat ihren Preis, der in einer Kosten-Nutzen-Analyse zu ermitteln ist, und die Gesellschaft ist gefragt, ob sie ihn zu zahlen bereit ist.[28] Passmore formuliert die Lösung eines ökologischen Problems bewußt im Komparativ; Wasser und Luft sollen vergleichsweise sauber, d.h. weniger belastet als jetzt sein. Die Verschmutzung überhaupt zu verhindern, hält er für eine unmögliche Zielvorstellung. Ein ökologisches Problem zu lösen, heißt deshalb für ihn: Wege aufzeigen, die zu einer Abnahme der Umweltbelastung führen und die von der Gesellschaft als gangbar akzeptiert werden.

Damit werden Fragen aufgeworfen nach der politischen Realisierbarkeit und Durchführbarkeit von Maßnahmen, die auf

Verteufelung der instrumentellen Vernunft als solcher. Auch wenn sie sich vielfach in Formen der Irrationalität äußert, müssen wir sie doch ernst nehmen, und es kommt Jonas das unbestreitbare Verdienst zu, mit Nachdruck und anhaltend auf das Ausmaß der verlangten Änderungen zu verweisen. Gegenüber seiner Forderung nach radikaler Änderung der gegenwärtigen Nutzungspraxis der Natur will ich nicht beschwichtigend auftreten; wohl aber plädieren, daß die Änderung in eine ganz andere als die von ihm angegebene Richtung zu erfolgen hat.

28 J. Passmore, Man's Responsibility for Nature, aaO, S. 45ff.

eine Reduzierung der Umweltbelastung zielen. Da die ökologischen Probleme durch die Formen der Kultivierung der Natur erzeugt sind, gehören sie in einen kulturellen und das heißt immer auch einen politischen Kontext. Individuen wären überdies als Adressaten ökologischer Problemlösungen notorisch überfordert – jedenfalls wenn sie isoliert von den produzierenden, konsumierenden und legitimierenden Kollektiven betrachtet werden, denen sie in der modernen Zivilisation angehören. Ökologische Fragestellungen führen deshalb innerer Logik folgend in eine »politische Ökologie«[29]. Eine politische Ökologie verfolgt nicht nur Fragen ökologisch ausgerichteter politischer Programme und die Chancen ihrer Annahme durch Wähler; sie muß sich ebenso befassen mit Problemen der Legislation und der Organisation neuer Bereiche des Rechts (Umweltrecht, Artenschutz), mit Analysen des Kräftespiels zwischen den Interessen der Wirtschaftsunternehmen, der Regierungen, Konsumentengruppen und der Allgemeinheit, mit einschlägigen Konflikten zwischen Bund und Ländern, zwischen den verschiedenen Staaten etc.[30]

K.M. Meyer-Abich[31] hat seine Arbeit zur Ökologie in dieser politischen Intention verfolgt: Die »Wege zum Frieden mit der Natur« verstehen sich im Rahmen einer allgemeinen Friedenspolitik, und in diesem Rahmen soll die Naturphilosophie für die Umweltpolitik praktisch werden. Er geht deshalb insbesondere den Fragen der Sozialverträglichkeit von Technologien nach: welche positiven und negativen Einstellungen bringen die Bürger dieser oder jener Form von Technologie entgegen, und inwieweit

29 Vgl. Th. Saretzki, »Politische Ökologie«, in: S. v. Bandemer und G. Wewer (Hg.), Regierungssystem und Regierungslehre, Opladen 1989, S. 97-123.

30 Vgl. die Einleitung von J.R. Engel »The ethics of sustainable development« in: Ethics of Environment and Development: Global Challenge, International Response (ed. by J.R. Engel and J.G. Engel), London 1990, S. 1-23.

31 K.M. Meyer-Abich, Wege zum Frieden mit der Natur: Praktische Naturphilosophie für die Umweltpolitik, München 1984. Ders., »Zum Begriff einer praktischen Philosophie der Natur« in: Ders. (Hg.), Frieden mit der Natur, Freiburg 1979, S. 237-261. Ders., Aufstand für die Natur: Von der Umwelt zur Mitwelt, München 1990.

sind solche Einstellungen Veränderungen unterworfen? Wie läßt sich insbesondere eine Bevölkerung motivieren, auf Änderungen von Bewirtschaftungsformen zu dringen? Der Bogen seines Ansatzes ist weit gespannt: er reicht von Prinzipienfragen bis in die Parteiprogrammatik – und folgt darin dem alten platonischen Anspruch einer philosophischen Orientierung der Politik.
Dieses Selbstverständnis ist auch in den Arbeiten von H. Jonas am Werk, mit denen ich mich im folgenden auseinandersetzen werde; denn er verfolgt am ausführlichsten die Frage, ob die westliche Kultur überhaupt und unter welchem politischen System sie in der Lage ist, die ökologische Krise zu meistern.
Freilich haben sich die realen Randbedingungen der Weltpolitik, unter denen die Analysen von Jonas standen, inzwischen dramatisch geändert. Jonas ging aus vom globalen Gegensatz zwischen Kapitalismus und Kommunismus, der in der Tat bis Ende 1989 in fast allen Analysen als eine politische Konstante angesehen wurde. Zwar verfolgt Jonas auch eine Auseinandersetzung mit Marx und marxistischen Theoretikern hinsichtlich ihrer Technikphilosophie – und diese Aussagen sind unabhängig von den politischen Veränderungen zu bewerten, inwieweit sie zutreffen oder nicht, erhellend sind oder nicht etc. Jedoch ist nicht zu verkennen, daß auch die theoretischen Auseinandersetzungen mit dem Denkgebäude des Marxismus inspiriert sind von der politischen Präsenz sozialistischer Staaten, auf die man die an den Marxismus gebundenen Erwartungen und Einstellungen richten konnte, wie immer es um die Einschätzung der Differenz zwischen dem »real existierenden Sozialismus« und dem zu erreichenden idealen Sozialismus stehen mochte. Der große Unterschied zu den Sozialutopisten bestand gerade darin, daß infolge und seit der Oktoberrevolution ein Gesellschaftssystem gemäß Marxschen Ideen eingerichtet und Wirklichkeit geworden war, wie keimhaft oder fortgeschritten auch immer, oder gar in totalitärer Perversion, die man bei günstigeren Gegebenheiten wieder zurücknehmen konnte. Mit dem Verschwinden der Sowjetunion und des Warschauer Paktes als politischer Systeme scheinen die Ausführungen von Jonas zum Marxismus obsolet geworden zu sein; und wenn nicht obsolet, so doch in ihrem Anspruch völlig verdreht und auf eine rein akademische Verhandlung reduziert, während es um die

Möglichkeit politischer Umsetzung von Erfahrungen aus der ökologischen Krise gehen sollte. Kontexte, die einen direkten Bezug auf politische Kräfte enthalten, die es als solche seit 1989 nicht mehr gibt, sind nun ohne Bezug zur Realität. Nicht nur Partien in Jonas' Schriften sind aus ihrer ehemaligen Einbindung in die Realpolitik gefallen und in die Welt der Fabel geraten. Anders gewendet, Marx ist vorerst wieder in die Gemeinschaft der Theoretiker aufs Bücherregal zurückgestellt worden. Das entspricht zwar nach marxistischem Credo einer Fehleinstellung, es wäre aber noch falscher, ihn dort verstauben zu lassen.

Denn nach wie vor meine ich, daß die Marxismusdiskussion von Jonas wichtig ist, *gerade auch um angemessene Handlungsperspektiven zu entwickeln*. Im theoretischen Raum bleibt der Ansatz von Marx nach wie vor ein relevantes Interpretations- und Legitimationssystem der menschlichen Gesellschaft, das durch das Verschwinden der ehemaligen Ost-West-Blöcke und Blockaden sich freier darstellen und als fruchtbarer erweisen könnte. Aber auch in praktischer Hinsicht gilt es, aus dem Scheitern des dort eingeschlagenen Weges zu lernen; denn lernen müssen wir nun erst recht, da die Änderung der im politischen Westen praktizierten Form der technischen Naturnutzung unbedingt geboten ist. Es wäre extrem verhängnisvoll, wenn wir den ökonomisch-politischen Zusammenbruch der ehemaligen sozialistischen Länder schlicht als Bestätigung der »Vernünftigkeit« der im politischen Westen praktizierten Wirtschafts- und Technikform deuten würden – so wie politisierende Stammtischler sich gerne als »Sieger des kalten Krieges« feiern. Die ökologische Krise ist Effekt der industriellen Nutzungspraxis der Natur und verlangt eine Änderung dieser Praxis von den Industrienationen – gleichgültig gegenüber dem politischen Credo. Und schon ehe der eiserne Vorhang zerfiel, konnte man sehen und wissen, daß die Industrieschäden sich hier wie dort manifestierten, wenn man auch das Ausmaß der »Altlasten« eher unterschätzte (übrigens ebenso dort wie hier). Die Frage also: »Welche Einstellung gegenüber den technischen Kultivierungsformen der Natur soll die Gesellschaft einnehmen?« ist nach wie vor aktuell, drängender als je zuvor, und die an die Namen von Bacon und Marx gebundenen Vorstellungen erfordern weiterhin ernsthafte Beachtung.

Die im Marxismus inkorporierte Affirmation der Technik (»Technikeuphorie«) und die Ausrichtung des Handelns an einem künftigen idealen Zustand der Gesellschaft (»Utopismus«) waren für Jonas besonders kritikbedürftige Positionen; das »Prinzip Verantwortung« zwingt nach Jonas unvermeidlich zur radikalen Utopiekritik. In der utopischen Orientierung aufs Glück für alle (»Baconsches Ideal«) sieht er die größte Gefährdung des Menschen. Deshalb sollen wir der Utopie überhaupt abschwören und uns dem Gedanken der Bewahrung verschreiben. Der auf die bessere Zukunft gerichteten docta spes aus Blochs »Prinzip Hoffnung« sollen wir valet sagen und angesichts der Unheilsdrohungen ganz auf eine »Heuristik der Furcht« setzen.
Diesen philosophisch-systematischen Erwägungen von Jonas, angedeutet durch die Konkurrenz von Verantwortungs- und Hoffnungsprinzip, will ich im folgenden nachgehen. Die Fragen praktischer Umsetzbarkeit ökologisch erzwungener Perspektiven, die sich infolge der neuen Konstellation in der Weltpolitik nun ganz anders darstellen, sollen anschließend und abgesetzt von der Jonas-Diskussion angegangen werden.

3.4 Der Marxismus als Vollstrecker des Baconschen Ideals

Die Frage der Verantwortung ist nach Jonas, wie wir schon sehen konnten, provoziert durch die ungeheure Macht, die durch das neuzeitliche Wissen und insbesondere seine technische Verwendung bereitgestellt wird. Bacons Programm vom Wissen als Macht über die Natur und seiner Nutzung zur Besserung des materiellen Wohls aller, ist zu einer Gefahr geworden, gerade durch die Größe seines Erfolges (PV 251). Aber mit dem Gewinn der Herrschaft über die Natur hat sich das Machtmittel zugleich der Verfügbarkeit entzogen. »Die Macht ist selbstmächtig geworden, während ihre Verheißung in Drohung umgeschlagen ist, ihre Heilsperspektive in Apokalyptik.« (PV 253) Darin scheint die eigentliche Gefährdung zu liegen: in der Verselbständigung dieser Macht-Struktur gegenüber den Absichten, die die Menschen einmal mit ihr im Sinn hatten.

Der neuzeitliche Ansatz hatte darin bestanden, das Wissen nicht mehr als einen Zweck in sich anzusehen, als etwas, das um seiner selbst willen erstrebt wird, sondern als ein Mittel, dessen wir uns bedienen sollen, um uns Natur anzueignen, zu bearbeiten, zu nutzen. Dieser Mittelcharakter verschwindet aber in dem Moment, in dem der Mensch nicht mehr über es verfügen kann, wenn seine Entwicklung einer Eigendynamik folgt, die interne Sachzwänge und die bloße Selbststeigerung zur Grundlage der Entwicklung nimmt. Die aus der Maximierung der technisch-industriellen Nutzung der Natur resultierenden Zwänge unterjochen auch den Menschen, nehmen auch ihn in Dienst zur Steigerung der Eigenmacht des technisch-industriellen Systems.

Jonas unterscheidet in dem Prozeß der Technisierung drei Stufen der Machtpotenzierung: (1) Die Macht über die Natur; (2) aus ihrer Steigerung resultiert die Verselbständigung der Macht; (3) erfordert ist nun die (Rück-)Gewinnung der Macht über die Macht. (PV 253f.)

Jonas fragt: Wo könnte es Hilfestellung geben für die Gewinnung jener Macht über die Macht? Die Instanz kann nur gesellschaftlicher Art sein – kein Individuum kann nach Einsicht, Verantwortung oder auch Angst an die Aufgabe heranreichen. Die ökologische Krise ist ein soziales Problem, ein Problem der Gesellschaft. Da die westlichen Industriegesellschaften durch ihre Wirtschaftsordnung, die uneingeschränktes Wachstum forciert, Antriebsaggregate dieser Dynamik darstellen, kommen sie hier – so scheint es zunächst – nicht als Retter in Frage. Eher richtet sich das Augenmerk auf die sozialistischen Gesellschaften, bzw. auf den theoretischen Ansatz des Marxismus.

Beim Marxismus als möglichem Remedium aus der ökologischen Krise anzusetzen, liegt deshalb näher, weil für ihn die Ausrichtung auf die Zukunft vorrangig ist, und weil er immer schon die Problematik geeigneter Mittelwahl für die Erreichung des Zieles – wobei Opfer und Verzicht nie zu vermeiden waren – zu eigen hatte. (PV 254f.)

Die *Unterordnung* des gegenwärtigen Zustandes unter den zukünftigen einerseits und die *Vorrangstellung* kollektiver Interessen gegenüber den Vorteilen für Einzelne andererseits lassen den

Marxismus als attraktiven gesellschaftlichen Ansatz erscheinen für die Rückgewinnung der Macht über die Macht.

Andererseits scheint der Marxismus ganz und gar ungeeignet zu sein, weil er recht eigentlich als der »Vollstrecker des Baconschen Ideals« zu verstehen ist. (PV 256)

Im Marxschen Entwurf wird das Baconsche Ideal der Naturbeherrschung mit dem der Umgestaltung der Gesellschaft verkoppelt, und erst aus dieser Verbindung kann die neue Gesellschaftsform hervorgehen. Es ist Jonas zuzustimmen, wenn er Bacons Ideal mit den Zielvorstellungen des Marxismus verbindet. Den *Ertrag* der industriellen Naturnutzung, der beim Kapitalismus in den schlechtesten Händen lag, unter die *Kontrolle* der besten Interessen der Menschheit zu bringen, beschreibt sehr wohl ein zentrales Moment der Zielvorstellung des Marxismus, ebenso wie die dann erwartbare *Ertragssteigerung*.

Tatsächlich sind die Erreichung der klassenlosen Gesellschaft und die volle Entwicklung der kapitalistischen Industrieproduktion im Marxismus durch mindestens zwei strukturelle Klammern verknüpft: durch die Krisentheorie des Kapitals und durch die Verelendungstheorie des Proletariats. Beide Theoriestücke beschreiben notwendige Vorstufen für die Erreichung der klassenlosen Gesellschaft. Die Klammer zur Entwicklung der Produktivkräfte greift jedoch noch weiter. Denn auch in der klassenlosen Gesellschaft bleibt nach Marx die industrielle Produktionsweise bestehen, da in der Vermehrung der Güter und ihrer gerechten Verteilung allein der materiellen Verelendung begegnet werden kann. Von einer Einschränkung der Produktion nach Erreichung des Zieles der klassenlosen Gesellschaft kann keine Rede sein.

Somit landet Jonas konsequent bei der Einschätzung: Kapitalismus und Marxismus sind zunächst einmal beide auf eine volle Entwicklung der Produktivkräfte, d.h. der Ertragssteigerung industrieller Nutzung der Natur verpflichtet; der Marxismus legitimiert sich zwar als der bessere und berufenere Erbe der humanen Intentionen Bacons. Zu überlegen und zu prüfen ist, ob ein marxistisch orientiertes politisches System auch ein größeres Potential hat, Meister der aus der Kontrolle geratenen Entwicklung zu werden.

Jonas führt eine ganze Reihe von Faktoren an, die für diese Erwartung sprechen, wobei nicht alle sich als positiv erweisen und die Einstellung von Jonas selbst zwielichtig wird. Denn, neben so eindeutigen Vorzügen wie Bedürfniswirtschaft vs. Profitwirtschaft, Planung vs. freies Unternehmertum, asketische Moral der Massen vs. individuelles Luxusstreben, allgemein wegen der Bedeutung der Solidaritätsidee im Marxismus, scheint Jonas letztlich die wirksamsten Momente in den Organisationsformen marxistischer Gesellschaften zu sehen.

Es werden von ihm »Vorzüge« benannt, die eng mit dem totalitären Aspekt der Machtausübung in den sozialistischen Staaten zu tun haben. Die zentralistische Machtstellung, die nicht in dem Maße von der Wählergunst abhängt wie in den westlichen Demokratien, erscheint Jonas als Vorzug (PV 262f.), weil er vermutet, daß angesichts der Härte der Verzichte, die der Bevölkerung auferlegt werden müssen, nur totalitären Regierungsformen eine Rettungschance zugesprochen werden könne. Die Frage nach der Rettungsmöglichkeit aus der Umweltkrise, nach der Rückgewinnung der Macht über die Macht, stellt sich für ihn als eine Entscheidungsfrage zwischen unterschiedlichen Formen von Tyrannis (PV 269).[32]

Unter Abwägung dieser Aspekte kommt Jonas zu einem eindeutigen Plus für den Marxismus: Er hat (insbesondere als Organisationsform) größere Potentiale zur Abwendung der ökologischen Krise – allerdings nur dann, wenn ganz bestimmte Bestandteile der Konzeption des Marxismus preisgegeben werden. Der Marxismus kann nur dann die technologische Gefahr meistern, wenn er sich entschieden *wandelt*. Er muß sein Rollenverständnis in der Geschichte ändern: »vom Bringer des Heils zum Abwender des Unheils.« Und er muß sein philosophisches Programm ändern durch die Abkehr von der Utopie.

»Die klassenlose Gesellschaft stände dann nicht mehr als Erfüllung des Menschheitstraumes da, sondern sehr nüchtern als

32 Jonas macht hier also keinen Unterschied zwischen der Theorie des Marxismus und den real existierenden sozialistischen Staaten. Nicht, daß er diese Divergenz nicht sehen würde; aber da es um die *praktische* bzw. *politische* Frage geht, wo es reale Kräfte zur Abwendung der technologischen Gefahr gibt, mußte er sich auf die damals existenten politischen Systeme beziehen.

Bedingung der Menschheitserhaltung in der bevorstehenden Krisenepoche.« (PV 259)

Nur wenn diese Positionen verlassen würden, könnte der Marxismus die ihm eingeräumten Chancen auch tatsächlich aufgreifen und nutzen.

Inzwischen hat die Ironie der Geschichte diese Einschätzung von Jonas auf den Kopf gestellt. Gerade die zentralistische Organisation der Macht und ihre diktatorische Stellung sind dafür verantwortlich zu machen, daß die Interessen der Bevölkerung und die Idee einer schonenden Nutzungspraxis der Natur mit Füßen getreten wurden.[33] Die schlimmsten Formen des Wirtschaftens, verbunden mit gesundheitlichen Schädigungen von Arbeitern und Anwohnern, haben sich im Verbund des ehemaligen Ostblocks halten können, weil die Zentralgewalt Kontrolle und Kritik ihrer Praktiken nicht zuließ. Auf diktatorische Strukturen überhaupt zu setzen, und sei es auch nur als temporäre Form, das Gute mit eisernem Willen herbeizuführen, erweist sich als gefährliche Illusion.[34]

Wie immer es um die Verfügbarkeit solcher Information damals gestanden haben mag, so scheint mir Jonas in seiner Analyse selbst einer totalitären Neigung zu verfallen, der zu widerstehen Vertretern seines (platonisch-pädagogischen) Philosophiekonzeptes schon immer schwer fiel; stellt sich doch für sie die Situation so dar, daß das bessere Wissen (= das Wissen um das Bessere) seine Verwirklichung impliziert. Daß wir der besseren Einsicht auch in unserem Handeln entsprechend folgen sollen,

33 Daß es in der Sowjetunion seit den Tagen des Zarismus bis in die dreißiger Jahre eine ökologisch ausgerichtete biologische Forschung gab (vor allem »Pflanzensoziologie«), die sich für den Naturschutz engagierte, und die von der zentralistischen Staatsdoktrin aufgerieben wurde, zeigt die materialreiche Studie von D.R. Weiner, Models of Nature: Ecology, Conservation, and Cultural Revolution in Soviet Russia, Bloomington and Indianapolis 1988.

34 Im übrigen können wir sehen, daß hier kein Spezifikum östlicher marxistischer Praxis vorliegt, sondern wir finden ähnliche Verhältnisse überall dort, wo eine abgeschirmte eigengesetzliche Dynamik am Werk ist, wofür der Sektor westlicher Militärforschung ein gutes Beispiel liefert.

wird nicht nur als Kennzeichen eines rationalen Akteurs verstanden, sondern als Legitimation eines stellvertretenden Entscheidens des Wissenden über die Nichtwissenden. Jonas nimmt noch immer an, daß aus der Selbstzuschreibung des Philosophen, *er wisse*, welche Wege wir zu verfolgen, welche wir zu vermeiden hätten, auch die Berechtigung folge, es hinweg über die Köpfe derer, die nicht über diese Einsicht verfügten, zu verwirklichen. Es ist noch immer die platonische Vorstellung im Spiel, daß der Philosoph über das nötige Wissen verfüge und er sich nur umschauen müsse nach den praktischen Hilfen der Umsetzung dieses Wissens. Dabei sind ihm diktatorische Systeme der Umsetzung ebenso willkommen wie demokratische; denn es zählt nur der Erfolg: die Verwirklichung dessen, was der Philosoph als richtig erkannt hat.

Hier sitzt Jonas dem alten Ideal der Philosophenherrschaft auf, das an der Komplexität der Situation vorbei geht. Es geht von einem privilegierten philosophischen Wissen aus, das sichere Einsicht in das Gute verbürgen kann, und es unterstellt bei »den Vielen« ein Unvermögen, der Vernunft zu folgen, bzw. ihre eigentlichen und echten Interessen wahrnehmen zu können. Der Anspruch eines derart privilegierten philosophischen Wissens ist jedoch zurückzuweisen; nicht nur weil er sich selbst so oft desavouiert hat, wovon Jonas in seinem Lehrer Heidegger doch ein einschlägiges Exempel hatte, sondern weil er wissenschaftstheoretisch surrealistisch ist; weil er in Widerspruch steht zu den besten Wissensformen, die wir haben; denn auch die besten Formen von Wissen, die naturwissenschaftlichen Theorien, können den Status von Hypothesen nicht abstreifen. – Ebensowenig verträgt es sich mit dem neuzeitlichen Vernunftbegriff der Aufklärung, die Vielen von den Entscheidungen über die Frage nach dem richtigen Leben auszuschließen. Um diese Entscheidung geht es aber in der Diskussion über die Zukunft der technischen Zivilisation. Bürgerinitiativen belegen, wie breit das Interesse an diesen Fragen ist, wie groß auch der Bedarf an Information und Orientierung, vor allem jedoch wie sensibel man hinsichtlich Bevormundung und Nichtbeteiligung geworden ist. – Wenn aber das Wissen, was zu tun sei, letztlich ungesichert ist, und wenn der zu verfolgende Weg erst in einem Prozeß umfassender Erfahrung

und kollektiver Willensbildung herausgefunden werden kann, spricht dann nicht alles für die Entscheidungsfindung durch demokratische Verfahrensweisen, was immer auch einer Bevölkerung an Entbehrung und Verzicht abverlangt werden mag?
Weit gefehlt also, daß eine starke Zentralgewalt (wenn nicht Diktatur) am ehesten Chancen für die Durchsetzung einer Politik nach allgemeinem Interesse bietet und der Ruf nach einer (zeitweiligen) »Ökodiktatur« sich als seriöse Empfehlung anbieten kann; die einzige ernsthafte Option scheint im direkten oder indirekten Einwirken einer aufgeklärten Öffentlichkeit auf die politisch-ökonomische Agenda zu liegen. Diese freilich braucht nicht nur Akteure und Strategien, sie braucht Perspektiven und Orientierungen ihres Handelns, wofür die Utopiekritik von Jonas erneut auf den Prüfstand zu stellen ist.

3.5 Die Utopiekritik von Jonas

Zentral für Jonas ist die Kritik an der Utopie und als Teil davon am Fortschrittsbegriff in seinen verschiedenen Dimensionen, worin Jonas charakteristische Elemente des Marxismus sieht:
– sittlicher Fortschritt,
– zivilisatorischer Fortschritt,
– wissenschaftlicher Fortschritt,
– technologischer Fortschritt. (PV 287-297)

Ich beschränke mich auf die Diskussion der zuletzt genannten Dimension. Die Frage also ist, ob diese fortschrittsorientierten Positionen im Marxismus aufgegeben werden können. Wie eng sind insbesondere Utopie und Technikentwicklung mit und in dem Programm des Marxismus verbunden?
Nun ist der Marxismus auf die Idee der Steigerung der Produktivität mit Hilfe verstärkter Technikentwicklung schon durch seine Idee der Gerechtigkeit verpflichtet. Er kann niemals den Zustand, daß sich wenige Industrienationen auf Kosten einer verelendenden Dritten Welt einen hohen Lebensstandard halten, akzeptieren und gut finden. Soll die gerechte Güterverteilung für alle aber nicht Gleichverteilung des Mangels heißen, müssen – insbesondere bei ständig wachsender Bevölkerung – mehr Güter produziert werden.

Marx hat an der bürgerlichen Gesellschaft auch genau den Umstand zu loben gewußt, daß unter ihrer Regie und Ägide die Entwicklung der produktiven Kräfte immense Fortschritte aufzuweisen hatte. So heißt es im »Kommunistischen Manifest«:

»Die Bourgeoisie hat in ihrer kaum hundertjährigen Klassenherrschaft massenhaftere und kolossalere Produktivkräfte geschaffen als alle vergangenen Generationen zusammen. Unterjochung der Naturkräfte, Maschinerie, Anwendung der Chemie auf Industrie und Ackerbau, Dampfschiffahrt, Eisenbahnen, elektrische Telegraphen, Urbarmachung ganzer Weltteile, Schiffbarmachung der Flüsse, ganze aus dem Boden hervorgestampfte Bevölkerungen – welches frühere Jahrhundert ahnte, daß solche Produktionskräfte im Schoße der gesellschaftlichen Arbeit schlummerten.«[35]

Natürlich beeilt sich Marx anzufügen, daß aus diesem selben Zusammenhang auch das moderne Industrieproletariat hervorgegangen ist, und prangert die dafür verantwortliche Gesellschaftsordnung an. Aber die Steigerung der Produktivität wird hinsichtlich all ihrer Methoden, genauer: hinsichtlich ihrer technischen Mittel, als Fortschritt gewertet, gerade weil sich daraus ein global vernetztes System allseitigen Warenverkehrs entwickelt hat. Marx sagt:

»Die Bourgeoisie hat durch die Exploitation des Weltmarktes die Produktion und Konsumtion aller Länder kosmopolitisch gestaltet. Sie hat zum großen Bedauern der Reaktionäre den nationalen Boden der Industrie unter den Füßen weggezogen. Die uralten nationalen Industrien sind vernichtet worden. Sie werden verdrängt durch neue Industrien, deren Einführung eine Lebensfrage für alle zivilisierten Nationen wird, durch Industrien, die nicht mehr einheimische Rohstoffe verarbeiten und deren Fabrikate nicht nur im Lande selbst, sondern in allen Weltteilen zugleich verbraucht werden. An die Stelle der alten lokalen und nationalen Selbstgenügsamkeit und Abgeschlossenheit tritt ein allseitiger Verkehr, eine allseitige Abhängigkeit der Nationen voneinander.«[36]

Von daher stellt es sich für Marx dann als Hauptproblem, von dieser so angereicherten Produktion die bürgerliche Form abzu-

35 K. Marx u. F. Engels, Werke (MEW), Berlin 1956ff., Bd. 4, S. 467.
36 MEW 4, S. 466.

streifen, damit der befreite Mensch die Reichtümer der »vollen Entwicklung der menschlichen Herrschaft über die Naturkräfte, die der sogenannten Natur sowohl, wie seiner eigenen Natur« genießen könne. Letztes Ziel aber sei das »absolute Herausarbeiten seiner schöpferischen Anlagen«. Die Kultivierung der äußeren wie der inneren Natur werden also ganz ähnlich wie bei Kant aneinandergebunden. Vor allem aber artikuliert sich hier das Baconsche Ideal.

Die Aufgabe der Revolution besteht darin, sich zu eigen zu machen, was als Tat des Kapitals in Szene gesetzt worden ist: d.h., nunmehr selbst planvoll die Entwicklung zu steuern und damit ein allseitig entwickeltes Individuum zu einer befriedigenden Praxis gelangen zu lassen. Somit ist im Marxschen Entwurf der allseitig entwickelte Mensch, d.h. der sich kultivierende Mensch Endzweck, zu dem die voll entwickelten Produktivkräfte als eine notwendige Voraussetzung gehören; denn erst durch sie werden die Allgemeinheit und Allseitigkeit der Beziehungen und Fähigkeiten des Individuums erzeugt. Zwar wird damit zugleich das Individuum von sich und seinesgleichen entfremdet. Aber diese Entfremdung ist zunächst in Kauf zu nehmen, vor allem wohl weil Marx der Meinung ist, daß ohne den mit der entfremdeten Arbeit verbundenen Zwang es nicht zu der erforderlichen, allseitigen Entwicklung der Produktivkräfte kommen würde.[37]

Die allseitige Produktion und Konsumtion, die durch den entwickelten Kapitalismus erzeugt wird, soll aber keineswegs auf der nachfolgenden Stufe der sozialistischen Gesellschaft reduziert werden; durch das Abstreifen der kapitalistischen Fessel wird sie vielmehr durch die dem befreiten Menschen neu entstehenden Bedürfnisse noch einmal gesteigert. Auch wenn die Produktion nicht mehr um der Produktion willen, wie im kapitalistischen System, erfolgt, sondern um der allseitig entfalteten Individuen willen, so ist sie doch auf einen ständigen Zuwachs orientiert. Wir aber wissen, daß eine in diesem Sinn auf

37 Die entfremdete Arbeit bei Marx steht in Analogie mit dem Antagonismus, den Widrigkeiten der Natur, bei Kant; der von sich aus träge Mensch, so meinen wohl beide, bedarf des Stachels und äußeren Zwangs, um die Anstrengungen auf sich zu nehmen, die für die volle Entwicklung seiner Fähigkeiten erforderlich sind.

Zuwachs orientierte Ökonomie die Zerstörung unserer Umwelt mit sich bringt.

Auf der anderen Seite haben Marx und (vor allem) Engels die destruktiven Züge der industriellen Produktionsweise durchaus schon gesehen.[38] Iring Fetscher zitiert aus dem »Kapital« eine Stelle und meint, man könne sie »mit gutem Grund als hellsichtige Voraussage der Umweltzerstörung durch die industrialisierte Agrikultur« bezeichnen. Da heißt es:

»Jeder Fortschritt der kapitalistischen Agrikultur ist nicht nur ein Fortschritt in der Kunst, den Arbeiter, sondern zugleich in der Kunst, den Boden zu berauben, jeder Fortschritt in der Steigerung seiner Fruchtbarkeit für eine gegebene Zeitfrist zugleich ein Fortschritt im Ruin der dauernden Quellen dieser Fruchtbarkeit. Je mehr ein Land, wie die Vereinigten Staaten von Nordamerika, z. B. von der großen Industrie als dem Hintergrund seiner Entwicklung ausgeht, desto rascher dieser Zerstörungsprozeß.«[39]

Hier wird in der Tat die Destruktivität, die wir jetzt beobachten können, schon antizipierend beschrieben. Allerdings ist hier auch zu sehen, was bei Engels noch offensichtlicher der Fall ist, daß die Destruktivität nicht der Form der Technologie, sondern der kapitalistischen Wirtschaftsform angelastet wird. Die destruktiven Folgen sollen dann gleichsam automatisch verschwinden, wenn der Kapitalismus abgeschafft wird.

Das allerdings scheint mir eine Illusion zu sein, die den konkreten Technikfolgen zu wenig und den gesellschaftlichen Zusammenhängen zu viel Gewicht gibt. Es ist für die Zerstörung unseres Klimas einerlei, ob nun die CO_2-Mengen aus sozialistischen oder aus kapitalistischen Schloten stammen. Und es ist Jonas zuzustimmen, daß eine humanere Verwendung der Erträge, d. h. eine gerechtere Verteilung des erwirtschafteten Gutes, nicht die angerichteten Technikfolgeschäden beseitigen kann. Wir müssen die Technikform selbst ändern; es ist zwar notwendig, aber keineswegs hinreichend, den Kreis der Nutznießer zu erweitern. Die anstehende Frage muß also lauten, inwieweit es im marxistischen

38 Vgl. I. Fetscher, »Karl Marx und das Umweltproblem«, in: Ders., Überlebensbedingungen der Menschheit, München 1980, S. 110-154.

39 Zit. nach Fetscher, aaO, S. 131.

Programm angelegt ist, die angemessene Umstrukturierung der Technologie selbst herbeizuführen, nicht nur ihren Betreiber zu vergesellschaften.

Die Utopie vom klassenlosen Endzustand der gesellschaftlichen Entwicklung schließt materiellen Wohlstand für alle ein, und hierin liegt der Zwang zur *Steigerung* der Produktivität; für Jonas ist aber gerade deren Drosselung als erster Schritt gefragt. Deshalb sieht Jonas im Utopiebegriff die permanente Versuchung des Marxismus, auch dort noch optimistisch an einem Programm der Steigerung und Intensivierung festzuhalten, wo längst Einhalt und Verzicht geboten sind.

Deshalb verlangt er, das utopische Denken zu verabschieden und einer aufs Bewahren verpflichteten Verantwortung Raum zu geben. Für Jonas ist also Utopiekritik zugleich Kritik der der Technik selbst innewohnenden Eigendynamik.[40]

Was in der Utopiekritik zur Sprache kommt, ist das Problem der Grenzen, der »Grenzen des Wachstums«, wie es in den Berichten des Club of Rome ausgesprochen worden war. Und meines Erachtens ist der Naturbegriff, auf den wir uns berufen, um dem Vorgang der Ausbeutung und Zerstörung Einhalt zu gebieten, ein »Grenzbegriff« neuer Art.[41] Es ist kein Begriff, zu dem die Philosophen, wie Jonas anzunehmen scheint, einen privilegierten Zugang hätten und auf den wir uns beziehen könnten, um auszumalen, wie das Leben einer Gesellschaft auszusehen hätte »von Natur aus«, sondern ein Begriff, mit dem wir etwas über die Grenzen der Belastbarkeit unseres materiellen Fundaments herausfinden können.

40 Indessen wird jede konstruktive Lösung einen hohen Anteil an Technologie verlangen, so daß es auch für Jonas nicht darum gehen kann, die Technologien und die industrielle Produktionsweise als solche zu verabschieden, um zu primitiveren Formen einer Agrarwirtschaft zurückzukehren.

41 Kant hat das »Ding an sich« als einen »Grenzbegriff« eingeführt, der die Grenze des Erkennbaren demarkiert. Wir müssen ihn notwendigerweise denken, ohne doch eine genuine Erkenntnis von ihm gewinnen zu können. – Im Unterschied zu Kant ist die durch den Naturbegriff aufgegebene Grenzbestimmung nicht starr, sie liegt nicht a priori fest; vielmehr muß sie empirisch gefunden und erprobt werden.

Es ist mithin auch nicht Natur als Totum, sondern der aus der Gesamtnatur ausgegrenzte Lebens- und Daseinsraum, Natur als Habitat, es ist die physiologisch verstandene Natur (s.u. Kap. 6.7), worauf sich unsere Verantwortung allein erstrecken kann. Verantwortung für die Natur übernehmen heißt deshalb, Grenzen ausfindig machen und anerkennen, die unserem Handeln gegenüber der Natur gesteckt sind, genauer: die wir unserem Handeln gegenüber der Natur zu stecken haben. Diese Grenzen ergeben sich nicht aus einer beschränkten Fähigkeit des Subjekts oder aus der Erreichung des erstrebten Zustandes, sondern sie ergeben sich aus dem Grundfaktum unserer organischen Existenzweise einerseits und aus kontingenten äußeren Umständen andererseits, wie z.B. Beschränktheit der Vorräte an Rohstoffen und Energie, Grenzen der Belastbarkeit der Umwelt mit Schadstoffen, Abwärme, Grundwasserentnahme usw.

Im Rahmen Marxistischer Theorie traten Grenzen nur auf als die durch die gesellschaftlichen Verhältnisse aufgezwungenen Schranken eines sich im Prinzip unbeschränkt selbst übersteigenden Könnens. Sowohl die menschliche Produktivität wie das entsprechende Naturkorrelat werden als unerschöpfliche Potentiale gedacht, die nur darauf harren, befreit zu werden, um sich zu entfalten. Mit dem Gedanken der Utopie ist also der der Steigerung des »Stoffwechsels« (im Sinne von Marx) mit der Natur verbunden, weil daraus die Befreiung von Mangel und von der Naturabhängigkeit erfolgen soll.

Daß sich in dieser Entwicklung nun Grenzen ganz anderer als gesellschaftlicher Art zeigen, erzeugt zwar Schwierigkeiten für den theoretischen Ansatz des Marxismus; wie jedoch z.B. I. Fetscher gezeigt hat, lassen sich diese beheben. Man kann die ökologischen Fragen im Rahmen eines marxistischen Denkens aufgreifen, ohne die Zukunftsorientierung und den Utopiebegriff über Bord zu werfen. Und vor allem sollten wir dem Gedanken der besseren Zukunft in unserer eigenen gesellschaftlichen Planung und Aktion Raum belassen.

Ist es denn überhaupt angängig, so müssen wir uns fragen, die Gefährdungen der technologischen Naturvernutzung dem einen oder anderen Gesellschaftssystem anzulasten, *insofern es als Vollstrecker des Baconschen Ideals erscheint*? Sind nicht eher die in der ökonomischen und politischen Machtkonkurrenz verankerten Zwänge dafür verantwortlich zu halten, daß es zur Perversion des Baconschen Ideals kommt – und damit zur destruktiven Form der Naturnutzung, zur Naturvernutzung?

3.6 Vom Bacon-Projekt unter den Grenzen des Wachstums

Gravierender noch als die Frage, ob eher ein kapitalistisches oder eher ein sozialistisches System in der Lage sein wird, die Macht über die Macht zurückzugewinnen, scheint mir die Frage zu sein, ob tatsächlich die Verfolgung des Baconschen Ideals für die ökologische Krise verantwortlich gemacht werden darf. Das Bacon zugeschriebene Diktum vom Wissen als Macht ist in dem von Jonas verfolgten Problem-Kontext der Rückgewinnung der Macht über die Macht wohl Anlaß zum Mißverständnis gewesen, insofern ein auf Naturbeherrschung ausgerichtetes Wissen selbst als Wurzel des Übels erschien. Sind wir jedoch nicht nach wie vor verpflichtet, an der Idee der Nutzung der Natur festzuhalten, um das materielle Wohlergehen herbeiführen zu können – was für die größten Teile der Weltbevölkerung noch immer die Befreiung von Hunger und physischer Not bedeutet?

Und standen und stehen nicht alle Kulturen vor dem Problem, wie sie ihre Form der Kultivierung der Natur aufrechterhalten können über lange Zeit? Gehört nicht das Merkmal der Langfristigkeit einer Lebens- und Wirtschaftsform zu den definierenden Merkmalen der Kultur? Ohne den Gesichtspunkt einer die Generationen übergreifenden Lebens- und Nutzungspraxis sind Siedlungsanlagen, Züchtung von Tier- und Pflanzenarten, sind Investitionen, die sich erst in späteren Generationen als rentabel erweisen, undenkbar. Die Motivation des Kulturschaffens liegt in der Erwartung, durch vorgreifenden Aufwand die Bedingungen des Lebens aufbessern zu können. Es ist mit dem Gedanken der Kultur unvereinbar, daß die gerade lebende Generation es sich auf Kosten der kommenden wohlergehen läßt!

Durch die uns erst jetzt voll bewußt gewordenen Bedingungen

der Endlichkeit und Verletzlichkeit unseres natürlichen Lebensraumes wird uns aber angezeigt, in wie hohem Maß wir bei der derzeitigen Form der Kultivierung der Natur von der Zukunft leben. Und dies scheint überdies eine unvermeidliche, weil strukturell bedingte Konsequenz unserer technischen Kultur zu sein. Der Prozeß der Mehrung des materiellen Wohlstands gegenwärtig existierender Menschen scheint zwangsläufig die Verknappung der Mittel für kommende Generationen zu beschleunigen, und progressiv den Lebensraum zu ruinieren. Damit ist die Idee des Fortschritts selbst unter die fragwürdigen Werte unserer Kultur geraten, nachdem sie so selbstverständlich ihren Beginn inspirierte.[42] Wie läßt sie sich unter den Bedingungen der Grenzen des Wachstums noch vertreten?

Wir haben die Empfehlung bereits als unzumutbar, als unmoralisch zurückgewiesen, daß wir wegen der ökologischen Krise gehalten seien, das Baconsche Ideal zu verwerfen; es kann »nur« darum gehen, wie wir es unter den verschärften Einschränkungen für Technologieeinsatz einlösen können, wie wir an ihm festhalten können, ohne in die ruinösen Zustände zu geraten, die wir jetzt vor uns sehen. Vor dieser Frage stehen wir alle, wenngleich die fortgeschrittensten Industriegesellschaften besonders. Aber der ruinöse Umgang mit der Natur ist nicht dem Baconschen Ideal und wohl auch nicht dem einen oder anderen Gesellschaftssystem per se oder wegen seiner Affinität zu ersterem anzulasten, vielmehr gerade dem konkurrierenden Streben nach ökonomischer Überlegenheit einzelner Unternehmen, Gesellschaften, Staaten.

Die internationale Wirtschaftskonkurrenz – zwischen dem westlichen und östlichen Wirtschaftssystem in der Vergangenheit, nun und künftig zwischen USA, Japan und der EG – treibt in den Kampf um die Rohstofflager, um Standorte für die kostengünstigste Produktion und um die Absatzmärkte; immer riskantere Maßnahmen bei der Förderung von Rohstoffen, beim Transport und der Transformation von Energien, zur »Sicherung der Interessen« (bis hin zur Entwicklung von Waffensystemen und deren Einsatz wie im Golfkrieg) mit destruktiveren Folgen bei Hava-

42 Vgl. F. Rapp, Fortschritt: Entwicklung und Sinngehalt einer philosophischen Idee, Darmstadt 1992.

rien entwickeln sich im Gefolge. Die Verquickung der ökologischen Krise mit der internationalen Wirtschaftskonkurrenz ist offensichtlich. Aber auch auf der nationalen Ebene drängen sich die kurzfristigen ökonomischen Interessen häufig genug vor die Beachtung der langfristigen menschlichen Bedürfnisse.

Solange uns die »Grenzen des Wachstums« noch verborgen waren, konnte man zur Mehrung des Wohlstands auf eine Steigerung der Güterproduktion und eine gerechte Verteilung dringen. Jetzt müssen wir immer auch fragen, ob eine bestimmte Form der Güterproduktion auch langfristig haltbar und aufs Ganze gesehen vertretbar ist. Das ist mit dem Gedanken des »sustainable development« gemeint, der die alte Fortschrittsidee modifiziert. Die Weiterentwicklung menschlicher Kultur ist nach wie vor geboten – das Einfrieren des status quo (»freeze«) könnte nur dann von Vorteil sein, wenn dieser Zustand in sich gut wäre, oder wenn jeder weitere Schritt automatisch eine Verschlimmerung des Zustands bedeuten würde. Aber die Entwicklung muß auf die Beachtung viel strengerer Randbedingungen verpflichtet werden, als es in der Vergangenheit erforderlich schien. Eine Entwicklung muß »haltbar« (sustainable) sein in dem Sinn, daß ihre langfristigen und globalen Auswirkungen auf die Umwelt und die Lebensweise der Menschen sich rechtfertigen lassen; »haltbar« heißt nicht nur in einem technisch-praktischen Sinn »auf Dauer«, sondern auch in einem moralisch-praktischen Sinn »einhaltbar = vertretbar«.[43] Die »Ottawa Conference on Conservation and Devel-

43 Im Englischen hat »sustain« außerdem die Bedeutung von »bewahren«, »wahren«, mit deutlich physiologischem Bezug wie in »sustenance« (Nahrung) und »sustaining« (stärkend, nahrhaft). – In einem breiten Sinn läßt sich »sustainable development« definieren als jene menschliche Aktivität, die die historische Erfüllung der ganzen Lebensgemeinschaft auf der Erde *nährt und auf Dauer erhält*: »the kind of human activity that nourishes and perpetuates the historical fulfilment of the whole community of life on Earth« (J.R. Engel, »Introduction«, in: Ethics of Environment and Development [Eds. J.R. Engel and J.G. Engel], Tucson 1990, S. 10). – Der im Deutschen sich jetzt durchsetzende Begriff der »Nachhaltigkeit« für »sustainable development« scheint mir wegen des Anklangs ans Hinterdreinkommen unglücklich gewählt zu sein – »durchhaltbare Entwicklung« wäre da m.E. schon besser.

opment« (1986) hat fünf grundlegende Bedingungen für in diesem Sinn »haltbare Entwicklung« formuliert:

(1) die Integration von Bewahrung und Entwicklung;
(2) die Befriedigung menschlicher Grundbedürfnisse;
(3) die Förderung von Gleichheit und sozialer Gerechtigkeit;
(4) der Schutz gesellschaftlicher Selbstbestimmung und kultureller Verschiedenheit;
(5) der Erhalt ökologischer Integrität.[44]

Im Sinne politischer Umsetzung dieser Ziele geht es um eine Integration von Gruppen, die bislang getrennt als Naturschützer oder für eine soziale Gerechtigkeit gestritten haben.

Diese Bedingungen verbinden überlieferte Zielvorstellungen der Humanität (2, 3 und 4) mit neuen Randbedingungen für die Entwicklung (1 und 5), die aus der Anerkennung ökologischer Verletzlichkeit stammen. Wir können sie somit als eine neue Umschreibung und Fortschreibung des Zieles unserer Kulturentwicklung sehen; als eine Modifikation des »Bacon-Projekts«, die der Endlichkeit und Verletzlichkeit unserer natürlichen Umwelt (darüber mehr unter Kap. 6.7) Rechnung tragen will. Obwohl diese Bedingungen für eine »haltbare Entwicklung« als Elemente einer neuen Ethik propagiert werden,[45] gilt es doch zu sehen, daß mit ihnen noch vor aller Ethik Forderungen an das alltägliche Verhalten der Menschen in den Industriegesellschaften verbunden sind, die hier kurz verfolgt werden.

3.7 Die Änderung des Konsumverhaltens und der linearen Produktionsweise

In immer größerem Ausmaß beeinflussen die Menschen durch ihre Teilnahme an der modernen Lebensweise die natürlichen Gegebenheiten, und die induzierten negativen Auswirkungen bekommen wir gegenwärtig kaum in den Griff. So kommt es, daß die Szenarien der Krise sich direkt in die apokalyptischen Szenarien der Katastrophe fortschreiben. Nur grundlegende Änderun-

44 Vgl. ebenda S. 8.
45 Ebenda.

gen unserer jetzt allgemein gebilligten und als selbstverständlich zum modernen Lebensstandard gehörenden Praktiken können Abhilfe schaffen. Zwar ist nun unsere Aufmerksamkeit auch auf die bedrohte Erdatmosphäre gelenkt worden, und die zu erwartenden Auswirkungen des Treibhauseffektes werden auch schon an den Stammtischen diskutiert. – Es ist jedoch noch nicht in unser Bewußtsein gedrungen, in wie hohem Maß unsere eigenen Gewohnheiten, der schlichte Konsum aus den privaten Haushalten, am Zustandekommen des Effektes beteiligt sind.

Unser Risikobewußtsein hat sich auf die Extremalgefährdungen durch die atomare Drohung, die Plutonium-Wirtschaft, die Monstergenetik und andere »Mega-Gefahren« eingespielt, wenn nicht überhaupt durch Technikgläubigkeit einlullen lassen.[46] Ohne die Megagefahren verharmlosen zu wollen, gilt es doch zu betonen, daß in den von uns ganz schlicht gebilligten Praktiken das vielleicht noch größere Gefahrenpotential schlummert. Denn während uns klar ist, daß wir alle Anstrengungen unternehmen müssen, um den atomaren Holocaust oder den »Super-GAU« zu verhindern, sehen wir nicht einmal, welche Gefährdungen mit unserer alltäglichen Lebenspraxis für das langfristige Überleben der Menschheit erzeugt werden. Der neue Bericht des Worldwatch-Instituts spricht deshalb von unserer Zeit als dem Zeitalter des »Megakonsums«, um auf die damit verbundenen Gefahren aufmerksam zu machen.

Das reiche Fünftel der Menschheit, d.h. die 1,1 Milliarden Menschen, die in den großen Industrienationen der Welt leben (USA, Kanada, Japan, Großbritannien, Frankreich, Italien und Deutschland), erwirtschaftet einerseits mehr als die Hälfte des Weltsozialproduktes; noch stärker ist dieses Fünftel allerdings am Konsum von natürlichen Ressourcen beteiligt! Die Menschen der Industrieländer verbrauchen zum Beispiel 86% des Aluminiums und der Chemikalien, 80% von Eisen und Stahl, sowie 75% der Enegie! Über 60% des weltweit konsumierten Fleisches wird in den Industrieländern verzehrt – während ein anderes Fünftel der Menschheit unter dem Existenzminimum lebt. Zwei Drittel der Treibhausgase und der Abgase, die sauren Regen erzeugen, stam-

46 Vgl. U. Beck, Risikogesellschaft, Frankfurt/M. 1986.

men aus den Industrieländern und umgekehrt wird dort ungleich mehr Sauerstoff verbraucht, als sich über ihren Regionen regeneriert. Die den Ozonschild abbauenden Fluorchlorkohlenwasserstoffe (FCKW) stammen ausschließlich aus den Industrieländern.

Die Übernahme des auf ständig steigenden Konsum ausgerichteten Wirtschaftsmodells der Industriestaaten ist aufgrund seines stofflichen und energetischen Massenverbrauchs als Ziel einer Weltgesellschaft unmöglich, und der Worldwatch-Bericht fordert eine Rückkehr zu einer »Ethik der Genügsamkeit« in den Industrieländern und macht das Überleben der Menschheit abhängig von der Bereitschaft der Reichen, ihren auf Konsum orientierten Lebensstil zu ändern. Weil ein einfaches Aufschließen des Südens an den Wohlstand des Nordens ökologisch nicht vertretbar ist (wie immer es um die Realisierbarkeit stehen mag), haben Hans Jonas und andere aus Gründen der Verantwortung die technische Zivilisation kritisiert und den »Verzicht auf ein Fortschrittsdenken« gefordert.

Das Streben nach Wohlstand kann aber den Ländern der Dritten Welt nicht nur nicht verwehrt werden, wir sind verpflichtet, ihnen bei ihrer Befreiung aus materiellem Elend zu helfen. Schon gar nicht läßt sich rechtfertigen, daß der Wohlstand weniger Industrieländer auf Kosten der Verelendung in der dritten Welt aufrechterhalten wird. Angefangen vom Verbrauch an den Rohstoffen und Energievorräten bis hin zu Wasser und Atemluft (ganz zu schweigen von dem Export an Müll und Schadstoffen, d. h. unserer Entsorgung auf Kosten der anderen) praktizieren wir eine Form der Ausbeutung – zwar nicht an der Arbeitskraft, sondern an den Lebensgrundlagen – und meinen uns etwas leisten zu können und zu dürfen, wozu den anderen schlicht die Mittel fehlen.

Die Kostenrechnungen dessen, was wir uns leisten, sind jedoch weitgehend irreal, weil wichtige Posten (sowohl der in Anspruch genommenen Mittel als auch der zu entsorgenden Neben- und Abfallprodukte) nicht mit eingerechnet werden. So wird noch immer von einer unbeschränkt verfügbaren Frischluft ausgegangen, der wir kostenlos Sauerstoff entnehmen können und in die die Abgase abgegeben werden dürfen. Ähnliches gilt für Wasserentnahme und die Einleitung von Abwässern. Zwar gibt es inzwischen gewisse Auflagen, Katalysatoren, Filter- und Kläranlagen vor die Immissionen zu schalten; jedoch werden die wirklichen Kosten noch immer nicht angemessen eingerechnet. Wollte man z. B. alle durch den Automobilverkehr anfallenden Kosten in den Benzinpreis einrechnen, dann müßte man für den Liter Benzin sechs Mark verlangen! Die Überlegungen zur Umstellung des jetzigen Besteuerungssystems auf eine sogenannte »Ökosteuer« müssen viel konsequenter verfolgt werden.

Die Idee, Steuern einzusetzen, um die Wirtschaft in eine umweltfreundlichere Richtung zu lenken, hatte bereits 1920 der britische Ökonom Arthur Pigou.[47] Auch der Schweizer Bruno S. Frey verficht in seinem 1971 erschienenen Buch »Umweltökonomie«[48] den Einsatz von Steuern gegenüber anderen staatlichen Eingriffen in das Wirtschaftssystem (Verbote, Subventionen bzw. Sonderabgaben, Ausgabe von Umweltzertifikaten) als die praktischste und dem Verursacherprinzip gerechtwerdende Lenkungsmöglichkeit der Umweltpolitik. Ganz ähnlich argumentiert auch E. U. v. Weizsäcker.[49] Nach seiner Ansicht bedürfen wir einer *ökologischen Steuerreform*. Umweltsteuern sind nicht einfach eine andere Form der Abgabenerhebung, sondern sind mit einer Lenkungsabsicht zu verbinden, um der Wirtschaft Signale zu geben, sich in eine umweltverträglichere Richtung umzuorientieren. Da die Staatseinnahmen sich nicht gleichzeitig erhöhen sollten, müssen den Umweltsteuern Steuererleichterungen in anderen Bereichen gegenüberstehen; und die Einnahmen aus den Umweltsteuern müssen hauptsächlich im Umweltbereich eingesetzt werden. Als Beispiele zukünftiger umweltorientierter Besteuerungsbereiche nennt E. U. v. Weizsäcker: Energie, Bodenversiegelung, Wasser, Müll, Luft/Klima und die Herstellung von Chlor, Schwermetallen und Aluminium.

Durch die Einführung von Umweltsteuern auf der Basis von normativen Kriterien werden Rahmenbedingungen geschaffen, unter denen sich Umweltzerstörung ökonomisch nicht mehr lohnt.

47 Vgl. E. U. v. Weizsäcker, Erdpolitik. Ökologische Realpolitik an der Schwelle zum Jahrhundert der Umwelt, Darmstadt 1990², S. 162.

48 Bruno S. Frey, Umweltökonomie, Göttingen 1985².

49 Vgl. E. U. v. Weizsäcker, Erdpolitik, aaO, S. 159ff.

Unter Ausnutzung der egoistischen Gründe rationalisierten wirtschaftlichen Handelns wird auf die Industrie ein Entwicklungsdruck in Richtung fortschrittlicher, ressourcensparender, umweltneutraler Technologien ausgeübt. Im Laufe der Zeit wird sich, so ist zu hoffen, ein dynamisches ökologisch orientiertes Unternehmertum entwickeln. Auf diese Weise würden wir auch dem Teufelskreis der ex-post-Reparaturen entkommen und gelangten von der Therapie zur Prävention.[50]

Aber auch eine ökologische Steuerreform würde der ökologischen Krise noch nicht angemessen Rechnung tragen, und sie wird sich auch nicht ad hoc und international gleichzeitig einführen lassen.

Zuerst müssen vor allem gerade wir in den Industriestaaten unser Konsumverhalten einerseits und die bis jetzt gepflegten Produktionsweisen andererseits überdenken, wie es mit dem Bericht des Club of Rome angegangen worden ist. Alle Werte und Praktiken, die wir bis jetzt im Streben nach Wohlstand als fraglos, als förderlich oder sogar als optimal akzeptiert haben, müssen unter den Prämissen der Grenzen des Wachstums neu geprüft werden. Die Grenzen menschlichen Könnens hinsichtlich der materiellen Aufbesserung der Lebensverhältnisse zeigen sich:

(1) in der Endlichkeit der natürlichen Ressourcen (Knappheit),

(2) in der Abhängigkeit von unumkehrbaren thermodynamischen und physiologischen Prozessen (Verschleiß),

(3) in der Unwiederbringlichkeit verlorener Artenvielfalt (Unersetzbarkeit), sowie

(4) in der beschränkten Belastbarkeit der physiologischen Natur (Labilität).

Eine Planung und Entwicklung der Wirtschaft und ein darauf abgestimmtes Konsumverhalten, die diese Bedingungen ignorierten, würden nicht nur gegen besseres Wissen verstoßen und Klugheitsregeln verletzen, sondern auch den moralischen Vorwurf der Unverantwortlichkeit auf sich ziehen. Die Knappheit der Güter verlangt, daß wir in einem ersten Schritt mindestens der Verschwendung Einhalt gebieten. Die Einschränkung des exzes-

50 Vgl. V. Hösle, Philosophie der ökologischen Krise, München 1991, S. 97ff.

siven Konsums ist vermutlich der einfachste und wirksamste Faktor in der erforderlichen Umorientierung. Hierbei geht es allerdings nicht in erster Linie um den Verzicht auf sogenannte Luxusgüter, sondern um einen sparsameren Umgang mit den Grundgütern.[51] Wir müssen der Verschwendung von Energie, von Wasser, von natürlichen und industriellen Erzeugnissen, aber auch von Landschaft Einhalt gebieten. Wie sehr an der Verschwendung z. B. von Energie private, industrielle und öffentliche Hände beteiligt sind, kann man schon an einem so simplen Phänomen wie der nächtlichen Beleuchtung unserer Städte, Straßen und Industriezonen sehen. Man konnte jüngst in der Presse ein von einem Erdsatelliten aus aufgenommenes Nachtbild (eigentlich eine Computer-Graphik) von unserem Globus bewundern, das ihn unter wolkenfreiem Himmel als einen leuchtenden Stern zeigt: in den nördlichen Regionen stammt das meiste Streulicht aus elektrischer Beleuchtung, in südlichen aus den abgefakkelten Erdgasen und den Rodungsbränden. Die eindrucksvolle Illustration der Energieverschwendung kann leider nicht zugleich mitabbilden, daß wir ineins mit der Erleuchtung des Nachthimmels die Atmosphäre schädigen und unsere Zukunft verdüstern.

Neben der Einschränkung des Konsums muß es jedoch zu einer Umstrukturierung der Produktionsweisen und der Produktzirkulation kommen. Letzteres ist wiederum eng mit dem Konsum und dem Verhältnis von Konsument und Produzent verbunden. Umweltverträglichkeit der Produkte wie der Herstellungsverfah-

51 Allerdings greifen die Dinge ineinander, wie man an dem ökologischen Aufwand für ein Rinderfilet vs. vegetarischer Nahrung vorrechnen kann. – Drastischer noch sieht es im Fall des völlig überflüssigen Verkehrs aus. Mag man es noch als eine private Caprice ansehen, wenn Thomas Bernhard Hunderte von Kilometern mit dem Auto durch die Nacht fährt, nur um die NEUE ZÜRCHER ZEITUNG in der Hand zu halten – während man sich der Informationsflüsse, die ununterbrochen um unseren Globus strömen, kaum erwehren kann –, vollends verrückt spielen die Fluggesellschaften, die ihre Überkapazitäten benutzen, um gelangweilte Konsumenten nach Rom (warum nicht Rom?) zu fliegen für das erlesene Vergnügen, auf der Piazza Navona eine Tasse Kaffee getrunken zu haben.

ren zählen inzwischen zu den angesehenen Bewertungskriterien für die Güter, wenngleich die Wirklichkeit hinter der werbewirksamen Präsentation noch beträchtlich zurücksteht.

Das Anwachsen der Müllberge und der Schutthalden, die technischen und sozialen Schwierigkeiten des Deponierens von Schadstoffen führen uns nun dramatisch vor Augen, wie wichtig es ist, die Abfall- und Endprodukte erneut in den Produktionsprozeß einzubauen. Die Wiederverwertung der Abfälle als Ausgangsmaterial in der als Kreisprozeß geführten Produktion muß zur Regel werden, wo immer es überhaupt technisch machbar ist. Daß dies keineswegs utopisch ist, wird uns teilweise schon von der Automobilindustrie demonstriert, die freilich auch bislang nicht nur in ihrer Produktionsweise am weitesten vom Recycling entfernt war, sondern an der Bildung einer bloßen Verschleißmentalität entschieden beteiligt war und auch noch ist. Sie umwirbt und blendet die potentiellen Käufer mit Bildern von blinkenden und blitzenden, frisch vom Band rollenden Neuwagen, die nicht zu besitzen einem Eingeständnis von Armut und dem Ausschluß aus der Modernität gleichkäme; die Abfälle am Rande der Produktionsstraße, die stinkenden und giftigen Rückstände von Verchromung und Politur haben in diesem Bild keinen Platz; verdrängt wird, daß auch die Salons der neuesten Mobile am Ende Zulieferer für die Halden von Wracks sind, um deren Verbleib sich niemand kümmert, sobald der Gebrauchtwagenmarkt sie abstößt. – Eine Rücknahmepflicht der Hersteller auf die ausgedienten Produkte würde die Landschaften nicht nur von Autofriedhöfen, den Halden von Altreifen und Plastikbergen befreien, sie würde auch eine Signalwirkung erwarten lassen für andere Industrien. Firmen sollten wissen, daß sie mit jedem neuen Gerät, das sie verkaufen, sich am Ende eine Ruine auf den Hinterhof holen und daß sie mit der Rücknahme der ausgedienten Geräte rechnen müssen.

Moderne Methoden der Mikrobiologie versprechen die Eröffnung einer Fülle neuartiger Recyclingverfahren, wobei hier vor allem an den Abbau von Stoffen gedacht ist, die sonst nur langsam oder überhaupt nicht verrotten wie etwa Plastikprodukte.[52] Frei-

52 Für weitere aufschlußreiche Beispiele siehe: F. Vester, Neuland des Denkens, Stuttgart 1980, S. 348ff.

lich ist hier doppelte Vorsicht geboten; denn die Aussicht auf eine Entsorgung z.B. ölverpesteter Meeresküsten oder dioxinverseuchter Böden durch spezifisch veränderte Mikroorganismen mag einerseits die Verpestung selbst verharmlosen und den entstandenen irreversiblen Schaden aus dem Bewußtsein verdrängen und andererseits die Gefahr verdecken, die mit der Freisetzung von genetisch veränderten Organismen verbunden ist. – Denken wir primär an aus der Produktion anfallende Stoffe, so ist hier die Wiederverwendung allemal der Verrottung vorzuziehen.

Unter dem Gesichtspunkt der Knappheit der Rohstoffe werden die Kunststoffe zwangsläufig einen immer größeren Anteil in der Produktion einnehmen müssen. Das kann aber nur vertreten werden, wenn sie aus dem jetzt noch vorherrschenden Einweg- und Wegwerf-Kontext herausgenommen und in Dauerprodukte bzw. Kreisproduktion integriert werden. Ähnliches gilt für moderne keramische Werkstoffe. Daß die Produkte umweltfreundlich hergestellt werden müssen, versteht sich von selbst. Überhaupt werden sich die zukünftigen Produkte durch lange Lebensdauer und Reparierbarkeit auszeichnen müssen,[53] damit wir möglichst effektiv Rohstoffe und Energie einsparen können.

Es müssen sich aber auch ganz allgemein akzeptierte und lieb gewordene Verhaltensweisen ändern. Als Beispiel mag der Autoverkehr dienen. Unser Individualverkehrssystem hat zu einer großflächigen Versiegelung der Landschaft geführt, und obwohl noch immer Straßen gebaut und die Trassen der Autobahnen verbreitert werden, können sie den immer stärker anschwellenden Verkehrsstrom nicht mehr flüssig leiten. In den Ballungszentren unserer Städte sind die Verkehrsstaus die Regel. Währenddessen meldet die Autoindustrie steigende Verkaufszahlen, schleust Jahr um Jahr neue, immer schnellere und größere Autos in den immer träger werdenden Verkehrsstrom. Bei 1000 Umdrehungen in der Minute – im Leerlauf, wir stehen im Stau – versetzen wir unserer Atemluft 1000 Giftstöße, ohne auch nur einen Schritt vorwärtsgekommen zu sein. – Das ungezähmte Drängen freier Bürger zur freien Fahrt führt nicht zu größerer Beweglichkeit, sondern zum Kollaps des Straßenverkehrs; ganz

53 Vgl. G. Ropohl, Die unvollkommene Technik, aaO.

zu schweigen von den Unfallopfern, von den Schäden an der Umwelt, den verpufften Petrolreserven, den gestreßten Insassen, die mit dem derzeitigen Straßenverkehr einhergehen. Wie wenig von Seiten vernünftiger Politik zu erwarten ist, sehen wir schon an der erneuten Ablehnung von Tempolimits – allen positiven Erfahrungen in den übrigen Industrieländern zum Trotz.

Wir sind also auf die eigenverantwortliche Änderung unseres Verhaltens verwiesen, wenn sich etwas ändern soll. Jede Staumeldung belegt jedoch, wie wenig das Wissen um die Begrenztheit der Ressourcen, die Belastbarkeit der Umwelt, die Risiken des Verkehrs auf das eigene Verhalten bezogen wird, wie wenig Problembewußtsein aus der verfügbaren Information hervorgeht, wie schwer schließlich die Verabschiedung lieb gewordener Gewohnheiten ist. In Sachen Individualverkehr handeln wir permanent wider besseres Wissen und benutzen immer noch die Vernunft, um Verhältnisse zu verteidigen, die sich längst als Pervertierungen der Vernunft darstellen. Hier zeigt sich ein Verhalten, das wir sonst eindeutig als Suchtverhalten beschreiben! Werden wir uns überhaupt aus der Fahrsucht und zwanghaften Raserei befreien können? Das zweifelhafte Vergnügen, mit Höchstgeschwindigkeit dem nächsten Stau entgegenzurasen, ist zu einem beängstigenden Symbol für unseren Umgang mit den »Errungenschaften des modernen Lebens« geworden.

Ein angemessenes Problembewußtsein zu wecken und zu schärfen und Verhaltensänderungen im Konsumieren hervorzurufen, wird Zeit benötigen, zumal dann, wenn wir uns nun gerade dort einschränken sollen, wo wir bislang auf die Steigerung des Konsums programmiert waren. – Nicht oft genug kann man an das eingangs erwähnte Beispiel der Mikroben in ihrer Nährlösung erinnern. Anders als jene können wir uns die Endlichkeit unserer Existenz bewußt machen. Werden wir es aber auch tun und durch vernünftigen Umgang mit den vorhandenen Mitteln unser Überleben und das zukünftiger Generationen auch unter den neuen Bedingungen der Grenzen des Wachstums sicherstellen?

Dafür freilich muß dem »Können« auch ein erklärtes »Wollen« zur Seite treten. Die eigenen Einwirkungsmöglichkeiten auf den Gang unserer technisierten Lebenswelt müssen entschiedener und wachsamer wahrgenommen werden. Sonst überlassen wir den Gang der Dinge sich selbst, als ob es sich um naturwüchsige Vorgänge handeln würde, die quasi automatisch durch ihr bloßes Fortschreiten auch eine Verbesserung und Besserung mit sich führten.

3.8 Änderung der Ökonomiepräferenz: Vom Profit zum Benefit

Die menschliche Geschichte mit der Natur zeigt eine Tendenz: zur Befreiung von den Naturabhängigkeiten werden zunehmend stärkere Mittel entwickelt und in Anschlag gebracht. Die modernen Technologien bieten durch ihre Anwendung in Großindustrien immer mächtigere Potentiale der Gütererzeugung. Die Befreiung von materieller Not kann für eine ständig wachsende Bevölkerung nur in Form der Industrialisierung gelingen. Aber, wie wir wissen, bringt das die ökonomischen Verhältnisse in eine starke Abhängigkeit vom Kapital. In dem Maße, in dem die menschliche Arbeitskraft auf dem Wege der Automation der Produktion entbehrlich gemacht wird, nimmt die Abhängigkeit vom Kapital zu. Damit werden die Ziele der Kapitalvermehrung zugleich zu den dominanten Zielen des Wirtschaftens.
Aus den Mitteln zur Steigerung des materiellen Wohlergehens für alle werden Mittel zur Steigerung des Profits der Kapitaleigner, bzw. die ursprünglichen Zwecke werden zu Mitteln der Profitmaximierung. Verbesserungen und Umorientierungen im Wirtschaften werden nur dann vorgenommen, wenn sie einer Steigerung des Profits zuarbeiten. Solche Innovationen mögen sich als verbesserte Technologien darstellen, aber sie können sich als Schmälerungen – nicht Verbesserungen – an Gütern erweisen, die die Menschen durch die Industrialisierung ursprünglich erstrebten. »Verbesserungen« im System der Gütererzeugung, die nicht in einer Steigerung des Wohlergehens der Menschen ihren Niederschlag finden, sind bloße Perfektionierungen, und der Perfektionismus ist die einseitige Ausrichtung der Technik- und Produktionsentwicklung an den zu Selbstzwecken gewordenen Mitteln.
Es scheint ein allgemeines Gesetz zu sein, daß jede Struktur bzw.

Organisation, die als Mittel zur Erreichung eines bestimmten guten Zweckes geschaffen wurde, früher oder später ihre eigene Selbsterhaltung und Machtsteigerung höher schätzen wird als den primären Gründungszweck und ihm sogar entgegenwirken kann. Prominentestes Beispiel ist wohl die »Entwicklungshilfe«, die die Verelendung der Dritten Welt nur zu beschleunigen scheint. Wir können die gleiche Verselbständigung des Mittels zum Zweck ebenso an Wohlfahrts- und Vertriebenenverbänden beobachten wie auch in den Kirchen und politischen Parteien, an der Welthungerhilfe wie an Greenpeace. Auch wenn die Mechanismen, nach denen die Organisationen der Gutwilligkeit sich zwangsläufig so entwickeln, daß das ursprüngliche Ziel sekundär wird, weitgehend undurchschaut sind und in verschiedenen Kontexten sicher auch unterschiedlich wirken, so kann man doch sagen, daß es keine Organisationsform gibt, die sicherstellen kann, daß die primäre Ausrichtung auf ein allgemeines Wohl auch dominant bleibt.

Wir haben nicht die geringste Veranlassung, über den ökonomischen Zusammenbruch der ehemaligen sozialistischen Staaten in Häme zu verfallen. Gibt es humanere Ziele für eine Wirtschaft als die Mehrung des materiellen Wohlergehens für alle? Sollen, dürfen wir die Ziele aufgeben, weil dieser Versuch ihrer Verwirklichung – wenn es denn einer war – gründlich mißlungen ist, aus was für Gründen immer?

Zwei Vorzüge sozialistischer Staaten wurden auch von Kritikern des Systems anerkannt: (1) die starke Zentralmacht konnte von ihren Bürgern heute Verzichte verlangen, damit es den Menschen morgen besser gehen sollte; gegenwärtige Entbehrungen wurden im Vorgriff auf zukünftiges Wohlergehen zugemutet; (2) das Profitstreben privater Kapitalisten sollte von der auf die Bedürfnisse des Menschen bezogenen Produktion ferngehalten werden.

Beide Ziele schienen nur erreichbar durch das Diktat einer starken Zentralmacht – und einige besorgte Umweltschützer liebäugeln von daher auch mit dem Gedanken einer »Ökodiktatur«; denn kein demokratisches System könne Mehrheitsentscheidungen erhalten für die Entbehrungen, die von den Bürgern zu fordern seien.

Aber, was die Analysen des wirtschaftlichen Zusammenbruchs auch immer an Ursachen aufdecken mögen – es ist offensichtlich, daß die starke Zentralmacht keineswegs die Mehrung des allgemeinen Wohls begünstigte. Die fehlende Kontrolle der Zentralmacht hat im Gegenteil dazu geführt, daß Menschen (und Umwelt) Risiken und Belastungen ausgesetzt wurden ohne Zustimmung und ohne Information, welche Schutz- und Vorbeugemaßnahmen ergriffen werden könnten. Nicht das allgemeine Wohl wurde gemehrt, sondern der Ruin der Gesundheit und die Zerstörung der Lebensräume wurden zugemutet. Berichte aus den einstigen sozialistischen Ländern über ökologische Altlasten füllen die Tageszeitungen. – Dem können Berichte aus westlicher Militärforschung, soweit sie der Geheimhaltung unterlag, zur Seite gestellt werden. Auch hier finden sich eklatante Verstöße gegen geltende Schutzbestimmungen. Nicht einer Machtstruktur und ihrer (vermeintlich) stabilen Stellung gegenüber dem Bürgerwillen sollen wir vertrauen, sondern allein den demokratischen Kontrollinstanzen, einem breiten öffentlichen Bewußtsein, das im Geiste der Aufklärung weiter auszubilden wir nicht müde werden dürfen.

Wir müssen noch entschieden wachsamer sein was den Kontext von Mitteln und Zwecken angeht als bisher. Die Inversion, die Vertauschung, von Mitteln und Zwecken und die Umgewichtung von Produkt und Produzent hält Günther Anders seit langem für den Grundzug des technischen Zeitalters, in dem der Mensch als eine »antiquierte« Größe erscheint. Ist der Mensch nun konsequent dabei, sein eigenes Verschwinden zu betreiben? Einige sehen den Menschen als Zwischenschritt der Evolution, die über ihn hinweggehen wird wie sie über die Dinosaurier hinweggegangen ist. Die anfängliche Technisierung konnte noch die Illusion nähren, daß eine Verbesserung der Instrumente und Maschinen quasi automatisch auch eine Verbesserung unserer eigenen Handlungsmöglichkeiten mit sich bringen würde. Die Perfektionierung der Mittel sollte automatisch zur Mehrung des materiellen Glücks aller führen. Es ist aber inzwischen manifest, daß dieser Mechanismus keineswegs gilt; eher nehmen mit zunehmender Technisierung unserer Lebensverhältnisse die Handlungsmöglichkeiten ab. Deshalb ist explizit von technischen

Innovationen zu fordern, daß sie auch tatsächlich zur Mehrung des Wohlergehens der Menschen führen: sie sollen nicht den Profit steigern, sondern den Benefit der Menschen bewerkstelligen.

Die Zielorientierung, die F. Bacon der Entwicklung einer Maschinentechnik unterlegt hatte, das materielle Wohlergehen aller Menschen zu mehren, ist dem Perfektionismus der Maschinen, bzw. der Technologien gewichen. Und die Macht, die das Wissen über die Natur repräsentiert, ist längst durch die ökonomischen und politischen Instanzen in Dienst genommen worden. Der Perfektionismus der Technologie fungiert als Erweis der Macht der Technologen und Technokraten in Staat und Wirtschaft. Die Macht über die Natur, die erstrebt wurde, um den Benefit der Menschheit zu steigern, ist ein Mittel geworden, Macht über die Menschen auszuüben. Und je mächtiger ein Staat oder ein Konzern ist, desto größer müssen die Formen seines Imponierens werden. Der Gigantismus in den modernen Technologien und Industrien, der sich auch in Formen der sogenannten »sanften Energien« antreffen läßt (siehe Growian), scheint zuallererst aus dem Imponierwert zu stammen, den die Machthaber mit der Technikentwicklung verbinden, während der humane Benefit eher dezentrale und handhabbare Größenordnungen verlangt.

Perfektionismus und Gigantismus suchen den Tatbestand der Endlichkeit des Menschen zu verdrängen – und beseitigen damit die Zielorientierung auf den Benefit, die nur sinnvoll vertreten werden kann unter der Anerkennung der Bedürftigkeit der Menschen! Der Benefit ist zu steigern, um die Notdurft endlicher Subjekte zu lindern, mit der perfektionistischen Verdrängung der Bedürftigkeit wird kein realer Bedarf befriedigt.

Es ist eine zentrale These der »Dialektik der Aufklärung«, daß das Streben nach Herrschaft über die Natur zwangsläufig zur Herrschaft des Menschen über den Menschen führe. Diese Zwangsläufigkeit muß bestritten werden. Solange allerdings das Streben nach Profit und die perfektionistische Steigerung der Mittel als Selbstzwecke die Technikentwicklung steuern, stellt sich dieser Gang als zwangsläufig dar. Erst in konsequenter Umorientierung auf die Mehrung des Benefits kann sich eine Nutzungspraxis der

Natur etablieren, die nicht zur Unterjochung des Menschen durch den Menschen gerät; denn die Mehrung des Benefits muß auf die Steigerung der langfristig haltbaren und global verbreitbaren Möglichkeiten eines guten Lebens gehen.

Wir sind auf die Nutzung der Natur angewiesen, weil wir uns nur so als Organismen im Dasein erhalten können. Wir müssen die technische Kultivierung der Natur den Grundgegebenheiten der Endlichkeit besser anpassen und dürfen keinesfalls auf das Wachstum falscher Formen der Technisierung setzen. Die Anerkennung der Endlichkeit muß neben der prinzipiellen Bedürftigkeit des Menschen auch die uns durch die äußere Natur vorgegebenen Grenzen des Wachstums einschließen.

Helfen kann nur, wer Güter erwirtschaftet, so daß rentables Wirtschaften zur Pflicht wird. Aber das Wachstum der Wirtschaft kann und darf kein Selbstzweck sein. Denn wir sind nur dann berechtigt, die Güter der Natur auf die Befriedigung unserer Zwecke zu beziehen, wenn wir Zwecke verfolgen, die »über alle Natur hinausweisen«: sie müssen auf die Versittlichung und die Moralität des Menschen bezogen sein (dazu s. Kap. 6).

4. KAPITEL

Kritik

Naturalismus und Verantwortung für die Natur

4.1 Die Empfehlungen der Physiozentrik

Die derzeit von den Industrienationen geübte Praxis der technischen Nutzung der Natur hat vielfältige Kritik provoziert. Die Vorschläge zur Abwendung der Gefahr sehen vor, daß Naturwesen Träger von Eigenrechten seien, daß wir die Natur nicht als Mittel auf menschliche Zwecke beziehen dürften, sondern als Selbstzwecke anzuerkennen hätten. Verantwortung gebiete uns, nicht nur unsere Mitmenschen mit Respekt zu behandeln, sondern die Naturwesen um ihrer selbst willen in unsere Fürsorge einzubeziehen. Hans Jonas hat diese Auffassung in einer eindrucksvollen Reihe von Schriften vertreten, für die er im Jahr 1987 den Friedenspreis des Deutschen Buchhandels erhalten hat.[1]

Hans Jonas kommt das Verdienst zu, die Problemorientierung der Philosophie auf die ökologische Krise ausgerichtet zu haben mit einem Nachdruck, der an Radikalität dem Einsatz von Günther Anders zur Beachtung der atomaren Gefahr durch die Hochrüstung nicht nachsteht. Das in der Philosophie von Ernst Bloch vertretene »Prinzip Hoffnung«, das als docta spes auf die Suche und Verwirklichung des Guten, die Erlangung des Glücks, gerichtet ist, macht hier einer »Heuristik der Furcht« Platz; denn die Vermeidung des Untergangs müsse vorrangiges Ziel unseres Planens und Handelns sein. Bloch, Anders und Jonas greifen in ihrem Denken jeweils auf ein Letztes der menschlichen Geschichte, auf »Endzeit und Zeitenende«[2] aus. Ihre apokalyptische Rede

1 *Das Prinzip Verantwortung: Versuch einer Ethik für die technologische Zivilisation*, Frankfurt/M. 1979, und die Abhandlungen in: *Technik, Medizin und Ethik: Praxis des Prinzips Verantwortung*, Frankfurt/M. 1985.

2 So der Titel des zuerst 1972 erschienenen Buches von G. Anders über

ist von beschwörender Eindringlichkeit wie die der Propheten des Alten Testaments. Es wäre fatal, wenn auch ihre Rufe ungehört und unbeachtet »in der Wüste« verhallen würden. Ob allerdings die Preisverleihungen als Teil eines Hörens und Beachtens anzusehen sind oder als Teil eines tauben Treibens, bleibt bis jetzt eine offene Frage. Denn wir sehen, wie wenig sich ändert, wenn sich überhaupt etwas ändert, in unserem Handeln, in unseren Einstellungen, in unserem Präferenzsystem. Eindrucksvoll ist allerdings schon jetzt die Änderung in den Anzeigenteilen unserer Presse! Die Preussag wirbt für ihre Atomstrompolitik mit grünen Wiesen, unter denen die pulsierenden Energieleitungen verschwunden sind, die Deutsche Chemische Industrie wirbt für ihre Überdüngung des Bodens und Verschmutzung des Grundwassers, indem sie in den Chor derer einstimmt, die die Abholzung des tropischen Regenwaldes anprangern ... Man hat den Eindruck, daß der einzige Effekt, der sich bis jetzt zeigt, das Überziehen der Tarnkappe bei den Verursachern ist – sie hören also und wissen, was sie tun – während ansonsten der Schlaf der Vernunft andauert.

Allerdings garantieren die Motive des Mahnens noch nicht die Haltbarkeit der Gründe und Argumente, mit denen wir angemahnt werden. Und so wichtig mir der philosophische Aufruf von Hans Jonas ist, so wenig haltbar scheinen mir die Argumente zu sein, die er zur Stützung seines Prinzips Verantwortung anführt. Sie verdienen Kritik. Diese Kritik, gerade weil sie sehr hart ausfällt, sollte nicht gedeutet werden als Schwächung seiner mahnenden Absicht, sondern ist ein Versuch philosophischen Hörens. Der von Jonas vertretene Anspruch auf eine Änderung unseres Verhaltens gegenüber der Natur soll in seinem Aufforderungscharakter gewinnen, indem der Ballast unhaltbarer Begründungen abgeworfen und der Blick aus seiner Fixierung auf eine Metaphysik der Natur gelöst und zur Humanität gelenkt wird. Damit wenden wir uns dem Für der Verantwortung zu.

die atomare Situation, das später unter dem Titel »Die atomare Drohung« verlegt wurde (München 1981 u.ö.).

4.2 Jonas' naturalistische Begründung einer »Verantwortung für die Natur an und für sich«

Hans Jonas hat argumentiert, daß wir für die Natur als solche und um ihrer selbst willen eine Verantwortung zu tragen hätten. Er hält es für geboten, die »physiozentrische Einstellung« zu übernehmen, da der »Anthropozentrismus« so offenkundig auf die Zerstörung der Natur und damit die Selbstzerstörung des menschlichen Lebens hinauslaufe.

Ich möchte nun verfolgen, wie Hans Jonas diesen Ansatz begründet. Ich übergehe dabei die Analyse der gegenwärtigen Situation, aus der heraus Jonas seine Motivation gewinnt. Sie zeigt sich in der oft beschriebenen ökologischen Krise, die ihrerseits in der immensen Macht begründet ist, die der Mensch durch die Technik erworben hat. Das Ausmaß dieser Macht hat die »Natur« des menschlichen Handelns fundamental geändert, so daß damit auch eine fundamental neue Ethik erforderlich ist. Jonas diagnostiziert ein »ethisches Vakuum« (PV 57f.), das durch die »Bewegung des modernen Wissens in Gestalt der Naturwissenschaft« erzeugt worden sei; diese Bewegung, die uns zu der technologischen Macht verholfen habe, hat, wie Jonas meint, »die Grundlagen fortgespült, von denen Normen abgeleitet werden konnten, und hat die bloße Idee von Norm als solcher zerstört«.[3]

Alle herkömmliche Ethik ist nach Jonas ungeeignet, den neu durch die Technik aufgetretenen Tatbestand zu fassen, und er macht vier Beschränkungen (PV 22f.) dafür verantwortlich:

(1) alle traditionelle Ethik hat das technische Handeln als ethisch neutral betrachtet (ausgenommen die Medizin);

3 Diese Auffassung teile ich nicht. Jene normativen Derivate eines Naturdenkens, die neuzeitlicher Naturwissenschaft und Erkenntniskritik zum Opfer fielen, sollten wir nicht beklagen, denn es waren grundlose Behauptungen (vgl. unten Kap. 5.1). – Ein ethisches Vakuum kann ich aber auch nicht anerkennen; denn es läßt sich auf der Grundlage existierender Ethiksysteme, z. B. des Kantischen, eine ganze Menge gegen die jetzt praktizierten Vorgehensweisen gegenüber der Natur sagen (vgl. unten Kap. 6.2), ganz zu schweigen davon, daß vielfach das existierende Recht gebrochen wird, bzw. behördliche Auflagen von den Betreibern der Anlagen mißachtet werden.

(2) alle traditionelle Ethik war anthropozentrisch ausgerichtet; d.h. moralisches Handeln war auf zwischenmenschliches Handeln beschränkt;
(3) alle Ethik ging davon aus, daß das »Menschenwesen« konstant und nicht selbst ein Gegenstand technischen Handelns sei;[4]
(4) alle Ethik beschränkte sich auf ein »Hier und Jetzt«, war auf den Nahkreis des Handelns eingestellt.
Durch die mit dem technischen Handeln erzeugte Situation sind lt. Jonas gegenüber diesen Einschränkungen völlig neue Dimensionen der Verantwortung (PV 26-30) aufgetaucht:
(1) Natur, deren Verletzlichkeit unter den Einwirkungen des Menschen offenkundig geworden ist, muß Gegenstand menschlicher Verantwortung werden, da sie unserer Macht ausgeliefert ist.
(2) Verantwortliches Handeln im Umfeld der Technik erfordert ein Wissen, das den Auswirkungen unseres Handelns in ferner Zukunft kongruieren müßte, was jedoch unmöglich ist. »Die Kluft zwischen Kraft des Vorherwissens und Macht des Tuns erzeugt ein ethisches Problem.«[5]
(3) Es scheint Jonas sinnvoll, so etwas wie ein »sittliches Eigenrecht der Natur« anzunehmen, nach dem die Natur selbst einen »moralischen Anspruch an uns hat«. Damit wäre die Aufgabe verbunden, die Ethik in der Metaphysik zu fundieren.
Der dritte Punkt ist begründungstheoretisch offensichtlich der heikelste; denn damit setzt sich Jonas in Widerspruch zur Haupt-

4 Diese These ist überraschend, da doch Jonas mit den philosophischen Staatsutopien vertraut ist, in denen (vgl. Platon und insbes. Campanella) der Staatslenker zur Praxis der Eugenik verpflichtet ist, wenn er seine Aufgabe, das Gute zu verwirklichen, nicht vernachlässigen will. – J. Passmore hat gezeigt, wie die Idee der Vervollkommnung des Menschen uns seit ca. 3000 Jahren beschäftigt hat. Vgl. sein The Perfectibility of Men (dtsch. Der vollkommene Mensch).

5 G. Anders hat die Diskrepanz zwischen dem, was wir technisch herstellen und anstellen können, und dem, was wir hinsichtlich der damit verbundenen Folgen vorstellen können, ausführlicher analysiert und in seiner Wendung vom »prometheischen Gefälle« gefaßt. Vgl. Die Antiquiertheit des Menschen, München 1956, S. 267ff.

linie des neuzeitlichen Denkens. Jonas stellt sich damit unter die Verpflichtung, die Unterscheidung von Sein und Sollen, von Tatsachen und Werten neu zu fassen. Dem Zweckbegriff fällt dabei eine Schlüsselrolle zu. Daß der Zweckbegriff seinen primären Ort im Handlungszusammenhang absichtsvoll Ziele verfolgender Subjekte hat, ist auch für Jonas Ausgangspunkt der Begriffsbestimmung. Zweck ist zunächst das Umwillen absichtsvollen Hervorbringens bzw. Handelns.

Damit hält Jonas, wenn man so will, an einem anthropozentrischen Ansatz fest, ja, verstärkt ihn; denn es gilt für Jonas der kategorische Imperativ, »daß eine Menschheit sei.« (PV 90ff.)

Der hypothetischen Pflicht gegenwärtiger Generationen, für die kommenden – falls es sie gibt – Sorge zu tragen, so daß für sie vertretbare Bedingungen menschenwürdigen Lebens erhalten bleiben, wird die Pflicht zum Dasein vorgeordnet, die zwar keine individuelle, aber doch kollektive Pflicht ist.[6]

Dieser für Jonas einzige Fall von kategorischem Imperativ, der also unbedingt gebietet, daß es Menschen geben soll, wird ontologisch-metaphysisch begründet. Ontologisch-metaphysisch, weil Jonas, von einem bestimmten Seinsverständnis ausgehend, das Verhältnis von Sein und Sollen neu bestimmt.

Erst in diesem Rückgang auf die metaphysische Neubestimmung des Begriffs von Sein, aus dem ein Sollen folgt, wird für Jonas auch jene Befreiung vom *Anthropozentrismus* möglich, der so kennzeichnend für die »hellenistisch-jüdisch-christliche Ethik des Abendlandes« ist. (PV 95)

Diese Argumentation von Jonas läuft in gedrängter Form etwa so: Das Verfolgen von Zwecken ist Grundzug des Seins in einem objektiven Sinn, nicht also nur im Sinne einer Als-ob-Betrachtung, wie sie gemäß der Kantischen Kritik allein übriggeblieben war. Die Organismen zeigen eine Zweckorientierung auf die eigene Daseinserhaltung, sind mithin als Selbstzwecke anzusehen. (PV 157) Das was als Selbstzweck erstrebt wird, wird aber traditionell als ein Wert gefaßt. Letztlich also ein Gutes oder das Gute. Das organische Leben dokumentiert also, daß Natur selbst

6 Vgl. dagegen G. Patzig, Ökologische Ethik – innerhalb der Grenzen bloßer Vernunft, Göttingen 1983, S. 16f.

»Werte hegt, da sie Zwecke hegt«. (PV 150) Damit ist zwar noch nicht entschieden, daß der Mensch die der Natur zugehörigen Werte übernehmen muß, aber Jonas kann mit Recht sagen, daß über seinen Nachweis der Immanenz der Werte in der Natur (im Sein) für die neue Ethik der entscheidende Schritt geleistet sei (aaO). Letztlich wird seine Argumentation erst schlüssig durch seine *Kontinuitätsthese*: was immer infolge natürlicher Entwicklung in Erscheinung tritt, kann der Natur nicht fremd sein, muß in ihr als Möglichkeit bereit liegen.

»Da die Subjektivität wirkmächtigen Zweck zeigt, ja ganz und gar daraus lebt, muß das stumme Innere, das durch sie erst zu Wort kommt, der Stoff also, in nichtsubjektiver Form schon Zweck, oder ein Analogon davon, in sich bergen«. (PV 139)

Diese allgemeine Verfassung der Natur wird besonders manifestiert an der Entstehung des Lebens und am Leben selbst: »Nach dem Zeugnis des Lebens ... sagen wir also, daß Zweck überhaupt in der Natur beheimatet ist. Und noch etwas mehr und inhaltliches können wir sagen: daß mit der Hervorbringung des Lebens die Natur wenigstens *einen* bestimmten Zweck kundgibt, eben das Leben selbst«. (PV 142)

Es ist diese metaphysische These über das sog. Innere der Natur, das in all den mannigfaltigen Formen nur zur Deutlichkeit geführt wird, die Basis der Verknüpfung von Sein und Sollen und die ontologische Grundlage des unbedingten Imperativs zum Sein. Obwohl ich glaube, daß Jonas den Vorwurf der unhaltbaren Verknüpfung von Sein und Sollen kaum wird widerlegen können, will ich diesen Punkt hier nicht verfolgen, sondern den Grundzügen seiner Verantwortungsethik nachgehen.

In der Verantwortung müssen wir trennen zwischen der Zurechnung von eingetretenen Handlungsfolgen, einer Beziehung ex post also, und der vorausblickenden Festlegung dessen, was zu tun sei. Für die neue Ethik gefragt ist die zweite Fassung: die Zukunftsverantwortung. Bedingung der Verantwortung überhaupt ist die Macht, Dinge verursachen zu können; genauer ein Wissen um die Macht der Kausalität; die Dinge sind nicht aus sich, sondern angewiesen auf ein Erzeugendes und Erhaltendes.

»Das Heischen der Sache einerseits, in der Unverbürgtheit ihrer Existenz, und das Gewissen der Macht andererseits, in der Schuldigkeit ihrer Kausalität, vereinigen sich im bejahenden Verantwortungsgefühl des aktiven, immer schon in das Sein der Dinge übergreifenden Selbst«. (PV 175)

Offensichtlich hat Jonas als primären Fall der Verantwortung die vom Menschen für den Menschen vor Augen,[7] denn das Moment der Bedürftigkeit ist hier unbestreitbar. Die Verantwortlichkeit des Staatsmannes für die Bürger und die der Eltern für die Kinder, erstere als Urtyp der vertraglichen, die zweite als Urtyp der natürlichen Verantwortung, sind die paradigmatischen Fälle, an denen Jonas seine Verantwortungsethik entwickelt. Auch wenn Verantwortung primär Verantwortung des Menschen für den Menschen meint, so ist Verantwortung doch keine symmetrische Relation. Archetyp jeder Verantwortungsrelation sowohl im zeitlichen wie im systematischen Sinn ist für Jonas die elterliche Verantwortung für das Kind. (PV 234) Das Neugeborene ist, wie er sagt, das »ontische *Paradigma*, in dem das schlichte, faktische ›ist‹ evident mit einem ›soll‹ zusammenfällt«. (PV 235) »Der Säugling vereinigt in sich die selbstbeglaubigende Gewalt des Schondaseins und die heischende Ohnmacht des Nochnichtseins, den unbedingten Selbstzweck jedes Lebendigen und das Erstwerdenmüssen des dazugehörigen Vermögens, ihm zu entsprechen«. (PV 240)

Hier handelt es sich also um eine genuine Zukunftsverantwortung, bei der kein reziprokes Verhältnis von Pflichten und Rechten besteht. Das macht das Verantwortungsverhältnis der Eltern gegenüber ihren Kindern für Jonas zum ausgezeichneten Paradigma. – Aber es findet sich ein zweites Motiv: Jonas betont immer wieder, daß es nicht genüge, der Vernunft klarzumachen, welche Handlung jetzt gemäß dem Verantwortungsprinzip gefordert sei; sondern damit der Forderung der Vernunft entsprochen werde, müsse »unsere emotionale Seite ins Spiel kommen«. (PV 162) Ohne ein antwortendes Gefühl wäre der Vernunftanspruch machtlos, vermöchte uns nicht zu motivieren.

Im Falle der elterlichen Pflicht für die Kinder ist dieses Empfinden

7 »Das Urbild aller Verantwortung ist die von Menschen für Menschen. Dieser Primat der Subjekt-Objekt-Verwandtschaft im Verantwortungsverhältnis liegt unwidersprechlich in der Natur der Sache«. (PV 184).

überdeutlich, so deutlich, daß wir hier das Sittengesetz gar nicht bemühen müssen, meint Jonas; denn hier folgen wir dem Brut- und Pflegetrieb, der »uns (oder wenigstens dem gebärenden Teil der Menschheit) von der Natur mächtig eingepflanzt ist«. (PV 85; ebenso S. 171) Nicht von ungefähr spricht Jonas in diesem Zusammenhang nicht von Handeln, sondern von Verhalten: »Es ist dies die einzige von der *Natur* gelieferte Klasse völlig selbstlosen Verhaltens«. Deshalb auch erübrige sich in diesem Fall die Deduktion der elterlichen Pflicht aus einem Moralprinzip.

Aber damit wird die ambivalente Bestimmung von Verantwortung durch Jonas offensichtlich, die in seinem naturalistischen Denken ihre Wurzel hat: einerseits denkt er über Verantwortung im Sinne einer *Pflicht, der wir in unserem Handeln zu folgen haben, und setzt damit die Autonomie des Menschen voraus*; andererseits versteht er sie als *ein Produkt der Natur*, als einen unser *Verhalten regulierenden, uns eingepflanzten Trieb*, wobei überdies die zweite Bestimmung die Grundlage abgeben soll. Die Sorge um den Nachwuchs ist »der elementarmenschliche Urtyp des Zusammenfalls von objektiver Verantwortlichkeit und subjektivem Verantwortungsgefühl ..., durch den uns die Natur für alle, vom Trieb nicht so gesicherten Arten der Verantwortlichkeit vorerzogen und unser Gefühl dafür vorbereitet hat«. (PV 171) M.a.W. Mutterliebe sollte unser Verhalten zu den Naturwesen bestimmen. Das ist aber kein Aufweis einer philosophischen Grundlage, sondern eine These über das Zustandekommen menschlicher Geneigtheit zu selbstlosem Handeln, die in der empirischen Psychologie oder in der Evolutionstheorie zu verhandeln wäre. Sollte sie stimmen, muß man sich allerdings fragen, warum es bei einer solchen Haltung überhaupt zu einem destruktiven Handeln gegenüber der Natur (und erst recht gegenüber unseren Mitmenschen – ganz zu schweigen von Kindesmißhandlungen) kommen kann.

Das Dilemma, in dem Jonas steht, ist offensichtlich: um der Verantwortung einen emotionalen Schub zu verschaffen, und um sie sich auf den Gegenstand »um seiner selbst willen« erstrecken zu lassen, versteht er sie als einen Naturtrieb zu selbstlosem Verhalten, als einen natürlichen Altruismus. Denkt er sie aber als Naturtrieb, dann ist das eigentliche Problem überhaupt nicht mehr zu sehen, das eine *Ethik der Verantwortung* nötig machte: ein sich gegen die Natur wendendes Handeln des Menschen, das er unterlassen oder ändern *soll*. Jonas will bruchlos die menschliche Ethik mit einer teleologisch gedachten Natur vermitteln, was jedoch die sich gegen die Natur wendende Subjektivität zu einer Undenkbarkeit macht. Jonas sieht sehr klar, daß durch die potentielle Selbstzerstörung des Menschen »jede aristotelische Vorstellung von der sich selbst dienenden und zum Ganzen integrierenden Teleologie der Gesamtnatur (Physis) ... widerlegt« ist. (PV 247) Warum dann nicht auch seine eigene Position? Ist sie nicht in einem strikten Sinn eine Variante der aristotelischen Naturteleologie, die Jonas an Kant vorbei will neu erstehen lassen?

Wenn Jonas die elterliche Sorge für das Kind zum Grundtypus einer Verantwortungsethik macht, die zugleich die Ethik für eine technisierte Welt sein soll, so muß das wundernehmen. Viel eher sollte man erwarten, daß eine Moralbegründung, die auf kleine überschaubare Bezugsgruppen geht, von diesem Paradigma ihren Ausgangspunkt nehmen könnte. – Zwar schließt auch bei Jonas die Sorge für die Zukunft der Menschheit die Sorge um die Zukunft der Natur als eine conditio sine qua non ein. Aber seine Pointe, durch die er sich vor allem für die folgende Kritik exponiert hat, geht dahin, daß auch unabhängig davon eine »metaphysische Verantwortung an und für sich« für die Natur besteht. D.h., selbst wenn der Mensch unter vollkommen künstlichen Bedingungen zu leben vermöchte und das als sein Glück betrachten würde, so »hätte doch die in langem Schöpfertum der Natur hervorgebrachte und jetzt uns ausgelieferte Lebensfülle der Erde um ihrer selbst willen Anspruch auf unsere Hut«. (PV 245)

In diesem Kernsatz einer Verantwortung für die Natur als solche, unabhängig also von einer Konvergenz mit menschlichem Eigeninteresse und Pflichten gegen kommende Generationen, gibt es zwei Angelpunkte, die jedoch beide problematisch sind:

1. Der Anspruch auf Hut, auf Erhaltung anstatt auf Vervollkommnung ruht in dem langen und besonderen Schöpfertum der Natur. Dieser Gedanke, daß es etwas Einmaliges, Kostbares zu erhalten gelte, ist sicher ein Grundgedanke des Artenschutzes. Es wird eine Unverhältnismäßigkeit aufgezeigt zwischen den Jahr-

millionen, die die Evolution für die Bildung der Arten »benötigte«, und der Leichtfertigkeit, durch die sie der menschlichen Zivilisation zum Opfer fallen. Dies ist sicher ein beherzigenswerter Gesichtspunkt.

Jedoch als Argument wird er weniger und weniger wert, in dem Maße, wie sich die Bioingenieure anbieten, durch Genmanipulationen alle möglichen Arten von Lebewesen erzeugen zu können; auch wem die Vorstellung vom allmächtigen Bioingenieur eine Horrorvorstellung ist, wird zubilligen müssen, daß das Argument von der unersetzlichen Einmaligkeit der natürlichen Arten seine Kraft verloren hätte.

Und welche Verbindlichkeit kann der Gedanke, eine Art sei um der Natur selbst willen zu erhalten, überhaupt annehmen, wenn die Natur selbst durch ihre Geschichte hindurch ebenso verschwenderisch mit dem Erzeugen wie mit dem Zerstören ihrer Formen verfahren ist? Ein mehr als Hundertfaches gegenüber den heute lebenden Arten ist durch die natürliche Konkurrenz ausgerottet worden bzw. ausgestorben, ehe der Mensch überhaupt auf den Plan trat. Das soll nicht entschuldigen, daß wir fahrlässig Tier- und Pflanzenarten ausrotten, es soll nur zeigen, daß »die Natur« keineswegs Verantwortung für das Dasein der Naturwesen trägt, und wenn wir sie übernehmen sollen, dann müssen wir gerade den in der Natur obwaltenden Kampf ums Dasein übersteigen. Mephistos Satz: »Denn alles, was entsteht, ist wert, daß es zugrunde geht; drum besser wär's, daß nichts entstünde«[8] ist ein Zynismus, den wir nicht übernehmen müssen. Aber warum soll schon etwas gut sein, nur deshalb weil es ist? Es gibt doch leider so viel Entsetzliches! – Schwerer wiegt jedoch der zweite Punkt.

2. Der Mensch sei für die Natur um ihrer selbst willen verantwortlich, weil und sofern sie der menschlichen Macht ausgeliefert sei.

Für die Naturwesen decken sich jedoch das der menschlichen Macht ausgeliefert Sein und durch sie verursacht zu sein keineswegs. Die Verantwortung setzt zwar Macht voraus, entspringt jedoch nicht aus ihr, sondern wie Jonas sagt: »Verantwortung im

8 Goethe, Faust, I., Studierzimmer (1339-41)

ursprünglichsten und massivsten Sinne folgt aus der Urheberschaft des Seins«. (PV 241)
Die Verantwortung kann sich bei diesem Ansatz also überhaupt nicht auf die Naturwesen um ihrer selbst willen erstrecken, da wir keinerlei Urheberschaft für sie tragen. Sie kann nur und muß sich erstrecken auf die Faktoren und Umstände, die wir selbst durch unser Handeln in der Natur induzieren. Gesetzt also, daß wir den Lebensraum und die Daseinsbedingungen einer Tierart durch unsere Aktionen einschränken und damit ihre Existenz bedrohen, und wir aufgrund anderer Überlegungen sie als erhaltenswert anerkannt haben, so trifft uns volle Verantwortung für diese Umstände, und unsere *Zukunftsverantwortung* würde uns nötigen, den Schaden fernzuhalten.

Gesetzt jedoch, rein natürliche Klimaschwankungen oder andere Veränderungen würden eine Tierart in einem entfernten Winkel unseres Globus mit dem Aussterben bedrohen; dann könnte den Menschen keine Verantwortung treffen, selbst wenn ihm die Macht gegeben wäre, ein Aussterben zu verhindern, z.B. durch Umsiedlung der Art. Es könnte m.E. immer noch viel dafür sprechen, so zu handeln, allerdings kann auf der Grundlage von Jonas sicher keine Verantwortungsethik dem Menschen gebieten, so zu handeln, obwohl Jonas genau das sagt.

Um diesen Gedanken zusammenzufassen: Alle Bedingungen, die Jonas als Voraussetzung für Verantwortung angibt, also urheberschaftliche oder vertragliche Verpflichtung einerseits und Macht andererseits, verweisen zwar auf die Verantwortlichkeit als Grundlage einer Ethik der Zukunft – richten sich aber keinesfalls auf die Natur als solche. Die Bedingungen politischer und elterlicher Verantwortung sind zwar erweiterungsfähig. Aber die Verantwortung erstreckt sich nicht über den kollektiven Nexus potentieller Verantwortungsträger hinaus auf Naturwesen um ihrer selbst willen. Im Fall des politischen Paradigmas nicht, weil mit Naturwesen als solchen kein Vertrag besteht.[9] Im Fall des elterlichen Paradigmas nicht, weil keine urheberschaftliche Beziehung besteht.

9 Der Gedanke eines Vertrages mit der Natur analog zum Gesellschaftsvertrag, wie ihn Rousseau konzipierte, ist jüngst von Michel Serres ins Spiel gebracht worden (Le contrat naturel).

4.3 Der Naturalismus als Strategie

Die Begründung, die Jonas für die Physiozentrik liefert, ist nicht triftig. Die Ethik in der Metaphysik – das Sollen im Sein – zu verankern mißlingt ihm. Unter den Prämissen, von denen Jonas ausgeht, befinden sich keineswegs nur Feststellungen über das, was es in der Natur gibt, sondern Wertsetzungen, die einem bestimmten Menschenbild entstammen. Das wird an seiner Darlegung des kategorischen Imperativs, daß eine Menschheit sei, deutlich. Schon die Herkunft der imperativischen Rede ist ein ungelöstes Problem; denn die Natur kennt keine Imperative, sondern Naturgesetze. Aber das mag ein Zugeständnis an die menschliche Redeweise sein.

Jonas führt eine Art ontologischen Beweis, daß es Menschen geben müsse, so wie Anselm von Canterbury und Descartes geschlossen hatten, daß es Gott geben müsse. Nach diesem Beweisverfahren wird »aus der Idee von Gott«, die wir haben, gefolgert, daß das Dasein notwendigerweise zu den Merkmalen gehört, die wir mit der Idee Gottes als eines vollkommenen Wesens verbinden, mithin müsse Gott existieren.

Auch Jonas führt den Beweis, daß eine Menschheit sei, »aus der Idee vom Menschen«. (PV 91) Diese Idee des Menschen ist aber eine ganz besondere. Sie wird nicht verstanden als die einheitliche Angabe einer Klasse von (definierenden) Merkmalen (z.B. vernunftbegabt zu sein, einen Leib zu haben etc.); sondern Jonas sagt von der Idee des Menschen, sie sei von solcher Art, »daß sie die Anwesenheit ihrer Verkörperung in der Welt fordert«. (PV 91) Diese Idee verbürgt nicht per se durch den Begriff die Existenz, wie das im ontologischen Gottesbeweis geschlossen worden war, aber sie »sagt, daß eine solche Anwesenheit sein *soll*, also gehütet werden soll, sie also uns, die wir sie gefährden können, zur Pflicht macht«. (ebenda)

Aber offensichtlich ist diese Idee des Menschen, die ihr eigenes Dasein als ein gesolltes impliziert, nicht aus einer physiozentrischen oder rein die Natur beschreibenden Einstellung gewonnen noch zu gewinnen; sie läßt sich überhaupt nicht in einer Sprache, die sich nur deskriptiver Ausdrücke bedient, formulieren. Die hier zugrunde gelegte Idee des Menschen ist entwickelt aus dem

Selbstverständnis des Menschen derart, daß er (im Unterschied zu den Naturwesen) Verpflichtungen eingehen und ein Sollen übernehmen kann. Diese im Sollen, und damit in der Autonomie des Menschen, verankerte Idee des Menschen bildet die Basis der »Physiozentrik« und der Metaphysik bei Jonas. Die Zuwendung zu den Dingen der Natur »um ihrer selbst willen« ist nur vordergründig; denn sie ist fundiert durch die »Idee des Menschen«, der für sein eigenes Dasein Sorge tragen soll, der seine eigene Existenz nicht dadurch gefährden darf, daß er ruinösen Umgang mit der Natur pflegt. So scheint mir die Anthropozentrik, die Jonas doch verwerfen wollte, im Hintergrund seiner Position präsent zu bleiben. Der Physiozentrik fällt keine fundierende, sondern eine strategische Rolle zu: sie wird empfohlen als eine vermutlich brauchbarere als die anthropozentrische Einstellung, *wenn es um die Sicherung des Überlebens der Menschheit geht.*[10] Jonas traut dem autonomen Subjekt nicht die Fähigkeit der Selbstbeschränkung zu, und möchte deshalb den Menschen auf eine normative Instanz verpflichten, die ihm unabhängig vorgegeben ist. Das kommt auch in seiner Auffassung zum Ausdruck, daß letztlich nur eine theologische Begründung des Verantwortungsprinzips den schonenden Umgang mit den Gütern der Natur gewährleisten könne. Im gegenwärtigen Kontext übernimmt »Die Natur« diese vom Subjekt unabhängige nötigende Funktion. Entgegen den erklärten *Begründungsabsichten* von Jonas läßt sich die Physiozentrik, die These vom Selbstsein der Natur, nur diskutieren als eine *Motivationsgrundlage* zur Schonung der Natur, zur Weckung und Stärkung des moralischen Empfindens, Naturwesen und nicht nur leidende Menschen verdienten unsere Fürsorge.

Jonas' Idee einer Verantwortungsethik für die Zukunft ist also entgegen seiner eigenen Intention keine Basis für die Etablierung eines Eigenrechts der Naturwesen als solcher. Der Versuch, eine physiozentrische Ethikbegründung zu liefern, muß als geschei-

10 Genauso motiviert auch K. M. Meyer-Abich seine Zurückweisung der anthropozentrischen Position: »Die Anthropozentrik kann den Menschen nicht schützen« (sic!); er meint sogar, sie sei nur Vorwand dafür, die Natur nicht zu schützen. Wege zum Frieden mit der Natur, aaO, S. 47.

tert betrachtet werden. Jonas' Ethik, wie er sie entwickelt, bleibt im Bannkreis anthropozentrischer Betrachtung, sowohl durch Wahl und Beschränkung der Paradigmen wie durch die qualifizierende Bedingung der Macht wie auch durch den Primat des Sollens, der in der Idee des Menschen zum Ausdruck kommt. Deshalb werde ich im folgenden mich konsequent an der Anthropozentrik der traditionellen Ethik orientieren, in der so etwas wie Verantwortung für die Natur im Rahmen der Pflichten, die wir für Menschen haben, eingeschlossen die für uns selbst und für kommende Generationen, abzuhandeln ist. Verantwortung für die Natur kann nur auftauchen als Teilbereich einer Verantwortung des Menschen für den Menschen.

4.4 Kritik der Physiozentrik

Da die von Jonas eingeschlagene Linie auch von anderen Autoren vertreten wird, ich will hier nur auf R. Spaemann[11] und K.M. Meyer-Abich[12] verweisen, möchte ich jetzt diese Position in einer etwas verallgemeinerten Form diskutieren. D.h., ohne auf die Varianten im einzelnen einzugehen, möchte ich versuchen, eine allgemeinere Kennzeichnung dieser Richtung zu geben und entsprechend auch die Kritik zu verallgemeinern.
Die physiozentrische Position[13] läuft im Kern auf folgende Empfehlung hinaus: Wir müßten endlich Eigenrechte der Naturwesen als solcher anerkennen auf der Grundlage eines Selbstseins der Natur. Die destruktiven Effekte unserer technischen Ausnutzung von Naturkräften resultierten nämlich aus der angemaßten Son-

11 R. Spaemann, Technische Eingriffe in die Natur als Problem der politischen Ethik, in: D. Birnbacher (ed.), Ökologie und Ethik, Stuttgart 1980, S. 180-206.

12 K.M. Meyer-Abich, Wege zum Frieden mit der Natur, München 1984.

13 Ich unterscheide hier auch nicht zwischen der »biozentrischen« (P.W. Taylor), der »pathozentrischen« (A. Schweitzer), der »kosmozentrischen« (K.M. Meyer-Abich) Position, weil im gegenwärtigen Zusammenhang allein das ihnen gemeinsame Abrücken von der Anthropozentrik zur Diskussion steht.

derstellung des Menschen gegenüber der Natur, derzufolge er alles als Mittel zur Erreichung eigener Zwecke betrachte. Eine Rettung aus der in den Abgrund treibenden Entwicklung sei nur zu erwarten, wenn diese Sonderstellung aufgegeben werde zugunsten eines Naturkonzepts, in dem der Mensch als Teil einer in sich zweckmäßig eingerichteten und selbst Zwecke verfolgenden Natur erscheine. Dem anthropozentrisch aggressiven Subjekt wird der Mensch als eingelassen in die Natur, als befriedet mit der Natur gegenübergestellt.

Ich möchte in dieser Empfehlung zunächst zwei Bestandteile unterscheiden:

1. Die Empfehlung: einen normativen Naturbegriff zu adoptieren und

2. eine teleologisch gedachte Natur – d.h. den aristotelisch-platonischen Naturbegriff als diesen normativen Begriff zu adoptieren.

Der erste Bestandteil zieht, wie ich meine, den Vorwurf des Naturalismus auf sich, der zweite den Vorwurf des Anachronismus. Ich möchte das im folgenden erläutern.

1. Unter Naturalismus verstehe ich hier die Position, nach der es möglich sein soll, aus deskriptiven Sätzen (Sätzen, die Sachverhalte der Natur beschreiben) präskriptive Sätze (Sätze, die ethische Normen beschreiben) abzuleiten, nach der aus einem Sein auf ein Sollen geschlossen wird.[14] Diese Position ist durch Hume,

14 Unter »Naturalismus« werden öfter auch erweiterte Positionen gefaßt. (1) Ein ontologischer Monismus, der durch die These zu charakterisieren ist, es gebe nur »natürliche Entitäten«, eine Position, die dem Materialismus nahe steht, aber doch nicht mit ihm identifiziert werden darf. (2) Ein methodologischer Monismus, der verlangt, daß alle Erklärungen vom Typus der naturwissenschaftlichen Erklärungen sein müssen – eine Position, die dem Physikalismus nahe steht, aber doch nicht mit ihm identifiziert werden darf. (3) Ein ethischer Naturalismus, der behauptet, der spezifische Status ethischer Normen bestünde in ihrem Wert für das Überleben der Gemeinschaften, die solche Normen haben – eine sozialdarwinistische Version. Diesen ist die monistische Tendenz gemeinsam. – Der ethische Naturalismus, den ich kritisiere, ist enger gefaßt: Normen des menschlichen Handelns (Ethik) sollen deduziert werden aus einem Begriff der Natur. Er anerkennt den Unterschied zwischen Verhalten und Handeln, sucht

G.E. Moore und viele andere einer formalen Kritik (»naturalistischer Fehlschluß«) unterworfen worden, die mir triftig zu sein scheint,[15] und die ich nur skizzenhaft entwickeln kann. Alles hängt dabei an dem zugrundegelegten Begriff der Natur.

Denn ein »naturalistischer« Fehlschluß kann denen nicht vorgeworfen werden, die unter den in ihren Prämissen verwendeten Prädikaten bereits »Wertprädikate« benutzen. Sie mögen immer noch andere Fehlschlüsse begehen, aber es ist im Prinzip möglich, korrekt normative Schlußfolgerungen aus einer Prämissenklasse, in der ein Wertprädikat vorkommt, zu gewinnen. Nun geben aber die Physiozentristen zu, einen *normativen Naturbegriff* zugrunde zu legen! Damit scheint es unangemessen, sie der naturalistischen Fehlschlußweise zu bezichtigen.

Wir bewegen uns aber im Umfeld der Frage nach dem richtigen Handeln (insbesondere dem Handeln hinsichtlich der Natur). Es wird beansprucht, mit dem physiozentrischen Standpunkt eine den herkömmlichen Ethiken überlegene Grundlage zu bieten für die Auszeichnung der Normen, die wir in unserem Handeln beachten sollen, wenn wir gut handeln wollen. »Die Natur« soll also als ein qualifizierender Gesichtspunkt ins Spiel gebracht werden, um gegenüber den offenbar falschen Normensystemen der Vergangenheit zu einer besseren Ethik zu kommen.

Wie aber soll uns dieses Prinzip »Natur« erkenntnismäßig erschlossen sein? Welcher epistemische Status wird für diese besondere NATUR-Erkenntnis reklamiert? Entweder wir erklären, daß dafür die uns schon vertrauten »naturwissenschaftlichen Erkenntnisweisen« zuständig sind. Da diese aber immer nur auf die Erfassung von »matters of fact« gerichtet sind, können sie keinen »normativen Naturbegriff« gewinnen – und damit würde der Vorwurf des naturalistischen Fehlschlusses unvermeidlich folgen. Oder aber wir erklären, daß in einer rein philosophischen Argumentation »Natur« als Prinzip der Ethikbegründung ausgewiesen werde, dann ist zu fragen, worin seine Besonderheit »als Natur« denn liegen soll? Nennen wir dann nicht einfach »Natur«

jedoch die Normen des letzteren im Rückgriff auf »die Natur« auszuweisen.

15 Vgl. bes. R.M. Hare, The Language of Morals, Oxford 1952, Kap. 5: »Naturalism«.

jene Prämissenklasse, die wir auf dem Wege der gängigen Normenprüfung als die beste, oder haltbarste, allgemein zustimmungsfähigste, gerechteste, brauchbarste u.dgl.m. auszeichnen können? Wenn es keinen gegenüber den traditionellen Ethikbegründungen privilegierten Zugang zum »Prinzip Natur« als Basis einer physiozentrischen Ethik gibt, dann haben wir nichts gewonnen, dann stehen wir auch mit physiozentrischen Intentionen auf dem Boden traditioneller Ethikbegründungen. Die verweisen aber allemal auf ein kulturell und geschichtlich geprägtes Menschenbild, in dem die Vernunft (die Autonomie) primordialen Rang hat.[16]

Neben dieser formalen Kritik an der naturalistischen Position möchte ich auf einen material-praktischen Aspekt verweisen: Jeder Naturalismus – gleichgültig hinsichtlich seiner Motivation – ist gegen die Wahrnehmung des Autonomiegedankens gerichtet. Denn was immer als ein Gesolltes zu verantworten wäre, soll zurückgeführt werden auf etwas, das »von Natur aus« zu erfolgen habe. Deshalb glaube ich, daß der Naturalismus, auch wenn er als eine Stärkung der moralischen Argumentationsbasis einer erhofften Änderung der menschlichen Praxis intendiert ist, letztlich dem Verantwortungsprinzip widerstreitet. Eine Ethik der Verantwortung auf einen Naturbegriff gründen zu wollen, scheint mir tendenziell selbstwidersprüchlich zu sein; denn der Naturalismus hat, wo immer er in der Vergangenheit bemüht wurde, als verantwortungsentlastend, wenn nicht gar als verantwortungseliminierend gewirkt.[17]

16 Das Naturrechtsdenken der Neuzeit bildet hier keine Ausnahme; denn das Naturrecht ist nicht das in der Natur vorkommende oder festgeschriebene Recht, sondern die Gruppe allgemeiner Menschenrechte, die wir vernünftigerweise nicht einem Menschen absprechen dürfen, ohne ihn zugleich als Person zu zerstören. Wir behaupten damit die Nichtverfügbarkeit dieser Rechte. Betrachtet man die Legitimationsbasis, dann ist das moderne Naturrecht also besser ein Vernunftrecht zu nennen. Der Name Naturrecht verliert seine alte Bedeutung in dem Moment, in dem man die Natur als etwas betrachtet, worüber wir durchaus verfügen können und dürfen.

17 Es mutet befremdlich an – um das mindeste zu sagen –, wie häufig in Verbindung mit der Abholzung des Amazonas-Waldes von Biotopen, vom Artenschutz, vom Klima etc. die Rede ist und wie wenig vom

2. Mit dem Anachronismus-Vorwurf, wenn er sachlich relevant sein soll, muß auf jeden Fall sich mehr verbinden als die Behauptung, daß in dieser Empfehlung auf einen früheren Naturbegriff zurückgegangen werde. Tatsächlich meine ich mit dem Anachronismus-Vorwurf insbesondere zwei Teilthesen:
(i) Der antike Naturbegriff, der als Remedium empfohlen wird, ist gerade nicht geeignet, die gegenwärtige und so fatale Situation der modernen Technologie überhaupt zu erfassen. Das Grunddatum, und das ist ja auch bei Jonas in das Zentrum gerückt worden, liegt in der immensen Macht der Technologie, die sich *gerade gegen* die Natur wendet. Die natürlichen Arten und ihre Zweckerfüllung werden zerstört oder unmöglich gemacht, und vor ihr wird die Natur als ein sinnvoller Zusammenhang geradezu aufgelöst. Gemäß der antiken Naturkonzeption jedoch ist ein solcher Vorgang überhaupt nicht denkbar. Denn was immer der Mensch als zwecktätiges Wesen hervorbringt, ist nichts anderes als die Fortsetzung natürlichen Zweckstrebens. Mithin können sich menschliche Zwecksetzungen zwar einzeln und zeitweilig, niemals aber generell gegen die Natur richten und wenden. Zwar unterscheidet Aristoteles zwischen naturgemäßen und naturwidrigen Bewegungsarten. Aber die gegen die »innere Natur« des schweren Körpers gerichtete Aufwärtsbewegung läßt gerade die Natur des Schweren intakt. Deshalb setzt sich die naturgemäße Bewegung am Ende auch immer durch, die Körper kommen an ihrem natürlichen Ort zur Ruhe. Natur gelangt immer an ihr Ziel. Demgegenüber ist aber gerade die Destruktivität von Technologiefolgen das brisante Thema.
Dieser Rückgang auf den antiken teleologischen Naturbegriff

Lebensraum der dort ansässigen Indianer. Man empfiehlt uns die Vorstellungen der Indianer von der Heiligkeit eines Berges als Remedium gegen den Raubbau an Rohstoffen und nimmt nicht zur Kenntnis, daß wir *eingetragene Rechte* der Indianer durch die Ausbeutung des Berges ständig verletzen. Sind wir etwa der Meinung, Rechte der Natur hätten eine höhere Dignität als Menschenrechte? Wie können wir hoffen, Rechte der Natur würden respektiert, wenn uns Moral und verbrieftes Recht nicht abhalten von Mord und Völkermord? Regt sich da nicht der Verdacht, daß sich im Physiozentrismus der Misanthrop zu Worte meldet?

käme mithin keiner Zähmung oder Bewältigung der modernen, wie man sagt, entfesselten Technologie gleich, sondern könnte nur als Verdrängung des eigentlichen Problems erscheinen.

(ii) Der antike Naturbegriff schließt im übrigen Annahmen ein, die wir aus unserer heutigen Sicht nicht mehr aufrechterhalten können. Dazu gehört insbesondere die Annahme der Invarianz der natürlichen Arten: Die normative und teleologische Struktur der aristotelischen Natur hängt ganz und gar ab von der Unveränderlichkeit des Eidos. Dem widerstreitet sowohl die Darwinsche Idee der Evolution der natürlichen Arten als auch insbesondere die durch die Gen-Technologie aufgetretene Möglichkeit künstlicher Hybridenerzeugung.

Aber auch die elementaren Grundannahmen, die sich mit dem antiken Kosmosbegriff verbunden hatten, können dem heutigen Kenntnisstand nicht standhalten. So insbesondere ist die Stabilität des Kosmos selbst – angeschaut an den ewig gleichen periodischen Bewegungen der Gestirne – ein Grundzug des antiken Naturdenkens. Demgegenüber lehrt die moderne Kosmologie, daß die vermeintlich ewige Ordnung der natürlichen Prozesse nur einen besonderen Zustand in einem weiten Zustandsraum darstellt, der keineswegs invariant und stabil sein muß, so daß Zustände der Ordnung und chaotische Zustände durchaus einander ablösen können. Die Statik des antiken Kosmosmodells ist durch die Dynamik abgelöst. Der Anachronismus betrifft also hier ein Defizit in der Sache und keineswegs nur eine historische, eine philosophie-historische Feststellung.

3. Der m. E. zentrale Punkt in der physiozentrischen Argumentation liegt in der These, daß nur die Abkehr vom Anthropozentrismus und die Anerkennung vom Eigenrecht der Natur als solcher zu einer Änderung unserer destruktiven Praxis führen könne. In dieser These steckt eine nichthaltbare Gleichsetzung von Anthropozentrismus und Egoismus, wobei ich mit Egoismus eine Position meine, die nichts im Sinne hat, als den eigenen Vorteil zu erhaschen, vornehmlich auf Kosten der anderen.

Die anthropozentrische Position wäre demgegenüber repräsentiert in den philosophischen Systemen der Neuzeit. Und zwar sowohl in den Philosophien der Subjektivität wie auch in den Grundgedanken philosophischer Anthropologie. Und erst recht in allen Philosophien, in denen die Autonomie des Menschen eine zentrale Stellung einnimmt. Von einer solchen Position abzurükken, kann ich nicht nur nicht als Lösung des aufgegebenen Problems sehen, ich kann auch nicht sehen, daß von ihr abgegangen werden könnte, ohne sich zugleich auf den Weg der Selbstentmündigung zu begeben.[18]

Wenn man den Anthropozentrismus entweder mit dem Egoismus gleichsetzt oder als die Wurzel des Egoismus betrachtet, begibt man sich des Rüstzeugs der Kritik und der Analyse der gegenwärtigen Nutzungspraxis. Man unterstellt nämlich damit, daß der riskante Raubbau an Rohstoffen, die Vergiftung unserer Umwelt und was immer wir gegenwärtig kritikwürdig finden, im Namen allgemeiner menschlicher Interessen erfolgen würde, als Folge gleichsam eines universalen Human-Egoismus. Das ist jedoch nachweislich falsch.

Die von Bacon formulierte Maxime, daß die Ausnutzung der Naturkräfte zu erfolgen habe zum Nutzen und zur Steigerung des materiellen Wohlergehens aller, ist längst verlassen bzw. nie wirkliche Praxis gewesen. Was wir statt dessen haben, ist eine egoistische Ausbeutungspraxis, bei der einige Industrienationen sich Wohlstand verschaffen auf Kosten des Großteils der Menschheit. Und innerhalb der Gesellschaften der Industrieländer wiederholt sich diese Ungleichheit noch einmal. Diese verantwortungslose Praxis, hinter der zweifellos ein roher Egoismus steht, müssen wir benennen, beim Namen nennen und dingfest machen; und schwerlich werden wir ihr dadurch begegnen können, daß wir sie als Konsequenz einer allgemeinen Anthropozentrik darstellen, von der wir gar nicht lassen können, und die die Argumentation auch von Hans Jonas immer weiter bestimmt hat. Auch wenn ich mir über die Wirksamkeit keine Illusionen mache, scheint es mir doch aussichtsreicher zu sein, den Egoismus zu bekämpfen durch die Einforderung des mit der Philosophie der Subjektivität verbundenen Gleichheitsprinzips (Universalisierbarkeit und Solidarität), als im Namen der Natur.

18 Das scheint R. Spaemann durchaus anzustreben; eine Retabuisierung der Natur, vor der der menschliche Eigensinn in die Knie gehen soll. Vgl. seinen Beitrag in: D. Birnbacher (Hg.), Ökologie und Ethik, aaO, S. 197ff.

Die von den Industrieländern seit langem praktizierte Ausbeutung der Dritten Welt betrachtet die dortigen Rohstoffe und erst recht die dort lebenden Menschen bloß als Mittel, die eigene Vormachtstellung auszubauen. Damit werden die Bewohner dieser Regionen entwürdigt und in materiellem Elend gehalten. Dies ist schändlich über alles hinaus, was man den dortigen Wäldern und Tierarten antut. Wer den Gedanken der Humanität glaubt aufpolieren zu müssen durch eine Ehrfurcht vor der Natur, beteiligt sich damit an der grassierenden Entwürdigung des Menschen. Ich finde es schockierend, daß der sonst so eindrucksvoll argumentierende Bundespräsident Richard von Weizsäcker seinen Aufruf zur »Welthungerhilfe« nunmehr damit motiviert, daß damit ein Dienst an der Natur geleistet werde! Sollen wir den Verhungernden etwa helfen, weil sie ansonsten zu viel Naturschäden anrichten? So richtig es ist, auf die Folgen der Rodung der Wälder zu verweisen, die auch uns treffen werden, so pervertiert kommt mir das Argument vor, daß wir menschliche Not lindern sollen, weil wir »durch Hungerhilfe die Natur schützen«.[19] Ohne daß die Märkte der reichen Länder nach Rinderfilets und Edelhölzern lechzten und ohne die von hier kommenden Investitionen in Rodungsunternehmen wäre kein Hunger der Dritten Welt in der Lage, den Regenwald zu dezimieren.
Der Naturalismus dichtet der Natur Werte und Normen an, die erst für und durch das menschliche Verhalten Sinn und Bedeutung erhalten. Zu den gängigen Formen des Naturalismus muß man aber nicht nur die Versuche rechnen, explizit normative Aussagen auf deskriptive zu gründen, bzw. das Sollen im Sein zu begründen, sondern auch die falschen Subjektivierungen, die wir zuhauf treffen können. So, wenn gesagt wird, die Natur räche sich, sie schlage zurück, sie schüttele die Fesseln ab, die wir ihr auferlegten usw. Von der Natur im Ganzen wird hier wie von einem Subjekt gesprochen, dem man Absichten, Empfindungen und einen Willen zuschreiben darf. Dies kann als eine metaphorische Rede, wo sie als solche gemeint ist, bei Gelegenheit sinnvoll sein. Nicht nur die Dichter der Romantik haben sich dieser Sprache bedient, son-

19 So die Überschrift des Berichts über die Ansprache des Bundespräsidenten in der FRANKFURTER RUNDSCHAU vom 3. Oktober 1988, S. 18.

dern auch die Philosophen, wenn sie den produktiven Aspekt der Natur (natura naturans gegenüber natura naturata) akzentuieren wollten. Selbst reputierte Wissenschaftler reden öfter von den Werken, die die Evolution in Jahrmillionen hervorgebracht habe, so, als sei das eine wörtlich zu nehmende Rede. Was heißt »Selbstorganisation der Materie«, was ist ein »selbstsüchtiges Gen«, was besagt »das Prinzip Eigennutz« in der Natur? Das sind Konzepte, die aus dem Handlungskontext menschlicher Subjekte stammen, aber der Natur zugesprochen werden. So etwas wie Selbstsein geht entschieden über eine nur organismische Charakteristik hinaus und hängt eng mit dem neuzeitlichen Begriff der Subjektivität zusammen. Sicher wollen die Wissenschaftler, die so reden, nicht bestreiten, daß mit Darwin nicht nur die Teleologie, sondern vor allem die Subjektivität aus der Natur verschwunden ist. Dieselben Wissenschaftler würden Paulus kritisieren, wenn er sagt: »Wir wissen ja, daß die gesamte Schöpfung bis zur Stunde seufzt und in Wehen liegt«.[20]

So zeigt sich hinter dem physiozentrischen Denken eine gesteigerte Anthropozentrik, die der Natur die menschlichen Vorstellungsformen unterlegt oder überstülpt. Deshalb scheint es mir konsequenter zu sein, den Ansatz der Überlegungen beim Menschen selbst zu nehmen. Ehe ich jedoch diesen Ansatz verfolge, möchte ich zeigen, wie wenig wir erhoffen dürfen von den Versuchen, den antiken Naturbegriff zu repristinieren.

20 Röm. 8,22.

5. KAPITEL

Pseudo-Therapien

Über die angeblichen Heilmittel der Antike

Die neuzeitliche Naturwissenschaft hat uns ein leistungsstarkes Wissen zur Verfügung gestellt, das auf eine ebenso leistungsstarke technische Ausnutzung von Natur zugeschnitten ist. Die damit verbundenen Gefahren sind in der »ökologischen Krise« offenkundig geworden. Ein zweifaches Desiderat wird aus der Erfahrung dieser Krise bei der Wissenschaft angemahnt: die Wissenschaft solle nicht nur »Verfügungswissen« entwickeln und anbieten, sie solle ebenso »Orientierungswissen« entwickeln und anbieten, d.h. ein Wissen, das sowohl unsere Lebensführung betrifft als auch Normen für einen nicht destruktiven Umgang mit der Natur bieten kann. Ein Rückgang auf antike Naturvorstellungen wird deshalb als Hilfe angeraten, da das dort entwickelte Naturverständnis noch beides umfaßt habe. Deshalb ist es nötig, diese Vorstellungen zu prüfen, die sich durch vielfache Empfehlungen für die Gegenwart offensichtlich attraktiv erweisen.

Wenn ich von antiker Naturvorstellung spreche, dann meine ich damit die Vorstellungen über die Natur, die von Platon und Aristoteles entwickelt wurden, bzw. diejenigen Züge der frühgriechischen Naturphilosophie, die in die Philosophien von Platon und Aristoteles Eingang gefunden haben.[1] – Für die Darstellung des lebenspraktischen Orientierungswissens werde ich mich dabei primär auf Platon stützen, für das antike Technikverständnis auf Aristoteles.

1 Möglicherweise sind die in der Stoa entwickelten Naturvorstellungen für die ökologische Debatte interessanter. Aber da sich die Vorschläge primär auf die platonisch-aristotelische Physiskonzeption beziehen, werde auch ich mich auf eine Diskussion dieser Positionen beschränken.

5.1 Platons Homoiosislehre als »Orientierungswissen«?

Platons Untersuchung über die Natur steht in einem bestimmten Diskussionszusammenhang. Er wird eröffnet durch seine Lehre vom idealen Staat und er endet in seinen Überlegungen über das richtige Leben. Das Wissen von der Natur wird erstrebt, um diese beiden Bereiche, die Staatstheorie und die Lehre von den Zielen des individuellen Lebens, verklammern zu können. »Natur« wird also bei Platon nicht als das Ganze des Seienden in der Art der Vorsokratiker thematisiert, sondern er setzt die mit der Sophistik und insbesondere mit Sokrates verbundene Abwendung vom Physisdenken zugunsten der Thematisierung der Menschenwelt fort, wobei Fragen nach dem menschlichen Glück, der Moral, der Sitte, den Gewohnheiten, den Gesetzen, kurz: nach demjenigen, was die Menschen als das zu erstrebende Gute ansehen, ins Zentrum treten. In heutiger Sprache würden wir sagen, die platonische Naturphilosophie sei Teil der praktischen Philosophie, nicht der theoretischen, bzw. Platon thematisiere die Natur in praktischer Absicht.

Die kunstvoll gebaute Rahmenerzählung des *Timaios* macht diese praktische Intention Platons ganz deutlich, in der es letztlich auch nicht um den Menschen ganz allgemein geht, sondern um die Athener, um das Geschick der athenischen Polis. Die athenische Polis hatte in der perikleischen Zeit extreme innere und äußere Belastungen erfahren, sie befindet sich in einer ausgesprochenen Krise, auf die Platon mit seiner Philosophie zu reagieren sucht. Seine Naturphilosophie steht mithin nicht nur in einer allgemeinen praktischen Intention, sie hat sogar eine dezidiert politische. Nicht zuletzt wird das schon daran deutlich, daß die weiteren Erörterungen Platons über die Natur sich in den Dialogen *Politikos* und in den *Nomoi* finden, die schärfste Kritik am Physisdenken der Vorsokratik im *Phaidon* – alles Dialoge, die den Staat, das Leben der Menschen in der Gesellschaft und die Vorstellung vom Guten behandeln. Diese Ausrichtung der Naturphilosophie Platons wird in der Rahmenerzählung zum *Timaios* zum Ausdruck gebracht, der, das muß hier gegen die meisten Kommentatoren und Interpreten gesagt werden, kein eigenständiger und abgeschlossener Traktat »Über die Natur« ist.

Beides, die praktische Intention und das immer präsente Krisenbewußtsein, macht diese Form der Naturphilosophie zweifellos für unsere gegenwärtige Problemsituation interessant, die ebenfalls aufs Praktische ausgerichtet und die ebenfalls durch eine Krise, die ökologische Krise, geprägt ist.

Platon – wie vor ihm Parmenides und die ganze eleatische Denkrichtung, einschließlich der Atomisten – steht hinsichtlich der Natur in einem begrifflichen Dilemma, das sich vor allem am Grundphänomen der Natur, der Bewegung, zeigt. Bewegung als Veränderung des Orts oder eines Zustands ist Ausdruck eines Unvollendeten, eines Unvollkommenen. Alles dem Wandel unterworfene wird von dem eleatischen Denkansatz her als etwas Minderes, letztlich als ein Nichtseiendes bestimmt. Andererseits präsentieren sich die Naturabläufe nicht als schieres Durcheinander; vielmehr zeigen die Umschwünge der Fixsternsphäre und die planetarischen Bewegungen eine Regelmäßigkeit und eine Ordnung, die durchaus als eine Weise des Beständigseins angesprochen werden muß, ja, an der sich vielleicht die Idee eines unveränderlichen Immerseienden allererst entzündet hat.

Das Phänomen der Bewegung wird also zweifach gedacht werden müssen. Einmal als Modus des Unbeständigseins – zum anderen als Manifestation des Beständigen. Gemäß der ersten Hinsicht wird, wo immer sich Bewegung zeigt, dadurch eine Unvollkommenheit angezeigt, Bewegung ist Ausdruck des Unvollendeten. Die Bewegung hat deshalb zu ihrer Aufrechterhaltung immer eine bewegende Kraft nötig. Die Bewegung hat in sich eine Tendenz, zur Ruhe zu kommen. Die Ruhe repräsentiert einen höheren Seins-Modus als die Bewegung, denn die Bewegung »vollendet« sich in der Ruhe.

Gemäß der zweiten Hinsicht muß die Bewegung verstanden werden als die geordnete Bewegung, die Gleichförmigkeit und Regularität zeigt, wie sie sich in den Bewegungen der Gestirne manifestiert; so ist sie Manifestation des Beständigen, des Immerseienden. Der Ausdruck Kosmos (von kosmeo – schmücken) bezeichnet das, was durch seine Anordnung einen schönen Anblick bietet, z.B. wenn Speisen und Getränke auf einer Tafel festlich angerichtet sind, oder wenn die Heerhaufen eine Schlachtordnung bilden.

(a) Die stellare Ordnung ist für Platon nicht von selbst da, sie ist auch nicht von selbst und immer da, sofern es überhaupt eine Welt gibt. Sie ist vielmehr göttlichen Ursprungs, entstammt einer Tätigkeit, die wir uns nicht als »freien« Schöpfungsakt vorstellen dürfen. Vielmehr handelt der Weltenordner, der Demiurg, im Hinblick auf die Ideen, auf die hinschauend er den Kosmos ordnet, d. h. aus dem Zustand chaotischer Regellosigkeit herausführt (Tim. 30a). Die Figur des Demiurgen entstammt einer mythischen Ausdrucksweise, die offen für heterogene Interpretationen ist. Unabhängig von diesen verschiedenen Auffassungsmöglichkeiten wird man jedoch als Grundaussage herausdestillieren können, daß sie eine grundlegende Ähnlichkeit zwischen dem Kosmos und dem Bereich des Immerseienden zum Ausdruck bringen soll. Die Natur ist damit kein vom Göttlichen und Ewigen ausgeschlossener Bereich. Denn soweit die Natur einen Bestand hat, ist dieser in ihrer Ordnung zu sehen. Soweit aber die Natur Ordnung zeigt, ist sie göttlichen Ursprungs, mithin der Kosmos, soweit er geordnet ist, selbst göttlich, d.h. ein sinnfälliges Bild der Unvergänglichkeit.

Die Ähnlichkeit der Natur mit dem Bereich des idealen Seins erscheint nicht nur in der Geordnetheit der Bewegung der kosmischen Vorgänge, sondern ebenso am Einzigartigkeitscharakter des Kosmos. Die Natur ist schlechthin *eine*; sie stellt sich für die Griechen dar als eine abgeschlossene Sphäre, begrenzt durch den Fixsternhimmel, mit der Erde im Zentrum. Nun ist aber Einheit ein Grundcharakter der Ideen und damit eine Bestimmung, die nur der Vernunft zugänglich ist. Vernunft ist das höchste Vermögen der Seele. Deshalb muß Platon der Welt, sofern sie selbst die Einheit der Idee, bzw. ein Gleichnis göttlicher Vernunft darstellen soll, eine Seele beilegen, die Weltseele. Aus dem *Phaidon* kennen wir eine zweifache Bestimmung der Seele: Sie ist erstens ein Mittleres zwischen dem Vernünftigen und dem Sinnlichen und zweitens dasjenige, vermittels dessen Vernunft über den Körper herrscht. Beide Momente werden von Platon im Rahmen der Naturlehre benutzt. Hinzu kommt ein weiteres: Da das Vernünftige im Sichtbaren und Körperlichen erscheinen soll, muß die Seele als etwas vorgestellt werden, das die Weltkugel durchdringt und von außen umschließt (Tim. 34b). Kugelgestalt und Kreisbewegung sind gegenüber den linearen Bewegungen dadurch ausgezeichnet, daß in ihnen Vollendetheit und Abgeschlossenheit manifest werden. Die Kreisbewegung des Fixsternhimmels bringt dadurch, daß sie ewig in sich zurückkehrt, eine Unveränderlichkeit im Modus der Bewegtheit zum Ausdruck. Obwohl in unaufhörlicher Bewegung ist sie doch Darstellung der Ruhe, welchen Zustand nach Platon alle Dinge zu erreichen suchen.

(b) Diese Vorstellung von einem harmonisch geordneten, ewig in sich kreisenden, einzigartigen Kosmos, dessen Bestand in der Herrschaft des Göttlichen verankert ist, ist nicht Resultat von Beobachtungen oder systematischer Naturforschung, sondern ein apriorischer Entwurf, dessen Ordnungsvorstellung in Platons praktischer Philosophie ihre Wurzeln hat. Nur deshalb kann von ihm auch ein in den Bereich der Lebenspraxis reichender Gebrauch gemacht werden.

Auffällig und bestechend ist die Dominanz mathematischer Vorstellungen für Platons Kosmosdenken; das hat prima facie wenig mit Staatsphilosophie zu tun, kommt aber unserer Idee von Naturforschung entgegen. Deshalb sind auch noch heutige Naturwissenschaftler von Platons Ansatz fasziniert.[2] Allerdings müssen wir sehen, daß Platon damit an das Programm der Pythagoreer anknüpft. Die Pythagoreer trieben aber Mathematik nicht um der Mathematik willen, sondern als Teil eines umfassenden Programms, in dem die »Zahlenlehre« die Grundlage der Lebensführung und Lebensgestaltung bildete – im privaten wie im öffentlichen Leben. Platon fällt dabei eine Schlüsselstellung insofern zu, als mit ihm die Ablösung der pythagoreischen *Arithmetik*, die alle Regularität in der Natur auf (ganze) Zahlen und Zahlenverhältnisse zurückzuführen sucht, durch die *Geometrie* erfolgt. Dieser Übergang hat mit der Entdeckung der sog. Inkommensurabilität zu tun, d.h. die Pythagoreer mußten anerkennen, daß sich nicht alle »Zahlen« als ganzzahlige Proportionen darstellen ließen, z.B. Wurzel aus 2, Wurzel aus 3, Wurzel aus 5. Damit war das alte

2 Vor allem W. Heisenberg und C.F. v. Weizsäcker. Vgl. vom ersteren »Was ist ein Elementarteilchen?« in: Die Naturwissenschaften, 63. Jg. 1976, S. 5, und von letzterem »Platonische Naturwissenschaft im Laufe der Geschichte«, in: Ders., Der Garten des Menschlichen, München 1977, S. 319-345.

pythagoreische Programm zusammengebrochen. Platon treibt im *Timaios* nicht schlicht Naturwissenschaft »more geometrico«, sondern er erneuert das umfassende pythagoreische Programm im Namen der Geometrie, ohne deren Kenntnis man keinen Zugang zur Akademie bekam.

Wie nimmt sich die Geometrisierung der Natur in der konkreten Argumentation Platons aus? Platon nimmt die Elementenlehre des Empedokles auf und verbindet sie mit dem Atomismus Demokrits. Diese Verbindung ist möglich, weil er sich die mathematischen Errungenschaften von Diodor und Theätet zunutze macht; Erkenntnisse, die im Umkreis der platonischen Akademie entwickelt wurden und die Eingang in die letzten Bücher des *Euklid* fanden.[3] Platon ordnet den vier Elementen, Erde, Wasser, Luft und Feuer, die vier einfachen stereometrischen Körper, die wir noch heute die »platonischen Grundkörper« nennen, zu: dem Feuer den Tetraeder, der Luft den Oktaeder, dem Wasser den Ikosaeder und der Erde den Würfel. Atomistische Ideen greift er insofern auf, als er diese Körper erzeugt denkt aus ebenen Grundfiguren, so aus je 4, 8, 20 gleichseitigen Dreiecken die drei ersten und aus 6 Quadraten den Würfel. Ein solcher Ansatz der Reduktion auf einfache geometrische Gebilde liegt für Platon nahe, weil er die Unvergänglichkeit der kosmischen Ordnung und die Regelmäßigkeit der Abläufe in der Natur nur im Rückgriff auf die Beständigkeit einer Form oder Gestalt (eídos) erklären kann. Die mathematischen Gegenstände sind für Platon nicht nur angemessene Instrumente der Darstellung von Gesetzmäßigkeiten, sondern sie konstituieren die Gesetzmäßigkeiten der Naturprozesse selbst. Sein Formkonzept verpflichtet ihn, die Regelmäßigkeiten der Naturabläufe zurückzuführen auf die Regelmäßigkeiten der Gestalten der beteiligten Körper. Naturgesetze werden also formuliert als Beziehungen aufgrund von Ähnlichkeiten bzw. Unähnlichkeiten von stereometrischen Gestalten. Wer Platon hier Mangel an dynamischem Verständis vorwerfen wollte, d.h. ihm anlasten möchte, daß er keinen adäquaten Kraftbegriff entwickelt habe, verkennt das Zwingende des Ideenansat-

3 Vgl. K. v. Fritz, *Grundprobleme der Geschichte der antiken Wissenschaft*, Berlin/New York 1971, S. 545-575.

zes, der weit in die Rekonstruktion empirischer Vorgänge reicht. Wenn Platon Sein ursprünglich als das Bleibende einer Ideengestalt versteht, dann muß er auch die strukturelle Unveränderlichkeit der Naturprozesse verankern in der Identität der Struktur bzw. Gestalt der Naturelemente. Naturgesetze müssen dann reduziert werden auf Formbestimmungen der elementaren Naturkörper.

(c) Obwohl dieser Ansatz a priori erzwungen ist, erweist er sich als ausgesprochen leistungsfähig für die Systematisierung empirischer Tatbestände. Platon scheint der erste zu sein, der den Übergang der Aggregatzustände und die Änderung von Qualitäten im Rückgriff auf die Elemente deuten konnte. Wir sehen zum Beispiel, wie Feuriges in Flüssiges und in Gasförmiges übergeht und umgekehrt. Den als Verdampfen und Kondensieren beobachtbaren Vorgang des Ineinanderübergehenkönnens und Sichverwandelnkönnens von »Elementen« kann Platon in seiner geometrischen Rekonstruktion dadurch einfangen, daß er jeweils die Grundkörper in ihre begrenzenden Flächen zerlegt, die er dann erneut zu anderen Elementarkörpern zusammentreten läßt. Auf diese Weise kann Platon bereits multiple Proportionen angeben, die bei der Umwandlung der Elemente ineinander beachtet werden, z.B. wenn Wasser zu Feuer oder zu Luft verwandelt wird.[4] Andererseits ergeben sich für Platon durch seinen apriorischen Ansatz Merkwürdigkeiten für die Empirie, z.B. kann Platon die Sonderstellung des Elements Erde nicht mit empirischen Gründen stützen. Allein aus dem Umstand, daß der Würfel und nur der Würfel aus Quadraten aufgebaut ist, in die sich die gleichseitigen Dreiecke, aus denen Dodekaeder, Oktaeder und Ikosaeder erzeugt werden, nicht integrieren lassen, kann *aus rein geometrischen Gründen* das Element Erde nicht in Wasser, Feuer oder Luft umgewandelt werden.

Auf der Grundlage dieser geometrisch konzipierten Konstitution der Naturelemente kann Platon nun nicht nur grundlegende Eigenschaften dieser Elemente ableiten, zum Beispiel die rasche Beweglichkeit von Feuer und Luft gegenüber Erde und Wasser, unterschiedliche Eigenschaften beim Verdampfen, d.h. beim

4 Für diese und die astronomischen Leistungen des platonischen Ansatzes vgl. G. Vlastos, *Plato's Universe*, Oxford 1975.

Wechseln der Aggregatzustände, er kann zugleich physiologisch relevante Faktoren wie Gesichts- und Geruchswahrnehmungen damit verständlich machen.

(d) Jetzt gilt es, den Kontext, in den Platon seine Untersuchung der Naturphänomene stellte, zu berücksichtigen. Ihn werden wir am besten aufdecken, indem wir fragen, welchen Gebrauch Platon von diesem Naturbegriff in praktischer Absicht macht. Diesem Begriff vom Kosmos als einem in sich abgeschlossenen, beständigen, unveränderlichen Ganzen, als einer hierarchischen Ordnung, folgend, entwirft Platon die Auslegung des Menschen als sozialem Wesen. Das beste Leben, das glückliche Leben, wird ja bei Platon keineswegs individualistisch angesetzt, sondern es ist untrennbar in das Leben des Staates verwoben. Wer das Individuum, bzw. seine Tugenden, studieren will, soll nach Platon den Staat studieren; denn der Staat zeigt nach ihm »in Großbuchstaben geschrieben«, wie er metaphorisch in der *Politeia* sagt (368 d), jene Form der Gerechtigkeit wie der übrigen Tugenden, die das Leben des Individuums aufs Gute hin konstituieren.[5] Platon argumentiert im *Timaios* normativ insofern, als er die Ordnung der gesellschaftlichen Verhältnisse zu legitimieren sucht im Rückgriff auf die in der Natur sinnfällig anzuschauende Struktur. Der Mensch soll sein Leben organisieren und ordnen dadurch, daß er sich im Blick auf das Unvergängliche, Ewige, wie es sich in den Bewegungen der Gestirne zeigt, ausrichtet. Das gilt für die Struktur des Staates (seine Gliederung nach Ständen) wie für die Lebensführung der Individuen. Die Körperlichkeit ist für ihn Repräsentant des chaotischen, unregelmäßigen, hin- und herschweifenden Lebensstils, wie es im Triebleben zum Ausdruck kommt. Gemäß seiner Anthropologie muß die Körperlichkeit gezügelt und in Zucht genommen werden von der Seele, die vermöge ihrer Erkenntnis des Immerseienden den Körper zur Ordnung, und das heißt zur Tugend, führen muß. Wie Platon bereits im *Phaidon* (80 a) sagt: solange Leib und Seele zusammen sind, ist

5 Der eigentliche Sinn dieser Metapher ist natürlich, daß für Platon das Individuum im Staate »klein geschrieben« wird, eine These, die die »humanistischen« Platoninterpreten nicht recht wahrhaben wollen, die aber im Zentrum der Kritik von K. Popper steht. Vgl. Die offene Gesellschaft und ihre Feinde, Bd. 1, Der Zauber Platons, Bern 1957.

es der Natur der Seele gemäß, dem Leib zu gebieten, dem Leib aber angemessen, zu dienen und sich beherrschen zu lassen.

Geometrie und Astronomie, als Wissenschaften, die vom Unveränderlichen und Immerseienden handeln, erhalten deshalb auch eine wichtige pädagogische Funktion bei der Ausbildung der Jugend und insbesondere bei der Ausbildung der kommenden Herrscher, wie es die *Politeia* im 10. Kapitel des 7. Buches ausführt. Platon bietet Geometrie und Astronomie nicht als den Intellekt schärfende formale Denkmittel an, schon gar nicht als praktisch-technische Hilfen, die es etwa einem Staatslenker erlauben würden, die Ökonomie und den Staatshaushalt in Ordnung zu halten. Vielmehr geht es um ein legislatives Verständnis von Geometrie und Astronomie, das eine Orientierung am Immerseienden derart gestatten soll, daß die Gesetzgebung gleichsam auf Naturbestände zurückgreifen kann: die Naturordnung muß so gedacht werden, daß sie Muster der humanen Gesetzgebung und Gesellschaftsstruktur sein kann. Um seine Staatsform »naturalistisch« legitimieren zu können, ist das Sollen auf das Ist zu gründen. Wie wir in der *Politeia* lesen, wird der in drei Stände gegliederte Staat bei Platon zum Optimum möglicher Lebensform, weil in ihm ein Maximum an Stabilität und Beständigkeit repräsentiert ist; diese Invarianz der gesellschaftlichen Ordnung bringt Platon zum Ausdruck, indem er durch ihre Verankerung in der unvergänglichen stellaren Ordnung sie so unerreichbar und unantastbar macht wie jene. Die Makrokosmos-Mikrokosmos-Entsprechung gilt nicht nur zwischen der Weltseele und der dem Menschen innewohnenden Einzelseele, sondern zu allererst zwischen dem Kosmos (der Naturform) und der Polis (der Staatsform). Die Frage nach der richtigen Lebensführung im Privaten wie im Öffentlichen wird bei Platon in strikter Entsprechung mit dem, was »natürlicherweise« seinen Bestand hat, beantwortet.

Das kann aber Platon nur, weil die Naturordnung für ihn nicht schlichte Wirklichkeit materieller Dinge ist, sondern selbst Abbild des Nous, Ausdruck der göttlichen Vernunft; die Vernunft erzeugt im Akt des Demiurgen aber die Ordnung dadurch, daß sie von sich aus das Regellose durch Herrschaft überformt. *Die Natur, soweit sie Gesetzesartigkeit und Ordnung zeigt, ist ein*

Bereich von Herrschaft. Die Gesetzesartigkeit der Natur ist aber nicht nomologisch zu verstehen, wie es für die moderne Naturwissenschaft der Fall ist, sondern nomothetisch: die Gesetze der Natur werden erlassen und müssen befolgt werden wie Rechtsnormen (Tim. Kap. 13).

In der Natur wie im Staat kann nach Platon Ordnung nur bestehen, indem das Obere über das Untere herrscht. Alle Ordnung hat die Form hierarchischer Abhängigkeit. Die Orientierung an dem Beständigen, soweit es sich im Naturprozeß zeigt, bedeutet damit eo ipso eine Orientierung am Vernünftigen, am Göttlichen. Der Verweis des Einzelnen zur Regelung seiner Lebensverhältnisse an die Naturordnung wird deshalb bei Platon plausibel. Das ist aber auch zu erwarten in einem Ansatz, der die Natur als Herrschaftsbereich des Einen versteht, dessen Regnum sich über die Staatslenker auf alle Individuen fortsetzen soll. Indem wir unsere hiesigen Verhältnisse in der Polis an der Ordnung der Sterne orientieren, ahmen wir alle den göttlichen Demiurgen nach, der uns in der Gestalt des Philosophenkönigs vorgestellt wird.

Platons Vorstellung von der Natur entspringt nicht der Systematisierung von Beobachtungen, sondern ist inspiriert von seinem Idealstaatsentwurf, der die Beherrschung der Vielen durch Einige (»die Besten«) als das Beste für den Bestand des Ganzen ausgibt. Das bringt die »mythische« Rede vom Demiurgen zum Ausdruck. Nicht Ordnung überhaupt ist es ja, worauf im *Timaios* rekurriert wird, sondern die bestimmte hierarchisch verstandene Ordnung, in der alles seinen genauen Platz angewiesen erhielt gemäß oben und unten. So wie der äußerste Himmel die darunter liegenden Planetensphären in abgestuftem Verhältnis an seiner Bewegung teilhaben läßt und damit seine Herrschaft ausübt, ist die einseitige Abhängigkeit bis in die Gesellschaft und bis in das Individuum das Muster der Beziehung.

Die werthaft bestimmte Zielläufigkeit natürlicher Bewegungen, die bis ins 17. Jahrhundert wirksame Teleologie, ist deshalb auch von Anfang an nie eine reine »Naturteleologie« gewesen: nicht nur liegt ihr modellhaft der Typus menschlichen Handelns zugrunde, sie zielt auch normativ auf das für die Polis bedeutsame Handeln des Menschen ab.

Will man im Demiurgen den Techniten fassen, so kann es sich nur um einen »Sozio-techniten« handeln, denn die Naturordnung ist die aufs Beste eingerichtete hierarchische Dependenz. Es ist A. N. Whitehead (und nicht erst Popper), der sagt: »Also, for the *Timaeus*, the creation of the world is the incoming of a type of order establishing a cosmic epoch. It is not the beginning of matter of fact, but the incoming of a certain type of social order.«[6]

Kontrastiert man mit diesem geschlossenen, hierarchisch strukturierten Kosmos, dessen Kreisbewegung Abbild der Ewigkeit ist, das neuzeitliche Weltbild, in dessen infiniten Räumen kräftefreie Trägheitsbewegungen ins Unendliche gehen können, in dem sich die Fixierung von Oben und Unten in die Relativität von Koordinatenangaben auflöst, so dürfte klar sein, daß der Verweis auf den Himmel seinen Orientierungswert verloren hat.

Platons Denken über die Natur bot zwar ein normatives »Orientierungswissen« – dessen ideologischer Schein uns jedoch nicht mehr blenden sollte. Der Besitz eines so gestützten »Orientierungswissens« ist keineswegs erstrebenswert, wenn man an der neuzeitlichen Idee der Autonomie überhaupt festhalten will. Platons Naturphilosophie lieferte eine naturalistische Legitimation dafür, daß die Wenigen anordnen dürfen und sollen, was zu tun sei, daß die Vielen jedoch zu gehorchen und sich der Herrschaft der Wenigen zu unterwerfen haben. Platons Philosophie entmündigt die Vielen, und daß es »im Namen der Natur« geschieht, macht es nicht besser, sondern schlimmer.

5.2 Die teleologische Natur als Rahmenbedingung nicht-destruktiver Technik?

Um der Naturzerstörung durch die neuzeitliche Technologie einen Riegel vorschieben zu können, wird uns empfohlen, die Natur als einen Selbstzweck zu betrachten, nicht als Mittel zur Befriedigung humaner Bedürfnisse. Durch die Übernahme eines teleologischen Naturbegriffs werde zugleich die Technik in eine

6 *Process and Reality* (1929), New York 1957 (2. Aufl.), S. 147.

»naturgemäße« Form gebracht. Aristoteles hat beides vertreten: die Auffassung, daß alle natürlichen Prozesse zielgerichtet verlaufen: »Gott und die Natur gestalten nichts zwecklos«; und die Auffassung von der Technik als einer »Nachahmung der Natur«. Der aristotelische Naturbegriff erscheint von daher als attraktives Remedium.

Um den »Verlust«, den wir durch die Entwicklung der neuzeitlichen Naturwissenschaft erfahren haben, aufzuzeigen, wird in diesem Zusammenhang häufig angeführt, die aristotelische Physik sei reicher gewesen, weil sie einen *Vorrang der qualitativen vor der quantitativen Betrachtung vertreten habe*. An zwei Punkten wird dies meist dokumentiert: einmal am Bewegungsbegriff (metabolé), der nicht nur als Ortsveränderung (phorá) gefaßt sei, sondern auch Entstehen und Vergehen, die Zu- und Abnahme der Größe von etwas und insbesondere qualitative Veränderungen umfaßt habe; zum anderen an seiner Ursachenlehre (aitía), die nicht nur die für uns ausschließliche »Wirkursache« (das »Weswegen«: to hou héneka) kenne, sondern auch den Stoff (hyle), die Form (eidos) und insbesondere den Zweck (télos) zu den Ursachen rechne.

Deshalb ist die Auffassung von Aristoteles kurz zu skizzieren, um prüfen zu können, inwieweit es sich hierbei um einen hilfreichen Vorschlag handelt.

Bewegung ist für Aristoteles Grundphänomen der Natur, so daß, wer nicht versteht, was Bewegung ist, auch nicht versteht, was die Natur ist; denn mit Natur meint er »das den Naturdingen innewohnende Prinzip für Bewegung und Ruhe«. Die Zielgerichtetheit der Natur wird an seiner Auffassung von Bewegung deutlich. Denn Bewegung ist die »Verwirklichung des der Möglichkeit nach Seienden als eines solchen«. Das Wachstum der Pflanzen ist Musterbeispiel zur Erläuterung dieser Auffassung. Der Keim ist der Möglichkeit nach schon die Pflanze, die einmal daraus wachsen wird, und die Endgestalt ist das, was sie in Wirklichkeit ist. Die Bewegung (hier das Wachstum) ist aber gerade die Verwirklichung des Möglichen, sofern die Endgestalt noch nicht erreicht ist; denn in ihr kommt die Bewegung zum Abschluß.

Es ist charakteristisch für Naturprozesse, daß bei ihnen die Form (Wesen, Gestalt), die bewegende Ursache und das telos (Zweck,

Ziel) zusammenfallen.[7] Die Form (das Wesen) ist eine bewegende Ursache, sofern sie das Worumwillen, das Ziel der Bewegung ist: »ein Mensch erzeugt einen Menschen«. Durch die Generationen hindurch reproduzieren sich die Arten. Alle Naturprozesse streben zur Realisierung ihrer Endgestalt, die sie auch erreichen, sofern nichts Hinderndes dazwischen tritt, und das ist der Ursprung der Regularität und Ordnung in der Natur.[8] Die Hindernisse widerstehen der Vollendung der naturgemäßen Bewegung (kinesis kata physin) und sind Ursache für naturwidrige Bewegung (kinesis para physin). So kann ein Hindernis den Fall des Steines nach unten aufhalten und die Erreichung seines »natürlichen Ortes« (oikeios topos) verhindern. Aber nur zeitweilig; und sobald das Hindernis beseitigt wird, wird er seine natürliche Bewegung vollenden. Es gibt im aristotelischen Naturgefüge keine Zerstörung der Form (d.h. des Zieles), allenfalls gibt es ein zwischenzeitliches Unvermögen, das Ziel zu erreichen.

Platons Kosmos hat eine teleologische Struktur, weil der Demiurg alle Verhältnisse hinblickend auf das Gute eingerichtet hat. Die Natur des Aristoteles hat eine teleologische Struktur, weil alle Bewegung als die Verwirklichung (entelecheia = das Im-Ziele-Haben) der noch unvollendeten Form gedacht wird. Das finalistische Denken ist freilich vor allem ein Denken des Endlichen: ist das Ziel erreicht, erlischt auch die Bewegung. Das »ins Ziel kommen« impliziert die Ruhe als den Endzustand. Aber auch Aristoteles teilt die Auffassung der Vorsokratiker von der Ewigkeit des Kosmos, der durch alle Zeiten hindurch in Bewegung bleibt. Diese ewige Bewegung kann aber nicht in demselben Sinn eine zielgerichtete wie vorhin sein, denn sonst müßte sie mit Erreichung des Zieles zur Ruhe kommen. Damit eine Bewegung ewig dauern kann (zumal in einem finiten Kosmos), muß sie einerseits immer schon vollendet sein und darf andererseits doch nicht an ein Ende kommen. Das gilt von der Kreisbewegung, die in stets

7 Phys. II,7; 198a 21-27.

8 Für Platon zeigt der Kosmos eine teleologische Struktur, weil der Demiurg die Ordnung hergestellt hat; für Aristoteles ist die Natur geordnet, weil und sofern die Naturprozesse teleologisch strukturiert sind. Vgl. Phys. II,8; 198b 10-199a 8.

gleicher Weise sich am gleichen Ort vollführt, die damit sich nicht auf ein Ziel außerhalb ihrer hinbewegt, sondern endlos den Mittelpunkt umkreist. Die Bewegung des Fixsternhimmels um die im Zentrum des Kosmos stehende Erde ist für Aristoteles die sich nicht vollendende Bewegung (kinesis ateleia), ohne die die teleologischen Bewegungen früher oder später zum Stillstand kommen müßten. Nur über diese Auffassung von der Kreisbewegung und der damit verbundenen Vorrangstellung der Ortsbewegung (phora, kinesis kata topon) vor den anderen Bewegungsarten gelingt es Aristoteles, den Finitismus der Teleologie mit der Auffassung von der ewigen Bewegtheit des Kosmos zu verbinden. Da aber alle Bewegung aufgrund ihrer teleologischen Bestimmung in sich eine Tendenz hat, zur Ruhe zu kommen, muß er auch für die ewige Bewegung des Fixsternhimmels einen ewigen Beweger annehmen. Er ist seinerseits nicht bewegt, bewegt aber alles andere als eine erste Ursache der Bewegung: der erste unbewegte Beweger (proton kinoun akineton); allerdings kann er aber nicht mehr Gegenstand der Physik sein.[9]

Die Naturteleologie des Aristoteles hängt mithin an starken Voraussetzungen, ohne die dieser Ansatz nicht konsistent vertreten werden kann: am unbewegten Beweger, an der Gleichförmigkeit der Kreisbewegung des Fixsternhimmels, an der Unzerstörbarkeit der Wesensformen (eidos, telos), um nur die fundamentalen zu nennen. Sie aber sind allesamt durch die Entwicklung der neuzeitlichen Naturwissenschaft problematisch geworden. All diese Annahmen sind metaphysische Annahmen, und Aristoteles

9 Vgl. hierzu und ebenso für das Verhältnis von Physik und Metaphysik: K. Oehler, Der Unbewegte Beweger des Aristoteles, Frankfurt/M. 1984.

Das Interesse an der Repristination des aristotelischen Naturbegriffs hängt vielleicht nicht so sehr an der Attraktivität des teleologischen Naturbegriffs, sondern an der Verankerung der »Physik« in einem über die Natur hinausliegenden Prinzip: am ersten unbewegten Beweger oder an Gott. – Es geht um eine Verankerung der Naturkonzeption in der »Theologie«. Denn man traut einer theologischen Fundierung von Handlungsnormen wohl mehr zu als einer sich auf die Autonomie des Menschen stützenden, wie das in der Philosophie der Neuzeit geschah. Vgl. G. Picht, »Der Begriff der Verantwortung«, in: Ders., Wahrheit, Vernunft, Verantwortung, Stuttgart 1969.

gründet die Physik als zweite Philosophie auf die Metaphysik, die die erste Philosophie ist. Fassen wir aber als Physik das auf, was uns die heutigen Naturwissenschaften über den Kosmos zu sagen haben, dann läßt sich das nicht mehr konsistent mit der aristotelischen Metaphysik als erster Philosophie verbinden. Wer uns empfiehlt, die Teleologie des Aristoteles zu adoptieren, muß uns also zugleich auf ganz unaristotelische Weise empfehlen, einen radikalen Schnitt zwischen die erste und die zweite Philosophie zu legen; er empfiehlt uns, die Teleologie als »bloße« Metaphysik zu übernehmen, deren Zusammenhang mit der Naturwissenschaft unvorstellbar geworden ist. Dies scheint ein hoher, ein zu hoher Preis für die Rückgewinnung einer Naturteleologie zu sein.

Aber schauen wir, ob sich der Preis vertreten läßt, wenn wir einbeziehen, welches Verständnis von Technik wir auf dieser Grundlage erhalten können.

Unter Techne versteht Aristoteles die Fertigkeit eines Hervorbringens von etwas (prágma). Mit dieser Kunstfertigkeit ist eher die Heilkunst des Arztes und das Können der Handwerker gemeint als eine Maschinentechnik in unserem Sinn oder die bildende Kunst.

Zwischen der Techne und der Art, wie die Natur etwas hervorbringt, sieht Aristoteles eine sehr enge strukturelle Analogie; denn in beiden wird immer das frühere Umwillen des Zieles (télos) getan; d.h. es werden Mittel eingesetzt zur Erreichung eines Zwecks. Aristoteles meint, daß genau so wie etwas durch menschliches Handeln hervorgebracht wird, es auch auf natürliche Weise entsteht und umgekehrt. Sein Beispiel spricht für sich: »Wenn z.B. ein Haus zu den Naturgegenständen gehörte, dann entstünde es genau so, wie jetzt auf Grund handwerklicher Fähigkeit; wenn umgekehrt die Naturdinge nicht allein aus Naturanlage, sondern auch aus Kunstfertigkeit entstünden, dann würden sie genau so entstehen wie sie natürlicherweise entstanden sind.«[10] In der Weise des Hervorbringens wird also kein Unterschied zwischen Techne und Physis gemacht, denn die Orientierung unter dem Telos gibt ja die Ordnung des früheren

10 Phys. II,8; 199a 12-15.

und späteren vor, durch die sich etwas aufbaut oder durch die etwas hervorgebracht wird.

Die Analogie zwischen Techne und Physis geht sogar über die Ordnung des früheren und späteren hinaus. Sie schließt recht verstanden auch noch ein, daß in beiden Fällen »ohne hin und her zu überlegen« etwas hervorgebracht wird. Dies wird ja häufig als Differenz zwischen Natur und Kunst gesehen; daß die Bienen ihre Waben bauen, ohne überlegen zu müssen, während menschliche Kunstfertigkeit nicht ohne Überlegung etwas hervorbringen könne. Aber Aristoteles weist mit Recht darauf hin, daß derjenige, der eine Kunstfertigkeit beherrscht, auch nicht mehr hin und her überlegen muß, sondern sie schlicht handhabt. Forschen, Beratschlagen und Wissen gehen zwar in die Ausbildung einer menschlichen Kunstfertigkeit ein, diese vollendet sich aber nicht im Wissen, sondern im Können. Deshalb kann Aristoteles Argumente gegen die Naturteleologie, die sich darauf stützen, daß die Naturwesen nicht überlegten, zurückweisen, »denn auch die Kunstfertigkeit überlegt nicht mehr hin und her«.[11]

Tatsächlich vertritt Aristoteles nicht nur diese strukturelle Analogie, sondern er bindet auch die möglichen Ziele des technischen Hervorbringens an die Physis. »Allgemein gesprochen«, fährt Aristoteles an der zuerst zitierten Stelle fort, »die Kunstfertigkeit bringt teils zur Vollendung, was die Natur nicht zu Ende bringen kann, teils ahmt sie sie nach.« Bedeutsamer als die vielbeschworene Rede von der Techne als einer Mimesis, einer Nachahmung, der Physis scheint mir hier die These zu sein, daß die Hervorbringungen durch Kunstfertigkeit sich darin erschöpfen, etwas zu vollenden, das die Natur selbst nicht zu Ende bringen kann. D. h. die Ziele des Hervorbringens sind gleichsam alle von Natur aus da, gehören als Möglichkeiten immer schon zur Physis – den Keimen der Pflanzen vergleichbar; nur daß bei den Pflanzen die Physis selbst sie auch zur vollen Wirklichkeit bringt – sofern nichts hindernd dazwischenkommt –, während bei den Artefakten ihre Verwirklichung durch die Kunstfertigkeit geschieht.

11 Phys. II,8; 199b 28.

Alle Techne hält sich damit nach Aristoteles im Rahmen der von der Natur vorgegebenen Zwecke; auch die Zwecke technischen Hervorbringens sind Naturzwecke, deren Erreichung hier nur über eine Kunstfertigkeit erfolgt, weil Natur selbst sie nicht zu vollenden vermag.

Sicher kann in einem so verstandenen Verhältnis von Physis und Techne letztere nicht als die Zerstörung der ersteren gedacht werden, womit ein durchaus wünschenswerter Zustand erreicht wäre. Überdies ist hier eine »physiozentrische« Position[12] entwickelt, insofern alle Technikzwecke von Haus aus Naturzwecke sind.

Sofern aber die Destruktivität der modernen Technologie gerade das zu bewältigende Problem darstellt, werden wir von Aristoteles wenig Hilfe erwarten dürfen, da sich in seiner Technikphilosophie das Problem nicht einmal formulieren läßt, um dessen Lösung wir bemüht sind. Es muß uns auch zu denken geben, daß das Physisdenken der Antike keineswegs den Raubbau an der Natur hat verhindern können;[13] ehemals bewaldete Regionen wurden abgeholzt, einerseits um den steigenden Holzbedarf für Schiffs- und Häuserbau zu befriedigen, andererseits um Raum für den flächendeckenden Ackerbau zu gewinnen. Das hat schließlich zur Verkarstung dieser Regionen geführt. Hier sind aber eindeutig anthropozentrisch-kulturelle Ziele maßgebend gewesen, deren Realisierung sich destruktiv auf den natürlichen Lebensraum ausgewirkt hat. Die Beispiele vorindustrieller Zerstörung von Natur – gerade auch im Umfeld eines »physiozentri-

12 Das Denken des Aristoteles ist zwar »physiozentrisch«, aber durchaus »anthropomorph«; denn ohne Rückgriffe auf menschliches Handeln könnte Aristoteles nie darlegen, was Naturteleologie heißen soll. Gerade das für die Naturprozesse charakteristische Zusammenfallen von Form-, Zweck- und Wirkursache kann er nur erläutern über die Selbstanwendung menschlicher Kunstfertigkeit. Er benutzt explizit die Zielgerichtetheit beim menschlichen Hervorbringen als Evidenz für die Naturteleologie: »Wenn es also bei der Kunstfertigkeit das ›wegen etwas‹ gibt, dann auch in der Natur. Am deutlichsten wird das dort, wo ein Arzt die Heilkunst auf sich selbst anwendet: gleichermaßen geht auch die Natur vor.« (Phys. II,8; 199b 30-33).

13 Vgl. K.-W. Weeber, Smog über Attika: Umweltverhalten im Altertum, Zürich/München 1990.

schen Denkens« – lassen sich vermehren.[14] So werden wir zu der Vermutung geführt, daß nicht so sehr der Besitz von »physiozentrischen« Normen unsere Vorfahren angehalten hat, »Frieden mit der Natur« zu halten, sondern daß die sehr viel schwächeren Technologien sie davon abgehalten haben, noch tiefgreifendere Schäden hervorzurufen als die, die sie hervorgerufen haben.

Das Verfügen über eine immense technologische Macht ist aber nun das Kennzeichen unserer gegenwärtigen Situation, das gegenüber allen früheren Epochen ein Novum darstellt, sofern die Normen des Umgangs mit dieser Macht erst gefunden oder doch erst erprobt werden müssen. – Wir haben ja auch große Scheu, Tugendhaftigkeit schon dort zu unterstellen, wo es keine Versuchungen gab.

Deshalb scheinen mir die Rückgriffe auf antike Naturvorstellungen zwar wertvoll im Sinne historischen Denkens: unser Selbstverständnis kann nur gewinnen, wenn wir die alternativen Denkweisen über die Natur präsent haben, die unser gegenwärtiges Denken mitgeprägt haben und noch immer beeinflussen. Aber die Angebote solcher Rückgriffe können nicht als eine Rettung aus der gegenwärtigen Krise akzeptiert werden, selbst wenn man einräumt, daß eine solche Rückwendung überhaupt möglich ist.

Ich werde weiter unten (Kap. 6.7) zeigen, daß es im Kontext der »physiologischen« Betrachtung der Natur tatsächlich zu einer Rückkehr von antiken Naturvorstellungen kommt. Allerdings können sie gerade nicht die neuzeitlichen *ersetzen*, sondern sie treten als qualifizierende Vorstellungen ergänzend hinzu.

14 Vgl. H.G. Mensching, Ökosystem-Zerstörung in vorindustrieller Zeit, in: H. Lübbe & E. Ströker (Hg.), Ökologische Probleme in kulturellem Wandel, München/Paderborn 1986, S. 15-27.

6. KAPITEL

Synthesis

Über Autonomie und Leiblichkeit des Menschen als Prinzipien ökologischer Ethik

6.1 Die Stärke einer dualistischen Position

Ich gehe davon aus, daß die menschliche Autonomie, d.h. das Vermögen des Menschen, sich in seinem Handeln gemäß eigenen Gesetzen bestimmen zu können, die unverzichtbare Grundlage dafür ist, auch sein Verhalten gegenüber der Natur zu bestimmen; nicht nur zu bestimmen, sondern vor allem zu beurteilen, in welchem Sinne es verantwortungsvolles Handeln ist oder verwerfliches. Selbst die Empfehlungen zugunsten einer »physiozentrischen« Einstellung appellieren an ein Sollen des Menschen: der Mensch *solle* den seitherigen »Anthropozentrismus« aufgeben, womit die Autonomie des Menschen in Anspruch genommen bzw. unterstellt wird. Und einige fordern die Abkehr vom Anthropozentrismus sogar explizit als eine Maßnahme, die die Daseinsbedingungen des Menschen langfristig sicherstellen soll; d.h. sie fordern die Abkehr vom Anthropozentrismus im Namen des Menschen, um ihn gleichsam durch die Einschränkung seiner Willkür vor sich selbst zu schützen.[1]

Ich werde zeigen, daß es zur Anerkennung von Schranken der Willkür auch im konsequenten Verfolgen des Autonomiegedankens kommt, und zwar ohne den Anthropozentrismus zu verabschieden, was ich überdies weder für möglich noch für wünschenswert erachte. Erst unter festgehaltener »anthropozentrischer« Perspektive stellt sich für das Verhältnis des Menschen zur Natur das Problem der Verantwortung. Dabei werde ich mich an Kants praktischer Philosophie orientieren.[2]

Die erste Einschränkung der freien Selbstbestimmung des Men-

1 So R. Spaemann, »Technische Eingriffe in die Natur als Probleme der politischen Ethik« in: Birnbacher (Hg.), Ökologie und Ethik, aaO, S. 197.

2 Damit ist keine beliebige historische Anknüpfung gemeint; Kants prak-

schen ergibt sich aus dem Konflikt mit den Mitmenschen: die Autonomie eines Menschen findet ihre Grenze dort, wo sie die Freiheit des anderen tangiert. Die Anerkennung des Rechts des anderen auf freie Selbstbestimmung konstituiert das moralische Subjekt: moralisch handelt, wer in seinem Handeln solchen Maximen folgt, von denen er wollen kann, daß sie von jedermann befolgt werden. Das ist die Forderung des kategorischen Imperativs Kants, der ein Kriterium angibt, nach dem die moralische Zulässigkeit von Handlungsmaximen zu beurteilen ist. Die freien Wesen müssen in eine Normierung ihres Handelns eintreten – wenn nicht die Gewalt das Gesetz des Handelns diktieren soll. Der Naturzustand erscheint als ein Zustand, der verlassen werden soll, um einen Zustand von Recht und Rechtssicherheit einzurichten.

Es gibt eine zweite Grenze der Willkür, d.h. des freien Setzens von Handlungszielen, die wir in uns selbst finden. Wir sind endliche Wesen, die nicht als reine Vernunftwesen, sondern als sinnlich-leibliche Wesen existieren. Mit dieser unserer physischen Seite ist eine eigene Trieb- und Bedürfnissphäre verbunden. Kant hat betont, daß diese Sphäre dafür verantwortlich ist, daß unser Handeln einer Pflichtenethik unterworfen werden muß; denn wir sind nicht immer geneigt, der Vernunft zu folgen – besser: wir sind meist abgeneigt, ihr zu folgen –, so daß sich die vernunftgemäßen Handlungen als Imperative, als Aufforderungen darstellen. Das in die Leib- und Triebsphäre verstrickte Selbst ist der Adressat der Imperative der Pflicht. –

Kants dualistische Position, die in seiner Trennung von theoretischer (= reiner) und praktischer Vernunft wurzelt, und zu einer Unterscheidung des »intelligiblen« und des »empirischen« Charakters des Menschen führt, ist als solche oft von monistischen Ansätzen her kritisiert worden. Dagegen hoffe ich im folgenden zu zeigen, daß die dualistische Herangehensweise nicht nur anthropologisch adäquater ist, sondern daß sie auch für die Diskussion des angemessenen Naturverhältnisses sich als ergiebiger erweist; denn damit ist die Möglichkeit eröffnet, den Gedanken

tische Philosophie ist in der einen oder anderen Version in fast allen gegenwärtigen Ethiken präsent.

der Erhaltung und Bewahrung mit dem der Vervollkommnung zu verbinden.

Grundlegend ist der Gedanke der Selbstverpflichtung, aus ihm leiten sich auch die Pflichten her, die wir gegen unsere Mitmenschen haben. Daß die Pflichten des Menschen gegen sich selbst vorrangig gegenüber den Pflichten gegen andere werden können, hat etwas Befremdliches an sich, wie denn schon der Begriff einer Pflicht gegen sich selbst von vielen als ein Unding angesehen wird. Auch Kant ist sich darüber im klaren, daß dem »ersten Anscheine nach« der Begriff einer Pflicht gegen sich selbst einen Widerspruch enthält; denn verpflichtendes Ich und verpflichtetes Ich sind ja in diesem Fall identisch, woher soll dabei die Verbindlichkeit stammen? (MdS II § 1; VI 417) – Aber der scheinbare Widerspruch löst sich auf, wenn man die doppelte Qualität des Menschen betrachtet, der einerseits ein Sinnenwesen ist – und in dieser Hinsicht zu einer der Tierarten gehört (homo sapiens) –, andererseits ein Vernunftwesen – und in dieser Hinsicht zum Reich der Freiheit gehört. Als intelligibles, der Freiheit fähiges Wesen ist der Mensch nie identisch mit seinem individuellen Ich, sondern zugleich Repräsentant der Menschheit in seiner Person, was seine Würde ausmacht. Daß die Pflichten des Menschen gegen sich selbst vorrangig werden können, hängt an dem Gedanken, daß der Mensch in seiner Person die Würde der Menschheit zu respektieren hat, »daß er sich selbst des *Vorzugs* eines moralischen Wesens, nämlich nach Prinzipien zu handeln, d.i. der inneren Freiheit, nicht beraube und dadurch zum Spiel bloßer Neigungen, also zur Sache, mache«. (MdS II § 4; VI 420)

Die Pflichten des Menschen gegen sich selbst betreffen nun einmal den Menschen, sofern er ein moralisches Wesen ist, zum anderen ihn, sofern er ein leibliches Wesen ist (das aber zugleich Vernunft hat).[3] Für die Frage nach der richtigen Einstellung gegenüber der Natur ist offenbar unsere eigene »animalische Natur« besonders angesprochen – und Hans Jonas hatte nicht

3 Dieser Doppelaspekt von »Sittlichkeit« und »Leiblichkeit« des Menschen birgt Probleme. So hat schon Kant es zurückgewiesen, im Rückgriff auf »Seele und Körper als Naturbeschaffenheiten des Menschen … zur Eintheilung in Pflichten gegen den *Körper* und gegen die *Seele* berechtigt zu sein«. (MdS II § 4; VI 419) Aber Kant räumt ein, daß dieser

zuletzt in dieser Hinsicht verlangt, daß wir die Bewahrung der Natur als erste Pflicht zu übernehmen hätten und der Idee der Vervollkommnung eine Absage erteilen sollten. Die Attraktivität des Ansatzes von Kant scheint mir nun aber gerade darin zu liegen, daß er beide Aspekte zu verbinden vermag: den der Bewahrung und den der Vervollkommnung.

Unter den vollkommenen Pflichten des Menschen gegen sich selbst führt Kant an: »Die, wenngleich nicht vornehmste, doch *erste* Pflicht des Menschen gegen sich selbst in der Qualität seiner Thierheit ist die *Selbsterhaltung* seiner animalischen Natur«. (MdS II § 5; VI 421) Kant zeigt in einer Reihe von negativen Pflichten auf, daß damit z. B. die Selbsttötung, die Selbstverstümmelung etc. verboten seien, wobei er in individualethischer Perspektive (»Pflichtartikel wider die Laster«) verbleibt. Wir können aber von hierher sofort schließen, daß wir damit auch verpflichtet sind, *die Bedingungen in der äußeren Natur so zu bewahren, daß wir unsere animalische Natur erhalten können*. Die Pflicht zur Selbsterhaltung als animalische Natur schließt also durchaus weitere Bereiche als unseren eigenen Körper ein. Die einschränkenden Pflichten gegen uns selbst bilden die Grundlage für eine bewahrende, schonende Einstellung hinsichtlich der Natur, der äußeren wie der inneren, und Kant meint, daß diese Einstellung zur »moralischen Gesundheit des Menschen« gehöre. Die erweiternden Pflichten des Menschen gegen sich selbst (Gebote) gehen demgegenüber auf die »Vervollkommnung seiner selbst«, und diese schließen dann auch die Formen der Kultivierung der Natur, der äußeren wie der inneren, ein.

»Der erste Grundsatz der Pflicht gegen sich selbst liegt in dem Spruch: lebe der Natur gemäß (naturae convenienter vive), d.i.

Gesichtspunkt die »subjektive Eintheilung der Pflichten des Menschen gegen sich selbst« liefern könne, indem »das Subjekt der Pflicht (der Mensch) sich selbst entweder als *animalisches* (physisches) und zugleich moralisches, oder *blos als moralisches* Wesen betrachtet«. (ebenda) – Mit »Leiblichkeit« ist also keine cartesianische Beschaffenheit gemeint, sondern eine Hinsicht, eine Perspektive: in ihr läßt sich eine Teilklasse der Pflichten des Menschen gegen sich selbst auszeichnen, die ihn als ein animalisches Wesen betreffen, das zugleich autonom, d. h. der moralischen Zurechnung fähig ist.

erhalte dich in der Vollkommenheit deiner Natur, der zweite in dem Satz: *mache dich vollkommener*, als die bloße Natur dich schuf (perfice te ut finem; perfice te ut medium)«. (MdS II § 4; VI 419) Während die Pflicht zur Selbsterhaltung eine strikte Anweisung zum Handeln (besser: strikte Anweisung, schädigende Handlungen zu unterlassen) enthält, erreicht die Pflicht der Vervollkommnung die Ebene konkreter Handlungen nicht. Zwar ist der Mensch verpflichtet, »sich aus der Rohigkeit seiner Natur ... immer mehr zur Menschheit, durch die er allein fähig ist sich Zwecke zu setzen, empor zu arbeiten: seine Unwissenheit durch Belehrung zu ergänzen und seine Irrtümer zu verbessern«. (MdS II Einl.; VI 387) Das aber nicht wegen des Vorteils, den er aus der Kultivierung der Naturanlagen hat. Die Pflicht der Vervollkommnung ist kein Gebot der technisch-praktischen Vernunft, sondern der moralisch-praktischen Vernunft, »um der Menschheit, die in ihm wohnt, würdig zu sein«. Jedoch ist es unmöglich, alle unsere Anlagen zu entwickeln, und ebenso bleibt durch die Pflicht unbestimmt, bis zu welchem Grad sie entwickelt werden sollen. Deshalb sind alle Pflichten gegen sich selbst zur Erhöhung der physischen wie der moralischen Vollkommenheit nur unvollkommene Pflichten, die der Willkür einen großen Spielraum lassen. Sie erstrecken sich eigentlich nur auf ein nachhaltiges Bemühen, nicht aber auf das Erreichen eines bestimmten Zustandes, eine Einschränkung, die wegen der »Gebrechlichkeit der menschlichen Natur« zu machen ist.

Aus diesen Partien halte ich zunächst einmal fest, daß wir verpflichtet sind, für unsere Gesundheit Sorge zu tragen. Hier wird also dem Umstand Rechnung getragen, daß wir eine derartige Leibnatur haben, daß wir sie durch unser Verhalten schädigen können. Dies nicht zuzulassen, wird mithin zum Gegenstand eigener Pflichten. – Wir können auch nicht über das hinaus verpflichtet werden, was uns unseren physischen Bedingungen nach möglich ist. Kein noch so großer Notfall kann mich verpflichten, »sofort« an Ort und Stelle zu sein, um Hilfe zu bringen, oder zugleich an mehreren Orten. So gesehen, gehen kontingente Umstände, die Tatsache, daß wir einen Leib von der und der Beschaffenheit haben, in die Formulierung der Pflichten ein.[4]

4 Kant verbindet mit der animalischen Natur des Menschen überdies

Können wir aber nicht – dem noch vorgelagert – sagen, daß unsere Leiblichkeit es ist, derzufolge wir in Kontexten des Erwägens von Nutzen und Nachteilen stehen[5]? Und insbesondere, daß wir in Hinsicht auf die leibzentrierten Handlungen gar nicht von den Folgen unseres Handelns absehen können. D.h. unsere Leiblichkeit – insofern sie auf Schmerzvermeidung und Lustgewinn ausgerichtet ist – konstituiert uns quasi als ein »utilitaristisches Subjekt«.

Weil dieser Aspekt so nah an die Position des Utilitarismus rückt, ist eine Abgrenzung geboten. Nicht, daß die Konsequenzen des Handelns überhaupt zur Beurteilung der Erlaubtheit oder Unerlaubtheit einer Handlung herangezogen werden, konstituiert den Utilitarismus; denn das ist ja auch bei den hypothetischen Imperativen der deontologischen Ethik der Fall. Die utilitaristische Position ist vielmehr konstituiert durch die normative Regel, jene Handlungen seien auszuführen, *durch die die Erfüllung der Präferenzen (= Interessen, Wünsche, Glücksbegehren) maximiert werde*; oder die, wie es oft auch formuliert wird, eine Maximierung des Gesamtglücks bewirken.

Aus der Perspektive einer Pflichtenethik sind dagegen mindestens zwei Bedenken üblich: (1) »Von Natur aus«, d.h. weil und sofern wir organisch-leibliche Wesen sind, streben wir nach Glückseligkeit – ein Glücksgebot käme immer zu spät. Aber (2) die Maximierung des Glücks kann nicht die ausschlaggebende Norm der Ethik sein, wie es in der utilitaristischen Ethik formuliert ist.

einen dreifachen Impuls: (a) die Erhaltung seiner selbst, (b) die Erhaltung der Art und (c) die Erhaltung seines »Vermögens zum angenehmen, aber doch nur tierischen Lebensgenuß« (MdS II § 4; VI 420).

5 Ich folge also dem Kantischen Grundriß, nicht aber seiner Tugendlehre im einzelnen. Auch Kants *objektive* Einteilung der Pflichten gegen sich selbst in einschränkende (negative Pflichten/Verbote) und erweiternde (positive Pflichten/Gebote), wobei die ersten dem Gesichtspunkt der *Erhaltung*, die letzten dem Gesichtspunkt der *Vervollkommnung* verbunden sind, wird hier in gewisser Weise beibehalten. – Im Unterschied zu Kant sehe ich uns allerdings erst in der Situation, in der wir Gesichtspunkte der Beurteilung für ein »Bewahren« bzw. »Vervollkommnen« gewinnen müssen, ohne daß ein *System* der Pflichten – samt Casuistik – absehbar wäre.

Denn um es zuwege zu bringen, daß alle einigermaßen glücklich leben können, bzw. damit das Subjekt sich überhaupt als »glückswürdig« erweisen kann, muß das Handeln an der normativen Frage ausgerichtet werden, was vernünftigerweise allen Subjekten an *Einschränkungen ihrer Willkür zugemutet werden muß*, damit die Autonomieansprüche aller zusammenbestehen können; denn erst das Zusammenbestehenkönnen aller Subjekte in ihren Ansprüchen auf Selbstbestimmung konstituiert Sittlichkeit.

Es wäre vermessen, in unserem Zusammenhang eine prinzipielle Auseinandersetzung mit dem utilitaristischen Ansatz oder gar eine Zurückweisung liefern zu wollen; ich verdeutliche nur im Ausgang von einer Pflichtenethik kantischen Typs die Nähen und Abgrenzungen zu utilitaristischen oder konsequenzialistischen Überlegungen. Daß es überhaupt Nähen, ja Übereinstimmungen gibt, wird oft – wegen der Rivalität der Ansätze auf der Prinzipienebene – übersehen. Der Gedanke der Präferenzerfüllung liegt nahe, wenn man vom Grundzustand des Mangels bzw. der allgemeinen Bedürftigkeit in der menschlichen Daseinsweise ausgeht und es folglich als vorteilhaft ansieht, seine Bedürfnisse befriedigt zu bekommen; eine Annahme, die in der Tat plausibel ist. Aller Mangel des Menschen hat aber seinen primären Ort in der Bedürfnisstruktur seines Leibes, kennzeichnet seine Daseinsbedingungen, sofern er ein organisches Wesen ist. Hier ist er auf die erfolgreiche Mittelwahl hinsichtlich der Befriedigung seiner Grundbedürfnisse angewiesen.[6]

6 Natürlich will ich damit nicht erneut behaupten, daß die utilitaristische Ethik eine Ethik der leiblichen Lust (pleasure), die es zu maximieren gelte, sei – und damit die Vorwürfe aufleben lassen, gegen die sich die Begründer J. Bentham und J. St. Mill zu verteidigen hatten. Im Rahmen des Utilitarismus lassen sich die Prinzipien der Fairness und der Gerechtigkeit genauso vertreten wie im Rahmen einer deontologischen Ethik. – Ich will hier nur behaupten, daß die primäre Plausibilität des Utilitarismus – nämlich die Erlaubtheit oder Unerlaubtheit von Handlungen zu erklären im Ausgang von den guten oder schlechten Handlungsfolgen – wohl in dem Umstand zu sehen ist, daß unser körperliches Empfinden positiv oder negativ hinsichtlich von Handlungsfolgen reagiert.

Ich bin mir nicht sicher, ob die folgende Konstruktion haltbar ist, finde sie aber attraktiv und möchte sie als Denkversuch ins Spiel bringen: Kant hat die beiden Hinsichten auf den Menschen (als bloß moralisches Subjekt und als ein animalisches, das zugleich moralisch ist) lediglich zur Einteilung der Pflichten benutzt, die wir gegen uns selbst haben. Könnte man aber diesen Gesichtspunkt nicht stärken dahingehend, daß konsequenzialistische Erwägungen in einen deontologischen Ansatz aufzunehmen sind? Die rein deontologische Betrachtung (Pflichtgebote ohne Ansehung von Folgen) könnte dem als völlig autonom verstandenen Subjekt gegenüber adäquat sein; dagegen ist unsere organismische Natur dafür verantwortlich, daß unser Interesse auf die Erfüllung von Bedürfnissen gerichtet ist und wir damit notwendig auf Handlungskonsequenzen orientiert sind. Nützlichkeitserwägungen würden dann immer dort auftauchen, wo unsere organismische Seite direkt betroffen würde. – Überdies versteht es sich m. E. von selbst, daß in diesem Zusammenhang die »pragmatischen Imperative der Klugheit« eine größere Bedeutung annehmen werden. Im Kontext ökologischer Ethik wird oft vorschnell moralisiert, anstatt zunächst einmal den pragmatischen Empfehlungen vernünftigen Erwägens Raum zu geben.

Gemäß dem Autonomieprinzip ist der Mensch das frei Zwecke setzende Wesen, dessen Zwecke über alle Natur hinaus liegen, d. h. moralisches Wesen. Unter dieser Prämisse ist es nach Kant dem Menschen erlaubt, Natur als Mittel für eigene Zwecke zu betrachten – und so gesehen, auch uneingeschränkt. Unter dieser Perspektive ist die Natur bloßes Mittel zur Erreichung menschlicher Zwecke. Einschränkungen dieses Handelns gegenüber der Natur ergeben sich auf dieser Ebene offenbar in zwei Hinsichten: einmal insofern er dabei in Konflikt mit den Rechten anderer gerät, zum anderen, sofern er dabei in Konflikt gerät mit den Pflichten gegen sich selbst.

Eine ganz andere Sorte von Einschränkungen seines Handelns gegenüber der Natur ergibt sich jedoch, wenn wir von dem zweiten Moment ausgehen. Hier ist das Ausgangsdatum unsere eigene leibliche Bedürftigkeit, die uns als endliche und sinnliche Wesen charakterisiert. Hier sind wir verpflichtet, für unser leibliches Wohl Sorge zu tragen. D. h. wir müssen bei all unseren Hand-

lungen gegenüber der Natur reflektieren, was die Auswirkungen unseres Handelns mit Bezug auf unser kurz- und langfristiges Wohlergehen sein werden. (vgl. u. Kap. 6.9)
In dieser zweiten Perspektive werden vor allem Schranken des zulässigen, des verantwortlichen Eingreifens in die Naturbedingungen aufweisbar. Wir werden von hierher weniger positive Empfehlungen gewinnen können, welche Handlungen geboten seien, als vielmehr negative Empfehlungen, welche zu unterlassen seien. Das hat mit einer gewissen Asymmetrie in den Begriffen von Gesundheit und Krankheit zu tun. Während es nämlich schwer ist anzugeben, wann (oder gar wodurch) jemand gesund ist, können wir doch vergleichsweise eindeutig sagen, wann er krank ist. Insbesondere können wir in vielen Fällen (die) Ursachen für Erkrankungen identifizieren (Ätiologie). Deshalb werden die Empfehlungen eher eine negative Form annehmen: krankmachende Veränderungen und erst recht solche, die unser langfristiges Überleben als Gattung gefährden oder gar unmöglich machen, sind zu unterlassen.[7]

6.2 Der »Anthropozentrismus« unterstellt die Naturnutzung der Moralität

Francis Bacon hatte mit der »general admonition« sein Gesamtprojekt unter ein Prinzip der »charity«, der allgemeinen caritas und benevolentia, gerückt, aber keine philosophische Begründung dafür ausgeführt (vgl. o. Kap. 3.2). Eine Begründung der These, daß jede Form der Naturnutzung für menschliche Zwecke übergriffen sein muß vom Moralprinzip, findet sich in Kants

7 Daß die Vermeidung nachteiliger Konsequenzen vorrangig gegenüber dem Erstreben der positiven wird, hat auch mit einer Favorisierung der falsifizierenden (Fehler eliminierenden) Methode vor einer affirmierenden (verifizierenden oder induktiv stützenden) zu tun, wie sie Popper vertritt. Vgl. für die Beziehung auf ökologische Probleme meinen Beitrag »Kritischer Rationalismus und ökologische Krise: Überlegungen zur Utopie- und Technikkritik« in: K. Salamun (Hg.), Moral und Politik aus der Sicht des Kritischen Rationalismus, Amsterdam 1991, S. 179-200.

Philosophie. Der Rückgriff auf Kant bietet sich nicht nur an gleichsam als eine einschlägige Ausarbeitung der »general admonition«, sondern vor allem, weil hier eine konsequent anthropozentrische Position vorliegt, die keineswegs eine willkürliche und schrankenlose Nutzungspraxis legitimiert, sondern Normen verantwortlichen Handelns – auch des technisch-praktischen – anbietet.

Eine Ethik der Verantwortung, des verantwortlichen Umgangs mit der Natur, wird sich – so meine ich – nur sinnvoll entwickeln lassen unter Stärkung des Autonomiegedankens. Eine Zuschreibung von Verantwortung für Handlungsfolgen setzt immer voraus, daß so oder anders gehandelt werden könnte, setzt die Freiheit eines Handlungsspielraums voraus. Je mehr jedoch der Mensch als Teil eines umfassenden Naturzusammenhangs, d. h. in physiozentrischer Perspektive, bestimmt wird, desto mehr verschwindet dieser Handlungsfreiraum im Netz von Naturnotwendigkeiten.

Verantwortung, auch in Hinsicht auf die Natur, läßt sich gerade nicht gründen auf das Naturverhältnis des Menschen, so als ob sich an ihm unmittelbar ablesen ließe, welche Maßnahmen der Mensch zur Gestaltung seines Lebens ergreifen solle. Schon der Umstand, daß dieses Naturverhältnis des Menschen extremen Variationen unterliegen kann, muß diesen Gedanken verbieten. Eher läßt sich die Verantwortung gründen auf die Sonderstellung des Menschen im Reich der Natur als eines Wesens, das sich selbst das Gesetz seines Handelns gibt.

Im eigentlichen Sinne, das war eine Konsequenz auch der Jonas-Kritik gewesen, erstreckt sich die Verantwortung ja nicht auf die Natur als solche, sondern primär auf die Folgen unseres Handelns, und damit sekundär auch auf die Veränderungen, die wir in der Natur induzieren. Das heißt aber, sie betrifft nicht schlicht das Naturverhältnis des Menschen, sondern unser kultivierendes Eingreifen in die Natur. Diese Kultivierung der Natur kann – wie wir aus der eigenen Geschichte und aus den ethnologischen und kulturhistorischen Berichten wissen – in sehr unterschiedlichen Formen erfolgen. Nicht alle Formen werden schon deshalb, weil sie als Weisen von »Kultivierung« beschrieben werden können, auch als vernünftige oder angemessene Form des Umgangs mit

Naturgegebenheiten gerechtfertigt sein. Und umgekehrt wäre es vermessen zu erwarten, daß es *nur eine*, eben »*die* natürliche Form« geben könnte; eine solche Erwartung verbietet sich schon aufgrund der gewaltigen klimatischen und lebensräumlichen Differenzen, die auf unserem Planeten herrschen.

Unter diesen Formen unterschiedlicher Kultivierung gilt es also wohl, eine Gewichtung herbeizuführen, eine Präferenzstruktur zu entwickeln. Ich betrachte also die Technik als Moment, als Medium, als Mittel der Kultivierung der Natur, durch die wir uns Natur aneignen. Zwar ist die Bestimmung der Technik als Mittel oder als Instrument starker Kritik ausgesetzt. Ihre Eigendynamik lasse die Vorstellung von der Technik als Instrument nicht mehr zu, da längst nicht mehr wir die Technik zu eigenen Zwecken benutzten, sondern wir von der Technik beherrscht seien.[8]

Wie immer es um die Frage der Beherrschbarkeit der sich eigendynamisch verselbständigenden Technik stehen mag, hier wird zunächst einmal an der Einordnung der Technik in die Kultivierungsformen der Natur festgehalten.[9] Für die Bewertung und Kritik unterschiedlicher Formen der Kultivierung stehen uns jedoch keine »Naturnormen« zur Verfügung.

Wir müssen und können nicht der Natur ablauschen, wie wir leben sollen, sondern wir sollten in kritischer Diskussion ver-

8 Vgl. Leo Kofler, Beherrscht uns die Technik? Technologische Rationalität im Spätkapitalismus, Hamburg 1983. – G. Anders, Die Antiquiertheit des Menschen, aaO. – H. Jonas, Das Prinzip Verantwortung, aaO.

9 Alle Formen der Kultivierung der Natur sind im übrigen überindividuelle Formen, d.h. Formen kollektiver Aneignung. Auch schon für die archaischen und frühneuzeitlichen Formen galt, daß sie in einer Tradition standen, daß ihre Strukturen und Leistungen nicht an die Zustimmung oder Ablehnung einzelner Individuen gebunden waren, daß vielmehr die Individuen in eine jeweilige Kultur eingebunden waren. – Es mag sogar eher angehen, die moderne industrielle Kultur für beeinflußbar durch individuelle Entscheidungen zu halten; man denke nur an Entscheidungen in den Chefetagen der Unternehmen oder an Formen der Mitbestimmung, die trotz der immer betonten »Sachzwänge« doch immer Einzelentscheidungen bleiben, während die archaischen Kulturen infolge ihrer Stabilität über viele Generationen hinweg als ahistorisch und naturwüchsig erscheinen mußten.

schiedene Vorstellungen von der Kultivierung der Natur zu bewerten suchen. Kultivierung der Natur setzt freilich voraus, daß wir die Natur als Mittel betrachten, daß wir sie auf den Menschen als letzten Zweck beziehen. Mit dem Begriff der Kultur ist m.E. die anthropozentrische Position untrennbar verbunden. Wer also verlangt, die anthropozentrische Position aufzugeben, sagt damit eigentlich der Aufgabe der Kultivierung der Natur ab.[10]

Diese These *vom Menschen als letztem Zweck der Natur* redet jedoch keiner schonungslosen Ausbeutung oder Zerstörung der Natur das Wort, wie es häufig dargestellt wird. M.E. nimmt die These von der Kultivierung der Natur den Menschen in seine anspruchsvollste Verantwortlichkeit. Jedenfalls sehe ich diese Sachlage so, wenn ich die §§ 82-84 von Kants *Kritik der Urteilskraft* angemessen in unsere Überlegungen einbeziehe. Danach darf der Mensch nur dann – und nur insofern – als letzter Zweck der Natur betrachtet werden, als er über das Vermögen der Zwecksetzung verfügt. Die Dimension, in der der Mensch frei Zwecke setzen kann, ist jedoch allein die des sittlich-praktischen Handelns. Sich als »Herrn der Natur« betrachten zu dürfen, ist mithin nicht schlicht an das Verfügen über bestimmte technische Machtmittel gebunden, sondern an die *Moralität des Menschen*. Nicht sofern er die Macht hat, diesen oder jenen eigenen Zweck der Natur aufzuzwingen, ist er betitelter Herr der Natur. Nur, sofern er Zwecke verfolgt, die über die Natur hinausliegen; d.h. *nur* indem er sich gemäß dem Sittengesetz in seiner Handlung bestimmt, ist es gestattet, Natur als Mittel zu betrachten.

10 K.M. Meyer-Abich versucht sich unentwegt an der Quadratur des Kreises, wenn er einerseits keinen Zweifel daran aufkommen läßt, daß wir auch in Zukunft verändernd in die Natur eingreifen werden und dürfen, und andererseits eine physiozentrische Position propagiert. Aber auch für ihn ist in diesem Konflikt »die einzig interessante Frage ..., welche Art des Umgangs [mit der Natur, L.S.] zu rechtfertigen ist und welche nicht«. Und letztlich läuft es doch nur auf eine Güterabwägung hinaus: »*Wir müssen die menschlichen Interessen gegen die der betroffenen Mitwelt abwägen* und unsere Interessen dort durchsetzen, wo wir *rechtfertigen* zu können glauben, daß sie die überwiegenden sind.« Wege zum Frieden mit der Natur, aaO, S. 146, 147.

Damit sind die teleologische Betrachtung und der Mittelgebrauch der Natur gerade der Moralität untergeordnet. Das Vermögen der Autonomie, das darin besteht, über die Zwecke des Handelns frei verfügen zu können, wobei lediglich die Maxime der Zumutbarkeit für alle – die Grundformel des kategorischen Imperativs – zu beachten ist, ist also die Voraussetzung dafür, auch Natur als Mittel betrachten zu können bzw. zu dürfen.

Mit dieser Unterordnung der Natur insgesamt als Mittel zu den Zwecksetzungen des Menschen wird also Natur gerade keiner Willkür und Beliebigkeit des Gebrauchs ausgeliefert, sondern den Normen sittlichen Handelns unterworfen. »... nur im Menschen, aber auch in diesem nur als Subjekte der Moralität, ist die unbedingte Gesetzgebung in Ansehung der Zwecke anzutreffen, welche ihn also allein fähig macht, Endzweck zu sein, dem die ganze Natur teleologisch untergeordnet ist«. (KU § 84; V 435 f.)

Allein die Menschheit als sich kultivierende ist berechtigt, Natur als Mittel zu betrachten. Die teleologische Betrachtung der Natur und das Selbstverständnis des Menschen als letztem Zweck der Natur stehen mithin unter einer sehr starken Bedingung: »... daß er [der Mensch; L. S.] es verstehe und den Willen habe, dieser und ihm selbst eine solche Zweckbeziehung zu geben, die unabhängig von der Natur sich selbst genug, mithin Endzweck sein könne, der aber in der Natur gar nicht gesucht werden muß«. (KU § 83; V 431)

Damit kann weder das Streben nach materiellem Wohlstand (Glückseligkeit auf Erden) Einzelner oder von Gruppen noch der Wille, der Natur eine neue Ordnung aufzuprägen, eine *hinreichende Bedingung* dafür sein, sich als Endzweck der Natur zu betrachten, d. h. sie als Mittel anzusehen, sondern allein die Kultivierung, und zwar »in Ansehung der Menschengattung«, berechtigt dazu. Denn, wie wir sahen, gehört es zum Selbstverständnis des moralischen Subjektes, daß es in sich selbst wie in jedem anderen die »Menschheit« repräsentiert sieht. Eigeninteressen dürfen nicht vorrangig berücksichtigt werden. Sofern die organismische Seite des Menschen betroffen ist, ist das sogar noch akzentuiert, denn es gehört zu unseren Tugendpflichten, die Glückseligkeit anderer zu verfolgen; daraus folgt unmittelbar,

daß wir keinesfalls die Grundvoraussetzungen ihres Wohlergehens beeinträchtigen oder gar zerstören dürfen.
Ich glaube, daß sich von hierher sofort als eine erste Konsequenz ergibt, daß die technische Nutzung der Natur unter der obersten Sorge und Fürsorgepflicht *für alle Menschen* – die jetzt und in Zukunft lebenden – steht. Diese Pflicht der Fürsorge für die jetzigen und kommenden Generationen ist keine Pflicht, die wir zusätzlich übernehmen könnten oder von der wir uns auch dispensieren dürften, sondern sie ist notwendiges Implikat jener Einstellung, durch die wir uns Natur zunutze machen und zunutze machen dürfen.
Gegeben die Endlichkeit der Mittel und ihre fortschreitende Verknappung, ist ihre schonendste und sparsamste Verwendung die erste Konsequenz. Wenn denn mit der Rede von Anthropozentrismus und Autonomie des Menschen sich der Gedanke einer Herrschaft über die Natur verbindet, dann nur in der Form, in der »Vernunft allein Gewalt haben soll« (KU § 83; V 433), indessen sind gegenwärtig eher die Exzesse der Unvernunft am Werke. Es würde jeden mit moralischer Abscheu erfüllen, wenn er mitansehen müßte, wie einem Notleidenden aus seinem Becher von einem Wohlhabenden die Pfennige genommen würden, anstatt ihm etwas zuzuwenden. Die Situation der Nutzung von Naturgütern müssen wir uns aber durchaus in Analogie dazu denken. Denn da das Nutzungsrecht nur der Menschheit insgesamt als sich kultivierender zugehört und es kein Privileg der jetzigen Generation gibt, sich als Exklusivnutzer zu betrachten, müssen wir uns vorstellen, daß die nicht erneuerbaren Güter der Natur gleichsam vorrangig den kommenden Generationen anvertraut sind. De facto verzehrt aber unsere noch immer auf Wachstum orientierte Wirtschaft auf schonungslose Weise die natürlichen Ressourcen. Wir »bedienen uns« aus den den kommenden Generationen anvertrauten sich ständig verknappenden Beständen nicht minder als der beispielhafte Reiche aus dem Becher des Armen! Von moralischer Neutralität der Technik kann hinsichtlich der Beschränktheit der Ressourcen, die sie verzehrt, überhaupt keine Rede sein. Bacons »general admonition«, Kants Unterordnung der Naturnutzung unter die Moralität suchen beide »humanitäre« Bedingungen für den Einsatz von Technolo-

gie zu formulieren. Die Kultivierungsformen der Natur – vom homo faber entworfen und vom homo oeconomicus als profitabel ausgezeichnet – müssen sich vor allem auch moralisch verantworten lassen.

6.3 Der Eigenwert der Naturdinge und die Pflichten gegen uns selbst

Es ist häufig die Auffassung vertreten worden, daß es auf der Grundlage der kantischen Philosophie nur zur Rechtfertigung einer uneingeschränkten Nutzungspraxis der Natur durch den Menschen kommen könne. Jonas hat es als eine wichtige Aufgabe angesehen, die Natur teleologisch zu deuten und Naturwesen als Selbstzwecke zu betrachten, um damit einen Eigenwert der Naturwesen zu etablieren, unabhängig von dem Nutzen, den die Menschen aus der Natur ziehen können. Man kann aber zeigen, daß es dafür nicht nötig ist, der Natur eine Teleologie zu unterstellen; vielmehr kommt es im Rahmen der Theorie des Naturschönen bei Kant zur Anerkennung des Eigenwerts von Naturdingen – frei von der Beziehung auf ihre mögliche Nützlichkeit.

Kant hatte in seinen ersten Ausführungen zur Ethik die Pflichten »in Ansehung der Natur« auf die Pflichten gegründet, die wir gegenüber unseren Mitmenschen haben, und als indirekte Pflichten bestimmt; d. h. er hatte es als nicht erlaubt betrachtet, daß wir Güter der Natur verkommen lassen oder zerstören, weil sie unabhängig von unserer eigenen Einschätzung doch zu jemand anderes Nutzen sein könnten. Die indirekten Pflichten, die wir zur Schonung von Naturgütern haben, sind somit Teil der Pflichten, die wir gegenüber unseren Mitmenschen haben.

Kant hat die Indirektheit der Pflicht hinsichtlich der Natur später nicht zurückgenommen; aber wir finden zwei neue Gesichtspunkte für ihre Begründung: (1) die Basis für die Schonung von Naturgütern wird nicht mehr (ausschließlich) in ihrem möglichen Nutzen gesehen, den sie für die Menschen haben könnten, sondern in ihrer Schönheit; (2) die nunmehr maßgebende Pflicht ist nicht mehr die Pflicht gegenüber anderen, sondern die Pflicht gegen uns selbst.[11] Das sieht zwar zunächst wie eine Abschwächung aus, weil jetzt deutlich subjektiv, ja sogar privat zu nennende Gesichtspunkte vorrangig werden (Ästhetik, Pflichten gegen sich selbst); in Wirklichkeit handelt es sich jedoch um einen Schritt in die hier zu favorisierende Richtung, weil Kant dadurch weiter abrückt von der Beziehung der Naturdinge auf den möglichen Nutzen, weiter abrückt von der Beziehung auf unmittelbare Bedürfnisse des Menschen.

Betrachten wir nun, wie Kant den Begriff des Schönen mit dem der Pflicht in Zusammenhang bringt.

»In Ansehung des *Schönen*, obgleich Leblosen in der Natur ist ein Hang zum bloßen Zerstören (spiritus destructionis) der Pflicht des Menschen gegen sich selbst zuwider: weil es dasjenige Gefühl im Menschen schwächt oder vertilgt, was zwar nicht für sich allein schon moralisch ist, aber doch diejenige Stimmung der Sinnlichkeit, welche die Moralität sehr befördert, wenigstens dazu vorbereitet, nämlich etwas auch ohne Absicht auf Nutzen zu lieben (z. B. die schönen Krystallisationen, das unbeschreiblich Schöne des Gewächsreiches).

In Ansehung des lebenden, obgleich vernunftlosen Theils der Geschöpfe ist die Pflicht der Enthaltung von gewaltsamer und zugleich grausamer Behandlung der Thiere der Pflicht des Menschen gegen sich selbst weit inniglicher entgegengesetzt, weil dadurch das Mitgefühl abgestumpft und dadurch eine der Moralität im Verhältnisse zu anderen Menschen sehr diensame natürliche Anlage geschwächt und nach und nach ausgetilgt wird; ... Selbst Dankbarkeit für lang geleistete Dienste eines alten Pferdes oder Hundes (gleich als ob sie Hausgenossen wären) gehört *indirekt* zur Pflicht des Menschen, nämlich *in Ansehung* dieser Thiere, *direkt* aber betrachtet ist sie immer nur Pflicht des Menschen *gegen* sich selbst«. (MdS II § 17; VI 443)

Diese Textpartie ist oft zitiert worden, um das Schiefe und Unangemessene der Kantischen Position zu unterstreichen. Man hält es für eine »moralische Ungeheuerlichkeit« (Schopenhauer), daß Kant Tierquälerei und Vivisektion von Tieren nur deshalb ver-

11 Vgl. Paul Guyer, »Kant on Duties Regarding Nature« (Beitrag zu einem Symposium »Man-Nature-Universe«, veranstaltet von der Universität Lodz, Polen, vom 24.-28. Mai 1988). Im Erscheinen.

biete, weil es unser *Mitgefühl für andere Menschen* schwäche. Nach Kant sei mithin die Tierquälerei nicht an sich verwerflich, sondern nur hinsichtlich der negativen Folgen für das zwischenmenschliche Verhalten. Demgegenüber fordern sie, man solle die Tierquälerei unterlassen »um der Tiere selbst willen«, weil und sofern sie leidensfähig sind. Das hat viel für sich. Tierquälerei ist abscheulich, weil die leidensfähige Kreatur geschunden wird, nicht weil eine Disposition in uns geschädigt wird!

Allerdings verbindet sich mit dem »pathozentrischen« Ansatz sofort die Frage nach den Kriterien für Leidensfähigkeit; denn die Fähigkeit, Schmerzen empfinden zu können, ist von einem bestimmten Grad der Organisation des Nervensystems des betreffenden Organismus abhängig. Damit aber gerät er selbst in schiefes Licht, so als ob es darum ginge herauszufinden, wo gleichsam die kritische Schwelle liege, unterhalb welcher es erlaubt sei, sich zerstörerisch und quälerisch gegen Naturwesen zu verhalten. Kant *verbietet* jedoch den spiritus destructionis auch hinsichtlich des Leblosen (!) in der Natur, geht damit offenbar entschieden über das hinaus, was in »pathozentrischer Ethik« eingefordert wird. Moniert man aber an Kants Ethik, daß das Verbot der Tierquälerei nicht »um der Tiere selbst willen« *begründet* werde, so argumentiert man gesinnungsethischer als es Kant selbst tat. Unabhängig von allem Worumwillen gilt es doch zunächst einmal festzuhalten, *daß* auf der Grundlage der Kantischen Ethik Tierquälerei und Zerstörung von Natur verboten sind. Man darf auch nicht verkennen, daß Kant nicht hat explizieren wollen, welche Vorstellungen oder gar welche Empfindungen wir mit Tierquälerei verbinden, sondern daß er in einem Begründungskontext von Pflichten darlegen will, auf welcher Grundlage der spiritus destructionis sich als Verbot am konsequentesten darstellen läßt.

Die obige Darstellung der Position Kants ist im übrigen nicht korrekt. Zwar sagt Kant, daß der durch Tierquälerei Verrohte dann auch geneigt wird, sich gegen seine Mitmenschen roh und brutal zu verhalten. Aber damit soll nicht gesagt sein, daß erst das rohe Verhalten gegen den Menschen das Übel ist, sondern daß der, der sich bis zur Tierquälerei verrohen läßt, doch schon gegen die Pflicht verstößt, sich selbst zu versittlichen, sich selbst zu kultivieren. Das Verbot, Tiere zu quälen, wird zwar nicht begründet über den dem Tier zugefügten Schmerz, sondern über die dem Menschen auferlegte Pflicht, sich zu versittlichen und gemäß dem Gesetz der Moralität zu handeln. Aber Kant entwikkelt diesen Gedanken ausdrücklich als eine Pflicht, die *wir gegen uns selbst haben*, und nicht unter den Pflichten gegen andere (worunter dann die Tierquälerei als ein verwerfliches Mittel der Schwächung menschlichen Mitempfindens abzuhandeln wäre).[12]

Kant führt unter den »unvollkommenen Pflichten des Menschen gegen sich selbst« als erste Pflicht die »Entwicklung und Vermehrung seiner Naturvollkommenheit« an (MdS II § 19), wozu auch die Entwicklung der Seelenkräfte (Kultivierung des Geschmacks) gehört.[13] Man würde also ganz an Kant vorbeigehen, wollte man ihm unterstellen, daß er an einem rohen Verhalten gegenüber Tieren per se nichts auszusetzen habe.[14]

Kants Position ermöglicht uns also eine Einstellung gegenüber Naturwesen, die frei ist von der Beziehung auf direkten Nutzen und die wir uns zur Pflicht machen müssen. Zwar ist die Beziehung auf den Menschen präsent, aber gerade nicht auf seine unmittelbaren und beliebigen Interessen und Neigungen, sondern auf die Pflicht, sich als moralisches Wesen zu vervollkommnen. Den Pflichten des Menschen gegen sich selbst kommt unter allen Pflichten eine Vorrangstellung zu, weil die Pflichten gegen sich selbst die Grundlage auch der Pflichten gegen andere sind:

12 Dieser Punkt ist wichtig, und er war auch Kant sehr wichtig, steht doch die Partie in einem besonderen Abschnitt, der überschrieben ist: »Von der Amphibolie der moralischen Reflexionsbegriffe: das was Pflicht des Menschen gegen sich selbst ist, für Pflicht gegen Andere zu halten«. (MdS II § 16-18; VI 442-444)

13 Vgl. auch W. Bartuschat, »Kultur als Verbindung von Natur und Sittlichkeit«, in: Brachert & Wefelinger (Hg.), Naturplan und Verfallskritik, Frankfurt/M. 1984, S. 69-93.

14 Wer Kant unterstellt, daß er Natur als das »Andere der Vernunft« nur unterdrückt und verdrängt habe, unterschlägt wichtige Teile der Kantischen Philosophie und verzerrt auch Kants eigene Wertschätzungen. – Wie hätte Kant z.B. zu seiner Hochschätzung des Onkel Toby aus Sternes »Tristram Shandy« kommen können, wenn er keinen Sinn für das Empfinden gegenüber der Kreatur gehabt hätte?

Pflichten gegen andere können nur übernommen werden durch das sich selbst verpflichtende Subjekt (MdS II § 2; VI 417).

6.4 Das Naturschöne als Symbol des Sittlichen

Welcher Stellenwert kann der ästhetischen Erfahrung für eine Schonung von Natur zugesprochen werden? Welches Interesse billigt Kant dem Menschen zu, sofern er sich auf Schönes bezieht? Welche Beziehung sieht Kant insbesondere zwischen dem ästhetischen und dem moralischen Bewußtsein, so daß er schließlich das ästhetische Phänomen in die Nähe der Pflichtenlehre rücken kann?

Das empirische Interesse am Schönen bindet Kant ganz und gar an die soziale Seite des Menschen, so daß er sogar meint, ein Robinson Crusoe würde – ohne Freitag, d.h. ohne Geselligkeit – kein empirisches Interesse am Schönen nehmen. (KU § 41; V 297) Betrachtet man das intellektuelle Interesse am Schönen, so wird man keineswegs in der verbreiteten Meinung bestätigt, daß die am Schönen Interessierten damit zugleich einen guten moralischen Charakter bekundeten; zeigt sich doch, daß die »Virtuosen des Geschmacks, nicht allein öfter, sondern wohl gar gewöhnlich eitel, eigensinnig und verderblichen Leidenschaften ergeben« sind, so daß »das Gefühl für das Schöne nicht allein (wie es auch wirklich ist) vom moralischen Gefühl specifisch unterschieden, sondern auch das Interesse, welches man damit verbinden kann, mit dem moralischen schwer, keineswegs aber durch innere Affinität vereinbar sei«. (KU § 42; V 298)

In diesem Zusammenhang ist nun der Unterschied zwischen dem Naturschönen und dem Schönen der Kunst von besonderer Bedeutung. Kant hat die Auffassung vertreten, daß das Naturschöne einen höheren Rang einnehme als das Kunstschöne, so daß die Qualität eines Kunstwerkes sich darin zeigt, inwiefern es »zugleich Natur zu sein scheint«. »Die Natur war schön, wenn sie zugleich als Kunst aussah; und die Kunst kann nur schön genannt werden, wenn wir uns bewußt sind, sie sei Kunst, und sie uns doch als Natur aussieht«. (KU § 45; V 306) Diese Auffassung folgt der traditionellen Kennzeichnung von Kunst als Nachahmung der Natur – allerdings nicht sklavisch oder kopistisch. Denn für Kants Auffassung vom Kunstschönen ist die nicht auf Regeln zu bringende freie Produktion des Subjekts eine notwendige Bedingung dafür, das Produkt als schön zu beurteilen. Schöne Kunst ist deshalb die Kunst des Genies. Das Genie aber ist dem Nachahmungsgeiste am stärksten entgegengesetzt. Das Geniale, d.h. genial zu sein, kann aber nicht erlernt werden, sondern es tritt auf als Naturtalent. Deshalb verbinden sich für Kant im Geniebegriff der Freiheitsbegriff und der Naturbegriff; denn das Genie ist frei, weil es an keine Regel gebunden ist, sondern die Regeln selbst setzt. Es setzt sie aber kraft seiner Naturbegabung; d.h. es gibt »als Natur die Regel« (KU § 46; v 308), wozu Kant (ebenda) als Bestätigung anführt: »und daher der Urheber eines Products, welches er seinem Genie verdankt, selbst nicht weiß, wie sich in ihm die Ideen dazu herbei finden, auch es nicht in seiner Gewalt hat, dergleichen nach Belieben oder planmäßig auszudenken und andern in solchen Vorschriften mitzuteilen, die sie in Stand setzen, gleichmäßige Produkte hervorzubringen«. – Wenn Kant also die schöne Kunst als die Kunst des Genies bestimmt, dann setzt er sie nicht als eine triviale Kopiertechnik hinter das Naturschöne, dann müssen vielmehr andere, und vermutlich andere als rein ästhetische Erwägungen im Spiel sein.

Kants Grund für die Präferenz des Naturschönen vor dem Kunstschönen tritt gerade in unserem Zusammenhang, in dem wir unsere Einstellung gegenüber der Natur teils unter moralisch-praktischem, teils unter ästhetischem Blickwinkel betrachten, hervor. Kant vertritt nämlich die Auffassung, daß ein unmittelbares, spontanes Interesse am Naturschönen »jederzeit Kennzeichen einer guten Seele sei«. Kant sagt: »Der, welcher einsam (und ohne Absicht, seine Bemerkungen andern mittheilen zu wollen) die schöne Gestalt einer wilden Blume, eines Vogels, eines Insects u.s.w. betrachtet, um sie zu bewundern, zu lieben und sie nicht gerne in der Natur überhaupt vermissen zu wollen, ob ihm gleich dadurch einiger Schaden geschähe, viel weniger ein Nutzen daraus für ihn hervorleuchtete, nimmt ein unmittelbares und zwar intellectuelles Interesse an der Schönheit der Natur. D.i. nicht allein ihr Product der Form nach, sondern auch das Dasein desselben gefällt ihm, ohne daß ein Sinnenreiz daran Anteil hätte, oder er auch irgend einen Zweck damit verbände«. (KU § 42; V 299)

Setzt man also die nur gesellige oder geschmäcklerische Beziehung auf das Naturschöne beiseite, dann läßt sich nach Kant durchaus von einer *Analogie* zwischen dem reinen Geschmacksurteil und dem moralischen Urteil sprechen, und dieses besondere Interesse am Naturschönen setzt ein Interesse am Sittlich-Guten voraus. »Daß die Natur jene Schönheit hervorgebracht hat: dieser Gedanke muß die Anschauung und Reflexion begleiten; und auf diesem gründet sich allein das unmittelbare Interesse, das man daran nimmt. Sonst bleibt entweder ein bloßes Geschmacksurteil ohne alles Interesse, oder nur ein mit einem mittelbaren, nämlich auf die Gesellschaft bezogenen, verbundenes übrig: welches letztere keine sichere Anzeige auf moralisch-gute Denkungsart abgiebt.« (ebenda)

Wenn Kant hier das Ästhetische bemüht, dann also nicht in einer exklusiv ästhetisierenden Einstellung, sondern aus einer Analogiebetrachtung zur Moralität. Genauer ist es nicht nur diese Analogie, sondern der Umstand, daß uns die Erfahrung des Naturschönen, von der Kant hier sagt, daß sie schon ein Interesse am Sittlich-Guten voraussetzt, *uns geneigt macht, dem Sittengesetz zu folgen*. Eine solche Wirkung ist möglich, denn »das Schöne ist Symbol des Sittlich-Guten«. (KU § 59; V 353) »Der Geschmack macht gleichsam den Übergang vom Sinnenreiz zum habituellen moralischen Interesse ohne einen zu gewaltsamen Sprung möglich, indem er die Einbildungskraft auch in ihrer Freiheit als zweckmäßig für den Verstand bestimmbar vorstellt und sogar an Gegenständen der Sinne auch ohne Sinnenreiz ein freies Wohlgefallen finden lehrt.« (ebenda)

Das Naturschöne kann als Symbol der Sittlichkeit, d.h. moralischer Selbstbestimmung, deshalb dienen, weil in der ästhetischen Einstellung gerade Abstand genommen wird von der Beziehung des Objekts auf möglichen Nutzen und es in seiner spezifischen Form anerkannt wird; sogar der Vorrang eines nur sinnlichen Gefallens muß preisgegeben sein, soll es zu einer ästhetischen Erfahrung kommen, die als Symbol des Sittlichen gelten und mithin zur Entwicklung einer habituellen Moralität taugen kann: der Anerkennung von etwas – frei von der Beziehung auf möglichen

Nutzen. Da wir aber zur Kultivierung unserer Moralität verpflichtet sind, sind wir auch verpflichtet, die Erfahrung des Naturschönen in diesem Sinn zu suchen. Die Entwicklung des Geschmacks und das Interesse am Naturschönen werden zur Pflicht, die in der Pflicht des Menschen gegen sich selbst als animalisches und als moralisches Wesen wurzeln.
So bleibt zunächst zweierlei festzuhalten: Der Mittelgebrauch der Natur ist bei Kant gebunden an die Moralität des Menschen; und in dieser Hinsicht ist die Natur zwar bloßes Mittel, allerdings nur für Zwecke, die die Natur übersteigen; unter der Perspektive des Naturschönen kommt es aber auch innerhalb des Naturbereichs zur Auszeichnung eines Objektes, das »bloß in der Beurteilung gefällt«, das gerade von der Beziehung auf möglichen Nutzen freigehalten werden muß; nur so kann es in der Anerkennung seiner Form ein Symbol des Sittlich-Guten sein.

6.5 Kritik der Plastikwelt

Im vorigen Kapitel haben wir eine schwache – weil sehr indirekte – Berufung auf das Naturschöne als Argument der Bewahrung von Natur kennengelernt: Das Naturschöne soll bewahrt werden, weil wir zur Entwicklung unserer Moralität verpflichtet sind, die wiederum in der ästhetischen Erfahrung der Natur eine Stützung und Stärkung erfährt, sofern wir das Naturschöne als Symbol der Sittlichkeit verstehen. In welchem Sinn berufen wir uns dabei auf das »Schöne«? Soll das bedeuten, daß wir nur die »schönen Dinge« konservieren sollen, die von uns als häßlich und ekelerregend empfundenen Kreaturen jedoch nicht?
Vielfach zeigen die Äußerungen von Tierschützern, daß eine solche Wertung im Spiel ist oder doch eine eindeutige Präferenz zugunsten der großen, »edlen« Tierarten, denen wir in der Tat einen ausgezeichneten ästhetischen Reiz zumessen: Antilopen, Zebras, Giraffen, Löwen und Tiger, Wildpferde und Büffel, Wale und Delphine, Flamingos und Adler ... Wenn wir uns eine schöne Naturszenerie ausmalen, dann werden in ihr im allgemeinen solche Tiere auftauchen. Sie repräsentieren das Großartige, das Majestätische, das wir offenbar in der Natur nicht missen mögen,

das uns wohl zunächst an ihr fesselt. Demgegenüber werden wir Kröten und Würmer, Weberknechte und Raupen, Wasserratten und Krokodile ... nicht sonderlich vermissen, wenn es um die Ausschmückung einer »schönen« Szenerie geht, stehen sie doch eher für das Unangenehme, uns sogar mit Abscheu Erfüllende. Was immer die (tiefenpsychologischen) Hintergründe für diese unterschiedlichen Wertungen sein mögen, und wie verschieden sie auch von Mensch zu Mensch und von Kulturkreis zu Kulturkreis sein mögen – wir machen wohl alle solche »ästhetischen« Unterschiede *und können doch nicht wollen, daß dies die Grundlage des Natur- und Artenschutzes sei.* Die ästhetische Bejahung der Natur dürfte gerade nicht eine selektive Schonung des »Reizenden und Wohlgefälligen« legitimieren. Die Idee der Schonung schöner Natur müßte sich auf Seiendes, das die Natur hervorgebracht hat, ganz allgemein ohne Auszeichnung bestimmter Arten beziehen und es allein, weil es natürlich ist, als solches »schön« finden und bewahrenswert.

Läßt sich das überhaupt von einer rein ästhetischen Basis her aufzeigen? Was können wir für eine Ethik der Umwelt durch die Einbeziehung der ästhetischen Dimension gewinnen, der von manchen um den Naturschutz Bemühten offenbar recht viel abverlangt wird? Eine neue ästhetische Sensibilität, in eine neue Naturachtung mündend, soll gleichsam Schranken für den destruktiven Umgang mit der Natur setzen. Es wird erwartet, daß die Ästhetik uns zu Wertschätzungen führt, die unser Handeln normieren und regulieren könnten. Diese hohen Erwartungen teile ich nicht.

Die ästhetische Erfahrung scheint keine Grenzen zu kennen. Die alte Einschränkung auf »das Schöne und Gute« hat sie mit Recht abgestreift, und ebenso die lange festgehaltene Definition der Kunst als Nachahmung, Mimesis, der Natur.[15] Die ästhetische Erfahrung hat sich einen Bereich um den anderen erschlossen. Es gibt kein Arkadien mehr, keinen abgegrenzten Raum, der die Gegenstände der Kunst umschlösse. Die Georgika und die Bukolika, die Ideen vom einfachen Leben oder vom edlen Wilden

15 Vgl. J. Zimmermann, »Zur Geschichte des ästhetischen Naturbegriffs«, in: ders. (Hg.), Das Naturbild des Menschen, München 1982, S. 118-154.

mögen zwar in veränderter Form wieder und wieder die künstlerische Phantasie beschäftigen, aber in der ästhetischen Entdekkung der Großstadt und der Industrieanlagen, der Motoren und Turbinen, der Hochöfen und Walzwerke haben wir uns weit von den Themen des Naturschönen entfernt; und erst recht lassen sich die neuen, ästhetisch affirmativen Einstellungen des Morbiden und Monströsen, des Desolaten und Dekadenten, ja des Sadistischen und des Destruktiven kaum für eine Einstellung des Bewahrens in Anspruch nehmen. Diese Ausweitung der Sphären und Einstellungen ästhetischer Erfahrung läßt sich aber durch kein normatives Dekret rückgängig machen, wie wünschenswert das auch unter dem Gesichtspunkt einer Schonung der Natur erscheinen mag. Woher also nährt sich die Hoffnung, das Ästhetische als solches könnte uns Normen unseres Verhaltens gegenüber der Natur liefern?

Mir scheint, daß die Ästhetik nur in dem Maße eine Bedeutung für die Schonung der Natur erhalten kann, in dem sie an sittlich-praktische Normen angebunden ist.[16] Eine solche Bindung hat Kant in seiner Konzeption des Naturschönen vorgenommen, wenn er vom Naturschönen als Symbol des Sittlich-Guten spricht. Deshalb darf man wohl die Erwartung hegen, mit Kants Ästhetik ließen sich bestimmte Konsequenzen für ein angemessenes Verhalten gegenüber der Natur gewinnen. Dazu müssen wir noch genauer den Zusammenhang zwischen ästhetischem und moralischem Urteil zeigen und insbesondere die Vorrangstellung des Naturschönen vor dem Kunstschönen noch einmal bedenken.

Der Vorrang, den Kant dem Naturschönen vor dem Kunstschönen einräumt, birgt sicher viele Probleme, gerade für den Ästhetiker. Denn in der Ästhetik Kants spielen Wertungen eine Rolle, die nicht rein »ästhetisch« ausgewiesen sind. So können wir sehen, daß Kant das Naturschöne nicht deshalb auszeichnet, weil es »schöner« sei als jedes Kunstschöne; vielmehr hängt der Vorzug an einer ausgezeichneten *Erfahrungsmöglichkeit*, die nur mit dem Naturschönen gegeben ist und die uns interessieren muß.

16 Das ist auch das Ergebnis von J. Zimmermann in der o. a. Abhandlung S. 147: »Eine *neue Ästhetik der Natur* kann daher letztlich nur in Verbindung mit einer *neuen Ethik der Natur* entwickelt werden.«

Nun ist ja zunächst das ästhetische Urteil gerade dadurch charakterisiert, daß es frei von Interessen sein muß. »Das Wohlgefallen, welches das Geschmacksurteil bestimmt, ist ohne alles Interesse«. (KU § 2; v 204) Gleichwohl läßt sich mit dem ästhetischen Erleben *ein Interesse verbinden*. Nun ist aber nach Kant die Kunst niemals ohne alles Interesse, da ja das Kunstwerk aus einer Absicht des Künstlers hervorgegangen ist, die auf den Betrachter in der einen oder anderen Art wirken soll. Damit ist das Wohlgefallen, das wir am Kunstschönen finden, immer vermittelt durch das Interesse des Künstlers, etwas zu produzieren, das unsere Einbildungskraft in bestimmter Weise erregt und uns in bestimmter Weise über es zu reflektieren Veranlassung gibt. Deshalb kann beim Kunstschönen das Interesse nicht unmittelbar auf die Sache selbst gehen. Allein beim Naturschönen, das sich als »Zweckmäßigkeit ohne Zweck« zeigt, kann sich das Wohlgefallen auf die Sache selbst beziehen.
Deshalb ist Kant der Meinung, daß die Analogie zwischen dem Geschmacksurteil und dem »moralischen Gefühl« nur hinsichtlich des Naturschönen signifikant sein könne; denn der Mensch durchspähe gleichsam die Natur daraufhin, ob sie jene Zweckmäßigkeit zeige, deren Zusammenstimmung mit dem Erkenntnisvermögen das Subjekt als Grund seines ästhetischen Wohlgefallens erkennt; er hofft, »daß die Natur wenigstens eine Spur zeige, oder einen Wink gebe, sie enthalte in sich irgend einen Grund, eine gesetzmäßige Übereinstimmung ihrer Produkte zu unserem von allem Interesse unabhängigen Wohlgefallen ... anzunehmen: so muß die Vernunft an jeder Äußerung der Natur von einer dieser ähnlichen Übereinstimmung ein Interesse nehmen; folglich kann das Gemüth über die Schönheit der *Natur* nicht nachdenken, ohne sich dabei zugleich interessiert zu finden. Dieses Interesse aber ist der Verwandtschaft nach moralisch«. (KU § 42; v 300) Und so sehen wir, daß die Auszeichnung des Naturschönen über das Interesse erfolgt, das wir als moralische Wesen an der Natur nehmen müssen; die Sittlichkeit führt uns auf die Kennzeichnung des Naturschönen als einer zu deutenden »Chiffreschrift«, »wodurch die Natur in ihren schönen Formen figürlich zu uns spricht«. (ebenda)
Allein im Ausgang vom Moralisch-Guten kann es zu der Deu-

tung des Schönen als Symbol des Sittlichen kommen, in der sich das Gefallen nicht nur auf die schöne Form bezieht, sondern in der auch das Dasein des Objekts gefällt. Im Begriff der »schönen Form« wirkt noch die alte Platonische Idee fort, die auch von dem Problem verfolgt wurde, ob es eigentlich Ideen nur von den »guten und schönen Dingen« gebe, oder auch von »Kot, Schmutz und was sonst noch geringfügig und verächtlich ist«.[17] Kants Chiffreschrift der Natur darf nicht mit der schönen Form im Unterschied zur häßlichen identifiziert werden. Was Kant mit der schönen Form meint, wird durch die Struktur der *Zweckmäßigkeit* expliziert; es ist das sinnvoll aufeinander Abgestimmte, zueinander Passende, wie es die Organismen (aber z.B. auch die Kristalle) zeigen, was die Vernunft als das Schöne auszeichnet. Man muß die im 2. Teil der *Kritik der Urteilskraft* wichtig werdende Rede von einer »Technik der Natur« auf den Formbegriff beziehen, um das ästhetische Urteil hinsichtlich des Naturschönen voll zu fassen. Damit sind wir aber weg von der obigen Präferenz der »schönen« Dinge im Unterschied zu den »häßlichen«; denn die Tentakel einer Spinne sind genau solche Wunderwerke von Zweckmäßigkeit wie der schlanke Giraffenhals.

Erst über die Verbindung mit dem Moralisch-Guten kann dem Ästhetischen eine normative Kraft für das Handeln zugetraut werden; von Kant her ergibt sich aus der ästhetischen Erfahrung der Natur eine Kraft des Bewahrens und des Schonens, und zwar unterschiedslos ob schön oder häßlich, sondern allein aufgrund der Zweckmäßigkeit der Naturprodukte selbst und ohne daß wir sie auf einen eigenen Zweck zum möglichen Gebrauch beziehen.

Wenn denn das Naturschöne diese Sonderstellung einnimmt, dann hängt freilich alles davon ab, daß es sich bei dem als schön erfahrenen Gegenstand auch tatsächlich um ein Naturprodukt handelt, und Kant wird nicht müde zu betonen, daß alles Interesse am Gegenstand erlischt, wenn wir hierin einer Täuschung erlegen waren. Hier die Beschreibung einer Szenerie, die zugleich die Überleitung zu einer aktuelleren Anwendung bringen soll.

17 Platon, Parmenides, 130 b-d.

»Aber dieses Interesse, welches wir hier an Schönheit nehmen, bedarf durchaus, daß es Schönheit der Natur sei; und es verschwindet ganz, sobald man bemerkt, man sei getäuscht, und es sei nur Kunst: so gar, daß auch der Geschmack alsdann nichts Schönes, oder das Gesicht etwas Reizendes daran finden kann. Was wird von Dichtern höher gepriesen als der bezaubernd schöne Schlag der Nachtigall in einsamen Gebüschen an einem stillen Sommerabende bei dem sanften Lichte des Mondes? Indessen hat man Beispiele, daß, wo kein solcher Sänger angetroffen wird, irgend ein lustiger Wirth seine zum Genuß der Landluft bei ihm eingekehrten Gäste dadurch zu ihrer größten Zufriedenheit hintergangen hatte, daß er einem muthwilligen Burschen, welcher diesen Schlag (mit Schilf oder Rohr im Munde) ganz der Natur ähnlich nachzumachen wußte, in einem Gebüsch verbarg. Sobald man aber inne wird, daß es Betrug sei, so wird niemand es lange aushalten, diesem vorher für so reizend gehaltenen Gesange zuzuhören; und so ist es mit jedem anderen Singvogel beschaffen. Es muß Natur sein, oder von uns dafür gehalten werden, damit wir an dem Schönen als einem solchen ein unmittelbares Interesse nehmen können; noch mehr aber, wenn wir gar andern zumuthen dürfen, daß sie es daran nehmen sollen«. (KU § 42; V 302)

Kant hat dies angeführt, um zu demonstrieren, warum unser Interesse an »dem Schönen als einem solchen« erlischt, sobald wir gewahr werden, daß es sich nicht um ein Werk der Natur, sondern der Kunst handelt. Läßt sich von daher nicht auch argumentieren, daß wir nicht zulassen dürfen, daß die Dinge um uns mehr und mehr durch Imitate und Surrogate ersetzt werden? Wir sind es längst gewöhnt, in Hotels und Cafés Kunstblumen in den Vasen zu finden und Topfpflanzen von so frappierender »Schönheit«, daß man es sich nicht verkneifen kann, einen Test der Echtheit an diesen Wunderwerken der Plastikindustrie vorzunehmen. Ebenso, die Wände und Decken sind mit Mooreichengebälk gegliedert, das sich bei näherem Zusehen als aufgesetzter Plastikdekor erweist. Aber, so könnte man sagen, dies sei ohnehin eine Welt von extremer Künstlichkeit, so daß niemand in ihr etwas »Natürliches« erwarten sollte, weder im Verhalten noch in der Ausstattung. Deshalb könne man auch hier kaum von einer Täuschung sprechen, deren Enttarnung dann zu einem Erlöschen des

Interesses führt. Die Künstlichkeit ist dort gewollt und wird bejaht, was also sollte gegen Plastikbäume sprechen? Oder gegen Repliken, die sich entschieden edler Materialien bedienen?
L.H. Tribe beginnt seine Abhandlung »Was spricht gegen Plastikbäume?« mit einem Hinweis auf den Beschluß der Stadtverwaltung von Los Angeles, entlang dem Mittelstreifen einer Hauptverkehrsstraße über 900 Plastikbäume und Plastiksträucher in Pflanzkübeln aus Beton aufzustellen.[18] Die Verwaltung entschied sich für diesen Schritt, weil dort keine Bepflanzung mit natürlichen Bäumen und Sträuchern mehr möglich war.
Anders als der König von Frankreich, der, um seine Macht zu demonstrieren, in seinen Gärten nur künstlich arrangierte, verrenkte und zugeschnittene Natur zulassen mochte, war der Magistrat von Los Angeles überhaupt nicht mehr in der Lage, in der Verkehrsstraße etwas Natürliches anzupflanzen bzw. gedeihen zu lassen. Während man zunächst die Alleen niederlegte, um den Autos freie Fahrt zu verschaffen, läßt nun die Verpestung von Luft und Boden durch den Verkehr es nicht mehr zu, den inzwischen als schmerzlich empfundenen Verlust des Grüns um uns wiedergutzumachen. Die Versuche der Stadtväter, die Stadt wieder zu begrünen, scheitern an den nunmehr existierenden Umweltverhältnissen; und wenn die Stadtväter nicht auf die biotechnische Herstellung von stickoxidresistenten und auf Asphalt wachsenden Varianten warten wollen, dann bleibt ihnen nur die Plastiklösung übrig; eine Lösung, die durch das nahe liegende Disneyland sich zusätzlich empfehlen mochte.
Es scheint eine unvermeidliche Konsequenz unserer technischen Zivilisation zu sein, daß die Natur mehr und mehr aus unserer Welt verschwindet.[19] In der »Brave New World«, die A. Huxley

18 Vgl. den angeführten Artikel in: D. Birnbacher (Hg.), Ökologie und Ethik, Stuttgart 1980, S. 20. – Als ob es ein Kommentar zu der oben zitierten Kantstelle sei, liest es sich dort: » Im Hyatt Regency Hotel in San Francisco wandeln die Gäste zwischen mehr als hundert natürlichen Bäumen, doch lauschen sie dabei aufgezeichnetem Vogelgezwitscher, das aus Lautsprechern kommt, die im Geäst der Bäume versteckt sind.«

19 N. Rescher, Unpopular Essays on Technological Progress, Pittsburgh 1980, vertritt diese Auffassung, wenngleich mit Bedauern.

in seiner bekannten negativen Utopie beschreibt, sind alle Lebensverhältnisse technisch, d. h. künstlich hergestellt; angefangen von der Erzeugung der Nachkommenschaft, der Beschränkung oder Weiterentwicklung ihrer physischen und psychischen Anlagen auf unterschiedlichen Niveaus, die sich an der Funktionalität der Technikwelt bemessen, über die Versorgung mit Sinnesreizen durch Duftorgeln etc. bis hin zur Präparierung des Bewußtseins durch Propagandasprüche und Psychopharmaka – alles ist technisiert, alle Verhältnisse sind so konditioniert, daß ihre Veränderbarkeit durch Knopfdruck sichergestellt ist. Alle Verhältnisse können entweder vom Einzelnen oder durch den Aufsichtsrat einem Mehr oder Weniger unterworfen werden, dessen Maß ganz von den Glückserwägungen der Menschen oder um den Menschen bestimmt ist. Natur gibt es allenfalls noch in einigen Reservaten. Vieles, was Huxley noch in der Form des utopischen Romans beschreibt, ist inzwischen Realitätsbeschreibung. Während Kant die Kultivierung unserer selbst gebot und damit das Verlassen des Naturzustandes, so scheint jetzt das Verschwinden der Natur in einer künstlichen, von Technik aufrechterhaltenen und gesteuerten Welt die unvermeidliche Konsequenz zu sein. Wenn wir einmal unterstellen, daß für alle Bürger der »tüchtigen neuen Welt« subjektiv ein Zustand ästhetischer Befriedigung tatsächlich erreicht wird – was könnte man von einem Kantischen Boden aus gegen diese Kunstwelt vorbringen?

Man könnte vermutlich nicht argumentieren, daß das Erleben in einer solchen Welt verarmt sei; denn die Illusionsfabrikation wäre dort perfekt und das Erleben von Natur in den Kinos wäre spektakulär und intensiver, als es gewöhnlich in der wirklichen Natur zu haben ist.[20] Wir könnten uns sogar mit den Lebenswelten von Tierarten und mit einer Flora vertraut machen und sie genießend bewundern, die wir vermutlich nie in Wirklichkeit würden sehen können. Wo also wäre das Defizit?

20 Wer mit einer Reisegruppe den Grand Canyon besucht, wird anschließend eingeladen, ein Cinerama zu besuchen, in dem man das »wahre Erlebnis« des Canyon hat! Die von auf Hubschrauber oder Schlauchboote montierten Kameras aufgezeichneten Bilder vermitteln das schwindelerregende Erlebnis der Wildwasserfahrt oder des Vogelflugs durch die bizarrsten Abschnitte dieses Naturwunders, gegen das gar

Das Defizit bestünde dann allein in dem Verlust der Erfahrungsmöglichkeit, daß die Natur selbst es hervorgebracht hat – und nicht unsere Kunstfertigkeit. Der Verlust beträfe nicht die Erlebnisepisoden als solche, sondern allein den möglichen Übergang zu der Erfahrung, »daß die Natur jene Schönheit hervorgebracht hat«. (KU § 42; v 299) In der ästhetisch perfekten Kunstwelt würde die Möglichkeit verloren gegangen sein, das Schöne als ein Symbol des Sittlich-Guten zu verstehen, woran wir aber als freie Wesen ein Interesse nehmen müssen. Denn nur beim Naturschönen, meint Kant, kann das Geschmacksurteil sich auf das Intelligible beziehen, d.h. sich über das bloß Sinnliche erheben. »In diesem Vermögen sieht sich die Urteilskraft nicht, wie sonst in empirischer Beurteilung einer Heteronomie der Erfahrungsgesetze unterworfen: sie giebt in Ansehung der Gegenstände eines so reinen Wohlgefallens ihr selbst das Gesetz, so wie die Vernunft es in Ansehung des Begehrungsvermögens thut; und sieht sich sowohl wegen dieser inneren Möglicheit im Subjecte, *als wegen der äußeren Möglichkeit einer damit übereinstimmenden Natur* auf etwas im Subjecte selbst und außer ihm, was nicht Natur, auch nicht Freiheit, doch aber mit dem Grunde der letzteren, nämlich dem Übersinnlichen, verknüpft ist, bezogen, in welchem das theoretische Vermögen mit dem praktischen auf gemeinschaftliche und unbekannte Art zur Einheit verbunden wird«. (KU § 59; v 353, meine Hervorhebung)
Weil und sofern wir autonome Wesen sind, bedürfen wir der Erfahrung des Naturschönen; denn dort begegnet uns die Möglichkeit des Zusammenstimmens von theoretischem und praktischem Vernunftgebrauch, woran wir interessiert sein müssen, wenn wir Ziele unseres Handelns verfolgen wollen – gerade eines Handelns in der Natur. Das Argument gegen die Plastikwelt, gegen eine Welt der Künstlichkeit, ist mithin ein moralisches Ar-

nicht bestehen kann, was man mit eigenen Augen zu sehen bekommt. – Aber für den, der mühsam auf eigenen Beinen den Pfad hinab- und hinaufgestiegen ist, steht ein konsumiertes Spektakel gegen eine eigene Erfahrung dieser gigantischen Schlucht – während das »wahre Erlebnis« genausogut aus der Trickkiste eines Filmstudios kommen könnte.

gument, obwohl der Begriff des Schönen, des Naturschönen, in ihm eine Schlüsselstellung inne hat.

Obwohl also hier von Kant eine ganz und gar anthropozentrische Perspektive verfolgt ist, wird der Gedanke einer Schonung und Erhaltung der Natur nicht an den Mittelgebrauch der Natur für menschliche Zwecke gebunden; im Gegenteil, das Absehen von jeder Beziehung auf menschliche Zwecke, das in der Bewunderung der schönen Formen der Natur impliziert ist, wird hier sogar obligat. Es ist somit falsch zu meinen, daß im Rahmen der Anthropozentrik jeder Gedanke an Natur die Form annehmen müsse, welchen Wert ein Naturding habe hinsichtlich seines möglichen Gebrauchs für menschliche Zwecke.

Allerdings ergibt sich für eine kantianisch argumentierende Position folgende Schwierigkeit: Wir sind einerseits verpflichtet, das »Natürliche« zu erhalten, andererseits sind wir verpflichtet, uns selbst und damit auch die äußere Natur zu kultivieren. Aber, wie sich jetzt zeigt, bringen die von uns praktizierten Formen der »Kultivierung der Natur« eine Zerstörung der Natur mit sich; d.h. die beiden Pflichten des Menschen gegen sich selbst, sich zu erhalten und sich zu kultivieren, stehen in einem Konfliktverhältnis. Wie soll hier entschieden werden? Sollen wir dann doch, wie Hans Jonas empfiehlt, der Bewahrung einen unbedingten Vorrang einräumen und die Idee der Vervollkommnung verabschieden?

Wir werden uns besser erinnern, daß es sich bei den hier zu besprechenden Pflichten um unvollkommene Pflichten handelt, was der menschlichen Willkür, wie Kant sagt, viel Raum läßt. Die Grenzen, in denen wir dem Prinzip der Erhaltung Rechnung tragen, müssen eigens festgelegt werden, wobei sicher unsere gemachten Erfahrungen und unser theoretisches Wissen voll zur Geltung kommen müssen. Die Bewahrung kann sich nicht auf die Erhaltung des Status quo beschränken, sonst wäre der Urzustand ein Zweck an sich und die Aufgabe der Kultivierung eine widersprüchliche Forderung. Da Kant beide Pflichten gefordert hat, kann es sich nur um eine Frage der relativen Abgrenzung der beiden gegeneinander, nicht aber um ein Entweder-Oder handeln.

6.6 Der Leib als Indikator des intakten oder gestörten Metabolismus in der Natur

Ich komme damit zu dem Teil meiner Untersuchungen, in dem ich zeigen möchte, daß es eine Möglichkeit gibt, auf das Naturverhältnis des Menschen zurückzugehen, ohne sich dem Vorwurf des naturalistischen Fehlschlusses auszusetzen. Ein solcher Rückgang darf nicht die Hoffnung hegen, damit gleichsam an ein invariantes Prinzip zu gelangen, etwa die unveränderliche Natur des Menschen, und insbesondere kommen wir damit sicher nicht an eine Wesensauslegung, die uns positive Anweisungen, wie wir zu handeln hätten, liefern könnte.

Auf das Naturverhältnis zurückgehen müssen wir in einem sehr konkreten Sinn. Wir als Organismen stehen ja in physiologischer Wechselwirkung mit unserer Umgebung. Das ist der Grundzug organischen Lebens, und unser Wohlbefinden hängt nicht zuletzt davon ab, inwieweit der Energie- und Materieaustausch zwischen dem Organismus und der Umwelt funktioniert. Es ist zu eng gedacht, wenn wir die Überlebensfähigkeit von Organismen nur unter dem Aspekt ihrer Angepaßtheit an die Umweltbedingungen (»ökologische Nische«) beurteilen. Das Leben und Überleben ist ein durch und durch dynamischer Prozeß, bei dem immer auch die Umgebung mitverändert wird. Die für die Organismen unerläßlichen Flüsse von Stoffen und Energien, auf die der organismische Stoffwechsel angewiesen ist und die er seinerseits beeinflußt, müssen als dynamisches System gesehen werden, in dem es zu komplexen Wirkungen und Rückwirkungen kommt, in dem insbesondere die zyklischen Prozesse (Nahrungsketten, Kreisläufe von Wasser, Phosphaten und Metallen etc.) für das Leben konstitutiv sind.[21] Sie werden aber als zyklische Prozesse nur über den Einschluß unterschiedlichster Lebensformen, die an ihnen aufnehmend, verteilend, umwandelnd, transportierend etc. beteiligt sind, darstellbar.

Dies ist eine uralte Einsicht, die überdies wahr ist, unabhängig von der Philosophie oder dem Glaubenssystem, dem wir anhän-

21 Vgl. H.J. Morowitz, Energy Flow in Biology, Woodbridge 1979.

gen. Um so mehr muß es verwundern, wie ertraglos diese Wahrheit im Rahmen ökologischer Überlegungen bisher geblieben ist. Das mag seinen Grund darin haben, daß die metaphysische Problematik vom »Teil und dem Ganzen« sich in diesem Zusammenhang gern in den Vordergrund drängt, womit sich zugleich eine normative Überlastung für die Bestimmung des Naturverhältnisses des Menschen ergibt. Aus dem Umstand, daß wir selber ein Teil der Natur sind, soll dann direkt folgen, daß wir die Naturdinge zu lieben hätten als unsere Brüder und Schwestern.[22] Aber es ist überhaupt nicht zu sehen, wieso aus der Tatsache, daß wir ein Teil der Natur sind, gefolgert werden kann, daß wir uns auf eine bestimmte Art verhalten sollen. Wer in diesem Sinne argumentiert, hat schon eine ganz bestimmte, normative Konzeption vom Teil und dem Ganzen im Sinn, z. B. den antiken Animismus, oder die christliche Vorstellung einer Gleichheit aller Kreaturen vor dem Schöpfergott, die sich dann in Formen wie »Bruder Sonne« (Franz von Assisi) äußert. –

Demgegenüber werde ich das Naturverhältnis des Menschen frei von normativen Setzungen zu fassen und auszuwerten suchen. Dazu benutze ich den naturwissenschaftlichen Stoffwechselbegriff und die in Abhängigkeit davon stehende Anzeige organischen Wohlbefindens oder Leidens in einem rein konstatierenden Sinn. Es geht dabei nur um die Erfassung von Zuständen, aus denen per se nichts zu folgen hat. Erst aus ihrer Verbindung mit schon anerkannten Pflichten ergeben sich dann Konsequenzen für unser Handeln hinsichtlich der Natur.

Das körperliche Wohlbefinden bzw. die Gesundheit sind Indika-

22 Vgl. die (gefälschte) Rede des Häuptlings Seattle, »Wir sind ein Teil der Erde«, Olten und Freiburg i. Br. 1982, S. 10. – »Wir sind ein Teil der Erde, und sie ist ein Teil von uns. Die duftenden Blumen sind unsere Schwestern, die Rehe, das Pferd, der große Adler – sind unsere Brüder.« – Ähnlich meint das »physiozentrische Menschenbild«, daß der Mensch »nur in der natürlichen Gemeinschaft mit Tieren und Pflanzen, Luft und Wasser, Himmel und Erde wahrhaft Mensch sein kann ... Wir sind mit der natürlichen Mitwelt naturgeschichtlich verwandt und sollten sie dementsprechend behandeln.« K. M. Meyer-Abich, Wege zum Frieden mit der Natur, aaO, S. 106, 139, 24. – Aber was heißt »dementsprechend«?

toren für die Verträglichkeit der Umweltbedingungen. Diese Umweltbedingungen schließen freilich mehr ein als nur physikalisch-chemisch nachweisbare Faktoren. Wir wissen, daß psychosoziale Faktoren zu körperlichen Krankheitssymptomen führen können. Zu den unser Wohlbefinden beeinflussenden Faktoren müssen wir Architektur und Wohnverhältnisse, Arbeitswelt und Sozialstruktur und vieles mehr zählen. Aber den physikalisch-chemisch nachweisbaren Faktoren fällt doch eine sehr wichtige Bedeutung zu, zumal sie es sind, die wir direkt durch unsere technologischen Eingriffe in die Naturprozesse beeinflussen. *Aufgrund des metabolischen Eingelassenseins unseres Körpers in die Zirkulationsprozesse der Natur können wir unseren Körper als Sensorium für die Verträglichkeit der äußeren Bedingungen, unter denen wir leben, betrachten.*

Mir scheint, daß die Philosophie bisher das Verhältnis des Menschen zur Natur nur nach der Seite der Vernunft (Spontaneität) ausgelegt und bedacht hat; d.h. vor allem als ein erkennendes Verhältnis, ein Schauen, dessen Abhängigkeit von physikalischer Wechselwirkung kaum erwähnenswert schien. So weit das praktische Verhalten gegenüber der Natur thematisiert wurde, geschah es zwar in Anerkennung des Umstands, daß wir uns dazu unserer Extremitäten und anderer Werkzeuge bedienen müssen, es stand aber auch hier der Vernunftbezug (Interesse) im Zentrum: das Handeln gegenüber der Natur als Aneignen, als zielorientiertes planmäßiges Gestalten und Bearbeiten. Im Begriff des Stoffwechsels wird demgegenüber das rezeptive, passive Moment, die leibliche Affektion, angesprochen, die jetzt stärkere Beachtung verdient, wie die gegenwärtig für das organische Leben gefährlichen Entwicklungen in unserer Umwelt anzeigen.

Auch der Empirismus, mit seiner Betonung der Wahrnehmungsbasis unseres Wissens, erreicht nicht die Ebene realer Wechselwirkung mit Naturobjekten. Denn auch der Empirismus (Sensualismus) hat sich darauf beschränkt, die Sinne auszulegen als Rezeptoren, durch die wir *Wissen* über die Verhältnisse der äußeren Welt gewinnen. Es ist auch im Empirismus das Naturverhältnis des Menschen in einer abstrakten Perspektive als Rezipieren von *reiner Information* aufgefaßt worden; d.h., die

Sinnesorgane wurden verstanden als Sensoren, als Abtaster der Gegebenheiten, die nichts anderes als »Daten« über unsere Umwelt vermitteln. Demgegenüber möchte ich darauf hinweisen, daß wir als Organismen ja nicht nur Informationen aufnehmen, sondern *im realen Stoffwechsel mit der Natur* stehen; in diesem Stoffwechsel bildet die sinnliche Wahrnehmung eine echte Teilmenge. Auch die Information, die wir über unsere Sinne aufnehmen, erhalten wir nur in realer Wechselwirkung mit unserer Umwelt.

Der Stoffwechselbegriff hat in der Naturwissenschaft des 19. Jahrhunderts seinen Ursprung und hat in der Naturphilosophie dieser Zeit eine große Rolle gespielt, wie wir ihn auch bei Marx in seiner Darstellung des Verhältnisses von Mensch und Natur finden.[23] Es ist deshalb sinnvoll, auf diese früheren Fassungen des Begriffs kurz einzugehen, um vor dieser Folie meine Verwendungsweise klarer darzustellen.

Marx hat einen sehr weiten Begriff des Stoffwechsels entwickelt. Denn er kennzeichnet mit diesem Begriff primär das Arbeitsverhältnis des Menschen, d. h. er hat darunter die Form gefaßt, durch die der Mensch sich Natur aneignet, um sie zu konsumieren. Dem liegt ein Modell zugrunde, wie es die Physiologie des 19. Jahrhunderts entwickelt hat: Die Organismen nehmen aus ihrer Umgebung Nahrungsstoffe auf und scheiden die nicht verwertbaren Reste wiederum aus. Die Aufgabe der Physiologie, wie sie von Justus Liebig, Jacob Moleschott u. a. entwickelt wurde, sollte darin bestehen, die mit den Stoffumwandlungsvorgängen verbundenen Energiebilanzen zu erfassen und mit Hilfe rein physikalisch-chemischer Theorien zu erklären. Die Physiologie ist damit nicht auf die Untersuchung der internen Prozesse der Organismen (interner Metabolismus) eingeschränkt, sondern betrachtet den Materieaustausch zwischen den Organismen und ihrer Umgebung (externer Metabolismus). Im Rahmen dieser Physiologie wird besonderer Wert gelegt auf die genaue Erfassung der umgesetzten Stoffmengen und ihrer energetischen Äquivalente, wobei dem Energieerhaltungssatz eine besondere Bedeu-

23 Vgl. M. Deneke, »Zur Tragfähigkeit des Stoffwechselbegriffs«, in: G. Böhme, E. Schramm (Hg.), Soziale Naturwissenschaft: Wege zu einer Erweiterung der Ökologie, Frankfurt/M. 1985, S. 42-52.

tung zufällt. Dieser Stoffwechselbegriff hat einen rein naturwissenschaftlichen Ursprung.

Aber er verbindet sich mit allgemeineren naturphilosophischen Überlegungen, wie wir sie bei Büchner und Vogt antreffen können. Der dynamische Stoffwechselbegriff schließt dann auch den anorganischen Bereich ein und wird zum Schlüsselbegriff für das Verständnis der Gesamtnatur. Die Natur im ganzen wird als ein System gedacht, in dem Stoffe und Energien zirkulieren, und sie als ganze ist dieses dynamische System, das die Stoffwechselprozesse aufrecht erhält.

Für den Materialismus des 19. Jahrhunderts ist der Stoffwechselbegriff von besonderer Attraktivität gewesen, weil durch ihn die Befreiung von einem nur mechanistischen Denken über die Natur zugunsten des dynamisch-energetischen Denkens erfolgte.

Marx nimmt diesen naturwissenschaftlich geprägten Stoffwechselbegriff auf. Aber er verbindet mit ihm die spezifisch menschlichen Formen der Aneignung von Natur durch Arbeit. Er betont in der Bearbeitung der Natur das aktive Tun des Menschen, der regulierend, umformend und kontrollierend in die Naturprozesse eingreift und damit dem Naturstoff gleichsam als eine eigenständige Naturmacht gegenübertritt. Damit polarisiert sich das Stoffwechselverhältnis: der Aktivität des Menschen steht der Stoff bloß als das Anzueignende gegenüber.

Marx hat, wenn er von Bearbeitung der Natur spricht, das Modell des handwerklichen Verfertigens vor Augen, wie es bei Aristoteles durch das Begriffspaar von Form und Stoff expliziert worden war, d.h. das Bearbeiten der Natur geschieht als und durch ein Verändern der Formen der Stoffe. Aber er geht im Sinne des Baconschen Ideals davon aus, daß der Mensch durch sein Wissen und Können über Machtmittel verfügt, sich die Natur anzuverwandeln, sie zu assimilieren, sie den menschlichen Bedürfnissen entsprechend umzugestalten, sie, wie er sagt, zu humanisieren. Der Stoffwechsel mit der Natur geschieht also bei Marx durch gesellschaftlich organisierte Arbeit, die spätestens seit der industriellen Revolution in der Form der Technik erfolgt. Der Stoffwechsel zwischen Mensch und Natur ist weder seiner Form nach noch seiner Quantität nach konstant. Vielmehr wandeln sich diese Formen historisch in Entsprechung mit der Entwicklung der Produktionsmittel und der Produktivkräfte, und jede dieser Formen läßt wiederum unterschiedliche Steigerungen des Stoffwechsels zu.

Die mit dem Marxschen Denken verbundene Einstellung zur Technik und deren Auswirkungen in ökologischer Hinsicht ist schon besprochen worden (vgl. o. Kap. 3.3-3.5). Hier gilt es festzustellen, daß Marx hinsichtlich seines Begriffs des Stoffwechsels zwar ausgeht von dem naturwissenschaftlich vorgebildeten Konzept, daß er ihn aber durch den Arbeitsbegriff an die menschliche Aktivität bindet und schließlich zum umfassenden Prozeß der Aneignung von Natur vermittels der Technik, zur »Humanisierung der Natur« erweitert.[24]

Ich will jedoch im folgenden nicht diesen weiten Begriff festhalten, sondern mit dem Stoffwechselbegriff primär die rezeptive physiologische Austauschbeziehung des menschlichen Organismus mit der Natur bezeichnen, d.h. den passiven externen Metabolismus. Zwar gibt es nie einen nur rezeptiven Metabolismus; wie jeder Organismus immer auch seine Umwelt verändert, so wird der Metabolismus durch die menschliche Bearbeitung der Natur stark beeinflußt – und gegenwärtig sogar empfindlich gestört; jedoch nehme ich nicht die Bearbeitung der Natur als ein Element in den Begriff des Stoffwechsels auf, dessen definierende Eigenschaft ich in seinem rezeptiven Körperbezug sehe. Ich gehe damit zunächst auf den einzelwissenschaftlichen Stoffwechselbegriff zurück, den ich durch die Bezugnahme auf den menschlichen Organismus sogar noch enger fasse.[25] Es geht mir aber

24 Vgl. A. Schmidt, Der Begriff der Natur in der Lehre von Marx, Frankfurt/M. 1962.

25 Deneke unterscheidet (vgl. Anm. 23) drei Stufen des Stoffwechselbegriffs hinsichtlich unterschiedlicher Grade der Allgemeinheit: Erstens kennzeichnet er die *in* den Organismen stattfindenden Umwandlungsprozesse von Stoffen; zweitens die zwischen den Organismen und ihrer Umgebung stattfindenden Umwandlungsprozesse, die auch die Gesamtnatur integrieren; drittens die durch die menschliche Arbeit bewerkstelligten Umwandlungen in der Natur. Die erste Erweiterung geht auf die Gesamtnatur, die zweite Erweiterung geht auf die soziopolitische Dimension. – Der von mir vorgeschlagene Begriff macht die zweite Erweiterung rückgängig; er betrachtet innere und äußere physiologische Prozesse gerade in ihrem Zusammenhang; schränkt den zu

zunächst nicht um die quantitative Erfassung der Energiebilanzen, sondern um eine qualitative Bewertung der Austauschprozesse zwischen Organismen und Natur, die durch das körperliche Wohlbefinden zum Ausdruck gebracht wird. *Das Körperempfinden bringt die für das Leben relevante Gesamtbilanz dieses metabolischen Austauschs mit der Umwelt zum Ausdruck.* In einer metaphorischen Wendung könnte man sagen, der Zustand des Organismus, d.h. das körperlich sich manifestierende Wohlbefinden, fungiert gleichsam wie ein Meßinstrument in der Natur.

6.7 Der physiologische Naturbegriff

Die Natur wird damit freilich nicht als das Insgesamt des Vorhandenen unter allgemeinen Gesetzen verstanden; sondern im Sinne des Zuträglichen und Abträglichen, des Bekömmlichen und Unbekömmlichen werden die Außendinge wertend auf die Lebenseinheit bezogen. Diese zentrierende Bewertung der Umwelt, der Umweltfaktoren, der Stoffe und aller Bedingungen ist unausweichlich mit dem Organismus als solchem und damit auch mit uns Menschen als organischen Wesen verbunden.[26] In diese zentrierende Bewertung sind natürlich auch Objekte und Zustände eingeschlossen, die nichts mit dem Metabolismus zu tun haben; sie interessieren hier nicht. Es kommt allein auf die real aufgenommenen Stoff- und Energiemengen an (durch Ernährung, Atmung, Strahlungs- und Wärmeaustausch, etc.) und auf die Reaktion des Organismus darauf im Sinne seines Wohlbefindens oder Unwohlseins. Von diesem Zentrum des Lebendigen her, das Natur positiv und negativ auf sich bezieht, ergibt sich ein ganz anderer Naturbegriff als der gängige. Ich werde den ersten, dem gemäß Natur den Inbegriff der Erscheinungen unter allgemeinen

berücksichtigenden Bereich aber ein durch den Bezug auf den Menschen.

26 Dies scheint mir ein wichtiger Gedanke von H. Plessner zu sein, den er in seiner Schrift »Die Stufen des Organischen und der Mensch«, Berlin 1928, ²1965 entwickelt hat, worauf ich hier jedoch nicht eingehen kann.

Gesetzen meint, den *kosmologischen* Naturbegriff nennen; den auf den organismischen Stoffwechsel mit unserer Umwelt bezogenen werde ich den *physiologischen* Naturbegriff nennen.

In der bisherigen Diskussion ist die Forderung, daß überhaupt auf die Naturvorstellung zurückzugehen sei, so verstanden worden, als ob für die ökologische Problematik der kosmologische Naturbegriff zugrunde zu legen sei. Da man aber den durch die neuzeitliche Naturwissenschaft etablierten Begriff der Natur unbrauchbar für normative Erwägungen findet, sieht man sich genötigt, auf alte normative Naturkonzepte zurückzugreifen. Mir scheint dagegen, daß für die Diskussion des angemessenen Naturverhältnisses allgemein nicht der kosmologische Begriff – in welcher Fassung auch immer, ob antik oder neuzeitlich –, sondern der physiologische relevant ist. Denn in der durch die ökologische Krise ausgelösten Problematik geht es ja vorrangig um Vorstellungen von der Natur und um die Einrichtung von Nutzungspraktiken gegenüber der Natur *derart*, daß wir uns als Organismen in ihr behaupten und gesund leben können.[27]

Auch Bacon erlag der Illusion, daß sich aus einer unendlichen Natur Kräfte und Güter für den Menschen in beliebiger Steigerung entnehmen ließen. Damit ging auch er davon aus, die Gesamtnatur als das dominium hominis zu betrachten, wobei im Hintergrund noch die archaischen Vorstellungen einer allmächtigen, unerschöpflichen, unzerstörbaren, sich immer wieder erneuernden Gottheit wirksam blieben. Betrachten wir aber die für das organische Leben und von den Organismen gewichtete Natur, so geht unmittelbar auf, wie endlich und verletzlich sie in ihren Verhältnissen ist.

27 Meyer-Abich sieht ganz klar, daß man für die Umweltpolitik eine *Unterscheidung im Naturverständnis* braucht, die uns jedoch nicht von der Naturwissenschaft geliefert wird. Nach seiner Auffassung verhilft das physikalische Naturverständnis uns nicht nur nicht zu dieser Unterscheidung, »sondern es macht uns sogar blind für denjenigen Unterschied, auf den es in der Umweltpolitik ankommt«. (Wege zum Frieden mit der Natur, aaO, S. 119) – Er sucht deshalb nach einem anderen Begriff von Natur. Demgegenüber bringe ich diese Unterscheidung innerhalb des naturwissenschaftlichen Naturbegriffs an.

Was läßt sich über das Verhältnis dieser beiden Naturbegriffe sagen? Wie stehen sie zueinander? Stehen sie zueinander in einem Verdrängungsverhältnis, wie die Rede von den Alternativen suggeriert, oder ergänzen sie einander? Wie konstituiert sich insbesondere der physiologische Naturbegriff? Diese Fragen sind von beträchtlicher Brisanz; denn in ihnen kommt zur Sprache, was im Hintergrund der gegenwärtigen Wissenschafts- und Technikkritik steht. In der Suche nach dem angemessenen Naturbegriff melden sich Bejahung und Verneinung, Ablehnung und Rechtfertigung der naturwissenschaftlichen Erkenntnisweise »unter ökologischen Prämissen«. Der Vorschlag, den ich hier zu machen habe, empfiehlt sich, wie ich meine, dadurch, daß er uns aus der Situation des Entweder-Oder befreit; daß er gestattet, die Stärke und Leistungsfähigkeit der naturwissenschaftlichen Erkenntnisweise anzuerkennen und festzuhalten, ohne der »ökologischen Kritik« den Stachel zu ziehen.

Der physiologische Naturbegriff soll im Kontext der ökologischen Fragestellungen vorrangig werden, aber er kann nicht den kosmologischen ersetzen oder verdrängen. Letzterer bleibt sogar weiterhin der fundierende, weil die an ihn gebundene naturwissenschaftliche Erkenntnisweise ebenso die grundlegende Erkenntnisweise bleibt, wie ich gleich zeigen werde. Er bleibt auch der fundierende unter dem Aspekt der Konstitution. Denn wir gewinnen den physiologischen Naturbegriff nicht durch eine eigenständige Konstituierung, sondern durch eine *Ausgrenzung auf der Grundlage des kosmologischen*. Die physiologisch verstandene Natur ist mithin nicht identisch zu setzen mit dem Konzept der »Umwelt«, wie es Jacob von Uexküll entwickelt hat.[28] Denn nach seiner Auffassung wird die »Umwelt« originär durch den Organismus konstituiert und ist je nach der species verschieden. Die Welt der Zecke, die Welt des Hundes, die Welt des Menschen sind je spezifisch konstituierte Welten, und nach Uexküll gibt es keine gemeinsame Welt, in der (wir) alle leben. Das Universum der Physik (die kosmologische Natur) ist für ihn eine gehaltlose Fiktion.

Demgegenüber wird der physiologische Naturbegriff, wie er hier

28 J. v. Uexküll, Umwelt und Innenwelt der Tiere, Berlin 1908, [2]1921.

verstanden ist, gewonnen, indem es durch die Auszeichnung der realen Stoffwechselprozesse zwischen Mensch und Natur zu einer Grenzziehung im Bereich der Naturprozesse insgesamt kommt. Die physiologische Natur bildet ein Segment der kosmologischen Natur und hat doch eine eigentümliche Einheit. Diese Segmentierung der kosmologischen zur physiologischen Natur wird jedoch nicht durch eine Gebietseinschränkung vorgenommen – so wie in der antiken Natur unterschieden worden war zwischen dem sublunaren und dem translunaren Bereich; diese Unterscheidung deckt sich auch nicht mit der Unterteilung des Universums in unsere Erde und den außerirdischen Bereich. Das kann man schon daran sehen, daß die Sonneneinstrahlung für das Leben der Organismen auf unserem Globus vielleicht sogar das grundlegendste Datum darstellt, der physiologische Raum mithin weit in den kosmologischen Raum hineinreicht. Wir erreichen die Unterteilung von kosmologischer und physiologischer Natur durch den Bezug auf den realen Stoffwechsel, den wir als Organismen mit unserer Umwelt unterhalten, unter Einbeziehung der Bedingungen, unter denen der Stoffwechsel stattfindet.

Diese Unterscheidung impliziert freilich mehr als eine bestimmte Regionen und spezifische Vorgänge betreffende Eingrenzung der »kosmologischen Natur« zur »physiologischen Natur«. Es erfolgt damit vor allem eine *neue qualitative Bewertung und Gewichtung*: im physiologischen Verhältnis gibt es keine bloßen Bestände, es gibt nicht die Neutralität des bloß Vorhandenen; vielmehr ist alles gewichtet und bewertet gemäß dem Zuträglichen und dem Abträglichen, dem Bekömmlichen und dem Unbekömmlichen. Das Lebendige zentriert die Welt, macht sie zum Raum seines möglichen Gedeihens oder erfährt sie als Bedrohung bzw. als Beeinträchtigung seines Daseins. Die Begriffe, d.h. die Einheiten, in denen wir diese so gewichtete Natur beschreiben oder darstellen, werden andere als die in den Naturwissenschaften üblichen sein, und doch werden sie die letzteren nicht obsolet machen.

Das kann man an dem Begriff des »Elements« verdeutlichen. Wir werden z.B. sagen: die Gesundheit des Organismus verlange die Reinhaltung von Wasser und Luft, die wir hier als »Elemente des organischen Lebens« verstehen. Aber der hier benutzte Begriff des »reinen« wird sich so wenig decken mit dem, was die Naturwissenschaftler »chemisch rein« nennen (aqua dest. zu trinken wäre ebenso unbekömmlich wie das derzeit die Elbe hinabfließende »Wasser«!), wie der hier benutzte Begriff des »Elements« sich deckt mit dem aus dem periodischen System der Elemente (Luft ist ein Gemisch ganz unterschiedlicher chemischer Elemente, teilweise in molekularer Form). Wollen wir aber über den Grad der Belastung der Elemente im physiologischen Sinn etwas Definitives und Genaues sagen, dann müssen wir dafür offenbar zurückgreifen auf das Wissen der Chemiker und ihre analytischen Bestimmungstechniken. Wir müssen wiegen, zählen und messen. Der »physiologische Naturbegriff« stellt also zwar eigene Gesichtspunkte der Betrachtung zur Verfügung und artikuliert sich in eigenen Begriffen; die Beantwortung der in ihm artikulierten Fragen bleibt aber abhängig vom Verfügen über eine leistungsstarke Naturwissenschaft herkömmlichen Stils. Deshalb kann es nicht darum gehen, unsere jetzige Naturwissenschaft zu verabschieden zugunsten eines anderen Naturdenkens, z. B. des teleologischen Naturdenkens des Aristoteles, oder des animistischen des Paracelsus, oder des sympathetischen der Romantiker, wie das häufig empfohlen wird. Es kann auch nicht darum gehen, das »physikalische Weltbild« zu verabschieden zugunsten der biologisch konzipierten »Umwelt«, wie das Jacob von Uexküll versucht hat. Er setzt eine »Todfeindschaft« zwischen diesen beiden Weltbildern an und erklärt die kosmologische Natur zum »Phantom«, zur leeren Welt. Sie soll ersetzt werden durch die erfüllte Umwelt, die durch die Organismen je spezifisch konstituiert wird.[29]

Der hier gemachte Vorschlag versucht dem ökologischen Moment Rechnung zu tragen unter voller Anerkennung der natur-

29 Die berechtigte Kritik am mechanistischen Denken aus der Perspektive des Biologen überschlägt sich bei Uexküll und führt zu seiner Ablehnung der Kosmosvorstellung, wie sie uns von Physikern und Astronomen geliefert wird. Es kommt hier gleichsam zu einem neuen »Streit der Fakultäten«, in dem nunmehr die Biologie der Physik den Anspruch bestreitet, die grundlegende Disziplin hinsichtlich der Naturerkenntnis zu sein.

wissenschaftlichen Erkenntnisweise; auch sie muß freilich erweitert werden, worüber unten zu handeln sein wird. Aber es geht dabei immer um kritische Qualifikationen, nicht aber um ein Plädieren für Ersatz, nicht um ihre Beseitigung durch strikt alternative Ansätze. – Der hier dargelegte physiologische Naturbegriff kann nicht den kosmologischen verdrängen, handelt es sich doch um eine Ausgrenzung innerhalb der kosmologischen Natur, die die Geltung des physikalischen Wissens selbst in Anspruch nehmen muß.

Fast immer wird in der ökologischen Debatte unterstellt, daß es um die Gewinnung eines neuen Naturverständnisses gehe derart, daß der neue Begriff eine Alternative zum naturwissenschaftlichen darstelle, und daß es uns darum gehen müsse, letzteren zu verdrängen, zu ersetzen. Mit der hier vorgeschlagenen Unterscheidung von kosmologischem und physiologischem Naturbegriff wird dagegen ein zusätzlicher Gesichtspunkt (»realer Stoffwechsel«) ins Spiel gebracht, der zu einer Abgrenzung des organismisch bedeutsamen Bereichs führt; die damit auftretenden qualitativen Gesichtspunkte des für das organische Dasein Zuträglichen und Abträglichen erhalten zwar einen Vorrang, lassen aber die Vorstellungsweise der neuzeitlichen Naturwissenschaften voll in Geltung.

Meine Betonung der qualitativen und lebensbezogenen Momente im Naturkonzept könnte auch so verstanden werden, daß ich gegenüber dem wissenschaftlichen Verständnis von Natur ein lebensweltliches zur Geltung bringen möchte. Das wäre jedoch ein Mißverständnis; ich gehe nicht auf eine alltäglich-lebensweltliche Erfahrungsweise zurück, die ja vor allem durch Sinnverstehen und Handlungsweisen zu charakterisieren wäre, sondern auf eine rein physiologische Ebene. Das zwar in dem doppelten Sinn, daß einmal das leibliche Wohlbefinden, d. h. ein durchaus subjektives Gefühl, den qualitativen Gesichtspunkt repräsentiert, während die wissenschaftliche Physiologie ausweisen muß, welche Stoffe, welche Energien, welche Bedingungen, welche Gesetze in die metabolischen Zyklen integriert sind, bzw. sie konstituieren. Daß hier gleichsam von zwei Seiten aus – einer subjektiv empfindungsmäßigen und einer objektiv wissenschaftlichen – die physiologische Natur bestimmt wird, spricht nicht dagegen; denn mir scheint das gleiche auch beim kosmologischen Naturbegriff vorzuliegen. Auch dort wird das Naturganze sowohl in einem vorwissenschaftlichen Sinn von Erfahrung erschlossen, als auch durch allgemeine physikalische Theorien repräsentiert, was wir für das Kennzeichnende halten, wobei die theoretischen Grundbegriffe nichts mit alltäglicher Erfahrung gemein haben und die Nachweisverfahren für Fakten meist extrem indirekt sind, weit entfernt von der Unmittelbarkeit sinnlicher Wahrnehmung. Und so wie im Begriff der naturwissenschaftlichen Erfahrung immer ein Rückgriff auf eine (eventuell sehr reduzierte) vorwissenschaftliche Erfahrungsweise noch in Anspruch genommen werden muß, so gibt es in der physiologischen Betrachtung den unverzichtbaren Rekurs auf das qualitative Moment des körperlichen Wohlbefindens – bei aller Dominanz der wissenschaftlichen Betrachtungsweise.

Man kann deshalb sehr wohl sagen, daß im »physiologischen« Naturbegriff Begriffe und Vorstellungsweisen wiederkehren, die im aristotelischen Konzept der Natur Geltung besaßen und die durch die neuzeitliche Naturwissenschaft verabschiedet worden waren. Ich will einige davon anführen.

1. Da ist zu allererst die *Rückkehr zur Endlichkeit* zu nennen. Die physiologische Natur zeigt vergleichsweise enge Grenzen der Wechselwirkung, wenn wir z.B. die Zirkulation von Stoffen durch die Nahrungsketten im Kreislauf der Natur betrachten. Wie rasch die vermeintlich endgültig deponierten oder in Wasser und Luft verdünnten Stoffe (so daß man sie als praktisch inexistent betrachten wollte) in angereicherter Form als Gifte auf unsere Tische zurückkehren, ist ein neues Erfahrungsdatum, das uns die räumliche und zeitliche Endlichkeit der physiologischen Natur drastisch vor Augen führt – auch wenn wir nach wie vor in einem unendlichen Universum ausgesetzt sind.

2. Da ist zum zweiten die *Rückkehr zu einer qualitativen Betrachtung* zu nennen. »Bekömmlich«, »giftig«, »verdorben«, »verseucht«, »gesund« und verwandte Prädikate sind im Kontext einer physiologischen Betrachtung als Grundprädikate anzusehen. Wir sind gerade an der qualitativen Bewertung des Raumes, in dem wir qua Organismen leben, interessiert.

3. Man kann auch die schon erwähnte *Wiederkehr der alten Ele-*

mente hier anführen: Feuer, Luft, Wasser, Erde. Zwar müssen wir gerade unter physiologischen Aspekten auch von Cäsium, Cadmium, Blei, Quecksilber, von Phosphaten, Stickoxiden und komplizierten chemischen Verbindungen reden; aber Bezugsgröße sind die »Lebenselemente«: Wir brauchen schadstofffreie Luft und sauberes Wasser, wir brauchen eine Erde, auf der wir bekömmliche Nahrungsmittel anbauen können; und sogar das Feuer, das in unserem Sinn ja überhaupt kein Element, auch kein Gemisch von Elementen ist, beschäftigt uns als eine elementare Größe wieder, wenn wir uns Gedanken machen über unsere Energiequellen. Das ist allerdings ein sehr entfernter Anklang an die alte Idee vom Feuerelement.

4. Dagegen scheint mir unbestreitbar eine *Rückkehr zu dem aristotelischen Erfahrungsbegriff* im Kontext der physiologischen Natur vorzuliegen. Jedenfalls hat die Weise, wir wir an uns die Auswirkungen der Industrialisierung unserer Welt erfahren, nichts mit der planmäßig veranstalteten Vorgehensweise der wissenschaftlichen Erfahrung zu tun. Die Unmittelbarkeit des auf uns Einwirkenden, die Leib- und Sinnenzentrierung des uns Umgebenden, die für das physiologische Denken kennzeichnend sind, verweisen strukturell auf einen Typus von Erfahrung, wie ihn Aristoteles entwickelt hat. Als es zur Kritik des aristotelischen Erfahrungsbegriffs durch die neuzeitliche Naturwissenschaft kam, hat man durchaus anerkannt, daß die Nähe zur alltäglichen, lebensweltlichen Erfahrung für die Konzeption des Aristoteles spricht. Allerdings meldete sich in der neuen, auf naturwissenschaftliche Forschung sich stützenden, technischen Dienstbarmachung der Natur ein Interesse, das nicht durch die alte Norm eines »Rettens der Phänomene« befriedigt werden konnte. Es nahm die Entfernung von den alltäglich gewohnten Vorstellungsweisen zugunsten eines mathematischen und hypothetischen Wissens, in dem theoretische und fiktionale Entitäten eine grundlegende Rolle übernahmen, bewußt in Kauf.

Ich betone diese vielseitigen Anklänge der physiologischen Naturkonzeption an das aristotelische Naturdenken deshalb, weil ich in den vorangegangenen Kapiteln scharfe Kritik geübt habe an den Versuchen, die aristotelische Teleologie der Natur zu repristinieren. Diese Versuche halte ich für unhaltbar, und sie scheinen

mir überhaupt in eine falsche Richtung zu weisen. Hingegen kann ich anerkennen, daß sich in dem Interesse an dem aristotelischen Naturdenken ein verkapptes Interesse an dem Konzept meldet, das ich hier als »physiologische Natur« expliziert habe.
Der Hauptgewinn scheint mir darin zu liegen, daß wir nach diesem Ansatz nicht mehr in einer äußeren Alternative zum Denken der neuzeitlichen Naturwissenschaft stehen (solche Versuche halte ich für utopisch im schlechten Sinn des Wortes); vielmehr geht es bei den ökologischen Problemen um die Entwicklung von qualifizierenden Gesichtspunkten, die gerade das Festhalten am naturwissenschaftlichen Denken voraussetzen. Wie lassen sich solche Gesichtspunkte entwickeln? Wie leistungsfähig ist dieser Ansatz? Das soll jetzt ansatzweise verfolgt werden.

6.8 Notwendige und mögliche Erweiterungen des physiologischen Sensoriums

In der Idee, auf die Indikatorfunktion des Körperempfindens zurückzugehen, und in der anthropozentrischen Auszeichnung des physiologischen Naturbegriffs scheinen starke Einschränkungen zu stecken, die von dem Ansatz wenig erwarten lassen. Der Ansatz scheint überdies nicht nur einer Anthropozentrik verpflichtet zu sein, er scheint sogar einem extremen Subjektivismus (»Leibempfinden«) das Wort zu reden. Wie läßt sich von daher überhaupt ein Zugang zu ökologischen Problemstellungen gewinnen?
Ich möchte diesen Gedanken vom körperlichen Wohlergehen als Meßinstrument oder Probekörper in einer physiologisch gedachten Natur deshalb in drei Punkten erläutern; sie zeigen teils notwendige Ergänzungen, teils Erweiterungsmöglichkeiten des Konzeptes. Sie verfolgen überdies einen sachlichen Punkt, den ich hinter den Forderungen von »Holisten« sehe: Der globale Charakter der ökologischen Probleme verlangt auch ein globales Sensorium hinsichtlich der Verträglichkeit der Umweltbedingungen!
(i) *Das körperliche Wohlergehen als Sensor eines intakten externen Metabolismus bedarf der diagnostischen und prognostischen Unterstützung durch die Medizin!*

Mit dem körperlichen Empfinden als Indikator einer intakten physiologischen Natur ist sicher mehr gemeint als ein momentanes Empfinden und mein je individuelles Körpergefühl. Wir wissen, daß die momentane Körperempfindung über den wirklichen Gesundheitszustand häufig trügerisch Auskunft geben kann. Und gerade wenn wir uns wohl fühlen und beim Genießen sind, tun wir häufig »des Guten zu viel«, d.h. wir schädigen unsere Gesundheit. Zu einem Teil hilft uns hier die Erfahrung, zwischen den trügerischen kurzfristigen und den langfristig bekömmlichen Zuständen körperlichen Wohlbefindens zu unterscheiden. Aber in jedem Fall werden wir dafür eine objektivere Beurteilungsinstanz heranziehen müssen; hier wird das Wissen der Medizin beigezogen werden müssen. Sie muß uns sagen, welche Auswirkungen es für unseren Organismus hat, wenn wir uns so oder so ernähren, die und die Stoffe in uns aufnehmen durch Atmen, Trinken, Hautkontakt etc. Hier ist also eine Physiologie des inneren Stoffwechsels gefragt, die insbesondere die Auswirkungen langfristiger Belastung des Organismus mit bestimmten Stoffen darzulegen hat. Da die Warnfunktion unserer Sinnesorgane im Laufe der Evolution nur auf bestimmte unmittelbare Gefahrwahrnehmung eingespielt ist, bedürfen wir bezüglich der schleichenden gesundheitsschädigenden Faktoren unbedingt der wissenschaftlichen Diagnose. Der Medizin und allgemein den Biowissenschaften fällt in diesem Zusammenhang eine große Verantwortung zu.

Die Medizin in ihrem gegenwärtigen Zustand wird sich allerdings überfordert fühlen. Denn derzeit ist sie am weitesten entwickelt als eine reparierende Medizin, die nach eingetretener Erkrankung oder Verletzung ihr Wissen und Können einsetzt und die vor allem an den Folgen laboriert. Gefragt wäre aber eine Präventivmedizin, die versuchen muß, ein umfassendes Wissen um die (langfristigen) gesundheitsschädigenden Effekte unserer Umweltfaktoren zu gewinnen; und sie müßte dieses Wissen einsetzen, um die schädigenen Umstände fernzuhalten und die Erkrankungen zu verhindern. Die Präventivmedizin hat sich bislang hauptsächlich auf Hygieneaspekte, auf die Bekämpfung von Krankheitserregern oder auch den Aufbau von Abwehrkräften im Organismus konzentriert. Mir scheint, daß die Medizin der

Zukunft eine auf die Zukunft orientierte Medizin sein muß, die all ihr Wissen in den Dienst des vorbeugenden Verhinderns von Schäden stellen sollte, wobei sie den *inneren und äußeren Metabolismus* in ihre Überlegungen einbeziehen muß.

Andererseits bleibt der Rekurs auf das unmittelbare Wohlbefinden unerläßlich. Dieser qualitative Bewertungsakt durch die Subjekte läßt sich nicht an die Medizin delegieren. Denn es gibt viel zu viele Fälle, in denen – aufgrund individueller Konstitution – physiologisch abweichende Werte vom »normal gesunden Fall« vorliegen, ohne daß sie im geringsten als krank gelten müßten. Die Medizin verfügt nicht und wird nicht verfügen über einwandfreie Normen, die zwischen »gesund« und »krank« rein objektiv zu trennen erlaubten; sie muß von Äußerungen des Wohlbefindens des Individuums für ihre Urteile immer Gebrauch machen.

In die Feststellung des leiblichen Wohlbefindens gehen mithin wissenschaftliche Theorien, d. h. eine objektivierende Instanz ein, sie bleibt aber subjektiv qualifiziert.

Sofern wir aber nun verpflichtet sind, für unsere Gesundheit Sorge zu tragen, sind wir auch verpflichtet, den Metabolismus in einem unserem Organismus zuträglichen Zustande zu erhalten; d.h. wir müssen alle als krankmachend identifizierten Faktoren aus unserer Umwelt fernhalten.

(ii) *Das körperliche Wohlergehen als Sensor eines intakten externen Metabolismus bedarf der Ergänzung durch statistische Gesamtheiten und Auswertungsverfahren!*

Der physiologische Naturbegriff ist im übrigen nicht durch das je eigene Individuum definiert, sondern durch die Gattung. Denn alle von der Wissenschaft für das organismische Wohlergehen ausgezeichneten Faktoren gelten für den homo sapiens und nicht für die einzelnen Individuen in je spezifischer Weise, auch wenn es im inneren Metabolismus durchaus abweichende Werte gibt. D.h. im physiologischen Naturbegriff sind alle unsere Mitmenschen mitgefaßt. Es ist offensichtlich gleichgültig, welches Individuum die Indikatorfunktion hinsichtlich der Verträglichkeit der Umweltbedingungen ausübt.

Schwerer noch wiegt hier, daß es sich bei der Erfassung der Werte eines gedeihlichen Metabolismus um statistische Daten handelt;

denn je nach Wind und Wetterlage wird z. B. die Luftbelastung in einer Region mit Schadstoffen ganz unterschiedlich aussehen. Da es ganz allgemein um die Erfassung »gesunder Umweltbedingungen« geht, darf auch der Umstand, daß es anfälligere und resistentere Individuen gibt, nicht zu Buche schlagen. Deshalb muß auf einer möglichst allgemeinen Ebene, die kein Individuum und keine Gruppe privilegiert, gearbeitet werden, um die für die physiologische Natur wichtigen Meßdaten zu erhalten.[30]

Die hier anstehende Aufgabe sehe ich durchaus in Analogie zu der Auszeichnung bestimmter Medikamente in der Medizin. Auch dort ist der einzelne Patient der mögliche Adressat, der u. U. sehr spezifisch auf ein Medikament reagieren kann. Und doch ist es sinnvoll und wichtig, allgemeine Charakteristiken der Wirkungsweise, der Verträglichkeit, Nebenwirkungen etc. zu entwickeln, wie das auf der Grundlage statistischer Gesamtheiten möglich ist.

Um es noch einmal klar zu sagen: der menschliche Leib definiert

30 Wir dürfen auch nicht zulassen, daß bestimmte Gruppen stellvertretend für alle ein hohes gesundheitliches Risiko tragen. Wir sind verpflichtet, die krankmachenden Faktoren überhaupt aus der Umwelt fernzuhalten. Dies folgt nicht aus der Erweiterung des physiologischen Sensoriums auf die Mitmenschen, sondern aus der Solidaritätspflicht, die wir ihnen gegenüber haben. Der Gedanke, daß wir aber gleichermaßen Betroffene sind, kann sicher helfen, uns zu solch solidarischem Verhalten zu motivieren. Am Beispiel der Asbestherstellung können wir uns z. B. klarmachen, daß die bei der Asbestherstellung der Krebsgefahr ausgesetzten Arbeiter ja nur intensiver betroffen sind von etwas, das uns insgesamt alle betrifft. – Obwohl die Asbestose und die Tatsache, daß sie die Entwicklung des Bronchialkarzinoms begünstigt, schon bald nach der Entdeckung der vielseitigen Verwendbarkeit der Asbestfasern erkannt waren, hat man sie dennoch in jahrzehntelanger Entwicklungsarbeit weiter in unterschiedlichste Produkte integriert. Erst seit die Gesundheitsschäden sich bei breiteren Konsumentenkreisen zeigten, wurden Gegenmaßnahmen ergriffen.

Das sich in Arbeitsteiligkeit versteckende Unrecht weicht so einer Solidarität im Recht auf körperliche Unversehrtheit. Allen, die privilegiert sind, in vergleichsweise sauberer Luft ihrer Arbeit nachzugehen, muß über die organismische Gleichheit einsichtig werden, daß sich mit Bezug auf sie selbst der gleiche Stoffwechselvorgang und d. h. dann Erstickungs- und Vergiftungsvorgang abspielt, wenn auch in zeitlich gestreckter Form.

nicht die physiologische Natur wie die Zecke ihre »Umwelt«, sondern fungiert hier als Bezugspunkt, an dem sich die Bekömmlichkeit oder Unbekömmlichkeit der Umweltfaktoren zeigt wie an einem Meßgerät. Wie weit der physiologische Raum reicht, kann überhaupt nur aufgrund wissenschaftlicher Erkenntnisse ausgemacht werden; betrachtet man z. B. das Klima, das sicher einen physiologisch relevanten Faktor erster Ordnung darstellt, dann sind wir sowohl in regionaler wie in faktorieller Hinsicht in einen sehr weiten Raum verwiesen; denn von den polaren Eiskappen bis zu den Mikroorganismen – fast alles, was auf unserem Globus existiert, beeinflußt in einer sehr schwer erfaßbaren Weise unser Klima. Deshalb ist es wichtig, auf einer möglichst umfassenden Basis die Daten über die Verträglichkeit der Umweltbedingungen zu erheben.

(iii) *Das körperliche Wohlergehen als Sensor eines intakten externen Metabolismus erlaubt eine Ausdehnung auf Organismen anderer Species!*

Wir können eine dritte Erweiterung des zunächst individuellen physiologischen Sensoriums vornehmen: Nehmen wir den physiologischen Naturbegriff ernst, so schließt er schließlich alle Arten organischen Lebens ein. Wir werden also auch die übrigen Organismen als Teil unseres Sensoriums über eine intakte, d. h. die Gesundheit nicht schädigende Umwelt ansehen.

Mir scheint die folgende Idee ganz einleuchtend zu sein: Wir haben unsere nicht sehr leistungsfähigen Sinnesorgane extrem verbessert durch die Erfindung des Teleskops, des Mikroskops, der Geigerzähler, der Radiosonden und so weiter. Unser Wahrnehmungsvermögen bezüglich unseres organischen Wohlergehens ist noch viel unfertiger als die äußeren Sinne; deshalb bedürfen wir, wie vorhin gesagt, der Ergänzung durch die Wissenschaft der Medizin. Wir können aber auch die übrigen Organismen als natürliche Extensionen unseres Körperempfindens ansehen. Sie, die zum Teil sehr viel sensibler auf ihre Umwelt eingespielt sind, zeigen uns durch ihr Gedeihen oder Verderben an, ob sich die Basis des organischen Lebens zum Besseren oder Schlechteren wendet.[31] Der »stumme Frühling« zeigt uns nicht

31 Diesen Gedanken finde ich auch bei H. Markl, wenn er sagt: »Schließ-

nur an, was wir durch das Vergiften der Insekten den Vögeln antaten, sondern in welchem Maße wir überhaupt die Lebensgrundlagen vergiften. Und mit den Tausenden von Wasservögeln, die jedes Jahr Opfer der schleichenden Ölpest in Ost- und Nordsee werden und an den Strand getrieben werden, sehen wir nicht nur, was wir der Natur antun, sondern schwappt uns tausendfach die Selbstvergiftung entgegen.
Wo immer Lebewesen infolge veränderter Umweltbedingungen zugrundegehen, leuchtet ein Warnsignal für uns auf, das wir beachten müssen. Gerade weil unsere Gefahrwahrnehmung auf einen so engen Bereich eingespielt ist, sind wir auch geneigt, alle Gefährdungen zu verdrängen, die nicht in unserer unmittelbaren Umgebung evident sind. Diese Blindheit können wir uns aber nicht mehr gestatten, nachdem wir erkannt haben, in welchem Maße die Kreisprozesse der Physis kurzgeschlossen sind. Wir dürfen nicht länger ignorieren, daß wir bereits global von Warnlichtern umstellt sind.

6.9 Verträglichkeit des realen Stoffwechsels als Kriterium der planenden Vernunft

Der Leiblichkeit fällt als solcher keine normative Funktion zu, sie fungiert vielmehr als reiner Indikator des intakten oder gestörten externen Metabolismus. Alle normativen Ansprüche müssen am Autonomieprinzip festgemacht werden. Wie haben wir uns nun das Zusammenspiel von Autonomieprinzip und Leiblichkeit zu denken?

lich sind Arten – und hierin könnte man den wichtigsten Grund für die Erhaltung einer möglichst großen Artenvielfalt sehen – die empfindlichsten Anzeigeinstrumente für den Zustand des Lebensraums Erde, auf den auch wir Menschen immer angewiesen bleiben werden. Gerade hochspezialisierte, auf den ersten Blick überflüssig erscheinende Arten reagieren oft ungemein empfindlich auf Veränderungen in unserer Umwelt ... Die Erhaltung einer reichhaltigen Pflanzen- und Tierwelt gerade auch inmitten unserer Kulturlandschaften ist nicht nur ästhetisch erfreulich, sie kann das preiswerteste und sicherste Kontrollinstrument einer auch für uns bekömmlichen Umwelt sein.« H. Markl, Natur als Kulturaufgabe, Stuttgart 1986, S. 338f.

Selbstbestimmung und Naturverhältnis stehen in einem flexiblen Testverhältnis zueinander. Die in der Autonomie des Subjekts verankerten Lebensentwürfe einerseits und die Auswirkungen des realen Stoffwechsels mit der Natur auf unsere Gesundheit andererseits sind unabhängige und nicht reduzierbare Instanzen der Kulturbewertung. In der Autonomie des Subjektes liegt die Möglichkeit unlimitierten Entwerfens von Lebensformen, worunter der von Bacon konzipierte wissenschaftlich-technische Umbau der Natur zum Zwecke der Humanisierung eine in der Tat attraktive Option der Moderne darstellt. Aber unabhängig von der Frage der Wünschbarkeit unter einem Ideal der Humanität und der Realisierbarkeit im technischen Sinn stellt sich immer noch die Frage, ob ein bestimmter Kulturentwurf für uns als Organismen verträglich ist oder nicht. *Unserem Leib steht ein Einspruchsrecht gegenüber unseren Entwürfen technisierter Lebensverhältnisse zu.* Wir müssen unsere Utopien vor unserer körperlichen Gesundheit verantworten. Es ist unsere Leiblichkeit, die uns an diese Welt bindet, und unserem spekulativen Flug in »mögliche Welten« nicht folgen kann. Wir schulden es unserer Leiblichkeit und organismischen Daseinsweise, Realisten zu sein. In Anerkennung unserer organismischen Existenz müssen wir in der Natur die Lebensbedingungen schonen, als deren evolutionäres Produkt wir existieren.

Unsere leibliche Integrität fungiert gleichsam als ein potentieller Falsifikator für die Zulässigkeit technischer Verfahren: eine technische Innovation, d.h. eine bestimmte Eingriffsweise in die Naturprozesse, ist unzulässig, wenn ihre Konsequenzen, d.h. die Summe ihrer intendierten und nicht-intendierten Effekte, zu einer negativen Verschiebung der Lebensbedingungen in unserer Umwelt führen. Durch die leibliche Integrität wird nur ein notwendiges Kriterium der Akzeptierbarkeit von Kultivierungsformen ausgezeichnet, das der positiven Ergänzung bedarf. Es ist allerdings überraschend, in wie breiter Front derzeit gegen diese minimale notwendige Bedingung verstoßen wird! Weil ein bestimmter Weg der Kultivierung irgendwann eingeschlagen worden ist, wird an ihm festgehalten, auch wenn er sich zwischenzeitlich als langfristig ruinös erwiesen hat. Wir sind zu unflexibel und geben dem Lernen aus Erfahrung zu wenig Raum.

Andererseits bietet sich durch die Optionen moderner Technologien ein offenes Feld möglicher Erfahrung, das nicht frei ausgeschöpft werden darf; denn die Risiken für unsere organismische Daseinsweise sind teilweise zu groß, als daß wir sie eingehen dürften.[32] Deshalb gilt es, einerseits Methoden des Testens zu entwickeln (Simulationen), die nicht schon die Installation einer bestimmten Technologie voraussetzen, um dann aufgrund der eingetretenen Effekte zu reagieren – soll doch die Frage ihrer Zulässigkeit gerade entschieden werden. Andererseits gilt es, bereits für die planende und entwerfende Vernunft Normen verantwortlichen Vorgehens (Schranken und Grenzen) zu finden, um dem gefährlichen Zwang des alten technologischen Imperativs, was überhaupt machbar ist, auch zu machen, entkommen zu können.

Würde aber andererseits die Verantwortungsfrage dahingehend beantwortet, daß wir eine Verantwortung für die Natur haben, so wie sie als solche ist, wäre unsere Zukunftsperspektive gekappt, müßten wir unseren Gestaltungs- und Handlungsraum auf reines Archivieren und Konservieren reduzieren. Aber selbst eine teleologisch gedachte Natur bewegt sich nicht in so engen Grenzen!

Welche Normierungen sollen wir denn im Rückgriff auf eine Naturteleologie erhalten? Wenn wir die Natur teleologisch betrachten und beurteilen, so heißt das noch lange nicht, daß die Natur teleologisch verfährt. Die im menschlichen Handeln gesetzten und verfolgten Zwecke definieren zwar eine Zielstrebigkeit – an die sich die Natur leider nicht hält. *Wir* mögen zufrieden sein und ruhen, wenn wir ein Ziel erreicht haben, in der Natur verhält es sich nicht so. Die natürliche Zirkulation der Stoffe hält sich nicht an die lineare Deponierweise, die wir jenen auferlegen möchten. Die der Natur unterstellte Teleologie führt nicht zur Entsorgung, sondern zu den Giftskandalen. Der nicht-intendierte Effekt läßt sich nicht länger ausklammern oder als unwesentlich beiseite schieben. Es geht uns auf, daß die Gesamtsumme der unintendierten Nebenwirkungen eine größere Gegenbilanz aufmachen kann als der intendierte Effekt. D. h., die teleologische

32 Vgl. H. Jonas, Das Prinzip Verantwortung, aaO, S. 80ff.

lineare Betrachtungsweise müßte übergehen zu einer Gesamtbetrachtungsweise oder auch Kreisprozeßbetrachtungsweise. Jedenfalls dann, wenn wir physiologische Naturverhältnisse betrachten.

Gerade wegen der kurzgeschlossenen Kreisprozesse, unter denen wir als Organismen stehen, und ihrer empfindlichen Labilität wird es in Zukunft nicht mehr genügen, technologische Innovationen allein danach zu bewerten, ob sie eine bestimmte erwünschte Leistung herbeiführen können; man wird insbesondere unter Einbeziehung von Gesamtbilanzierungen nachweisen müssen, daß die unintendierten Nebenwirkungen und das Gesamte der hervorgerufenen Effekte keine Gesundheitsschädigung, keine Gefährdung des organischen Wohlbefindens zur Folge haben.[33]

Die Sollens-Sätze, die wir im Ausgang von einem physiologischen Naturbegriff formulieren, ziehen m. E. nicht den naturalistischen Vorwurf auf sich; denn ihr Gesolltsein folgt nicht aus dem normativ gedachten Naturverhältnis, sondern folgt aus den Pflichten, die wir gegen uns selbst haben und insbesondere hier aus der Pflicht, daß wir für unsere leibliche Gesundheit Sorge zu tragen haben.

Aus der *physiologisch verstandenen Natur* hat sich eine neue Grunderfahrung ergeben, die man recht gut als eine Rückkehr zur Endlichkeit beschreiben kann. Das unendliche Universum der neuzeitlichen Naturwissenschaft hat die Illusion erzeugt, daß die Natur ein unerschöpflicher, unausgrenzbarer Bereich sei, in dem man folgerichtig auch unbegrenzt die unerwünschten Nebenwirkungen technischer Intervention abschieben könne. Natur als unser Habitat, Natur als der Ort realer Wechselwirkungen hat

33 Was R. Spaemann zur Beweislastverteilung in diesem Zusammenhang ausgeführt hat, kann ich nur voll unterstreichen. Technologische Innovationen, neue Substanzen und Verfahrensweisen dürfen erst zugelassen werden, wenn dargelegt ist, daß sie keine gesundheitlichen Schädigungen hervorrufen. Die Verwertbarkeit eines Produkts für einen bestimmten Zweck kann demnach nur als notwendige, nicht aber als hinreichende Bedingung zu seiner Verwendung angesehen werden. – Vgl. »Technische Eingriffe in die Natur als Problem der politischen Ethik«, aaO, S. 204.

demgegenüber sehr viel engere Grenzen. Die Austauschprozesse, Interdependenzen, die Kreisprozesse, in denen wir als Organismen stehen, sind sehr viel dichter, direkter und enger, als wir angenommen hatten. Denn eine Erkenntnis steht inzwischen unverrückbar fest: kein Schlot ist hoch genug, kein Fluß tief genug, als daß die industriellen Exkremente aus dem menschlichen Habitat einfach fortgeweht und fortgespült werden können. Sie kehren alle zu uns zurück im Kreislauf der physiologischen Natur. Vom bleihaltigen Salat über die quecksilberhaltigen Fische und Pilze bis zum DDT in der Milch, was immer wir ausgestreut haben, um Schädlinge auszurotten, oder vergraben haben, um Gifte zu beseitigen, es kehrt uns längst auf den Tisch zurück. Deshalb geht ganz allgemein meine Intention in Fragen Natur und Verantwortung dahin, den Schutz der Organismen als Selbstschutz zu betreiben. Denn wir selbst sind als Organismen Teil des Metabolismus der Natur.

7. KAPITEL
Pronoia
Die Zukunft der Technik

7.1 Die Kultivierung der Natur und der Perfektionismus der Technik

Der perspektivische Dualismus von Selbstbestimmung und Leiblichkeit des Menschen ist kein beliebiges anthropologisches Datum: aus ihm verstehen wir uns in einem sehr elementaren Sinn als uns und die Natur kultivierende Wesen. Mit dem Gedanken der Kultivierung verbindet sich bei Kant der der Vervollkommnung auf eine zwanglose Weise; denn er hat das Abstreifen des rohen, des gesetzlosen und unzivilisierten Naturzustandes vor Augen. Bei Kant ist der Gedanke der Verbesserung primär auf die Einrichtung einer bürgerlichen Verfassung gerichtet und somit mit dem der Erziehung und Kultivierung *unserer selbst qua moralische Subjekte* verbunden. Da freilich kann von Automatismen der Vervollkommnung keine Rede sein. Vielmehr muß aus der Freiheit der Selbstbestimmung der Anspruch des Gesollten übernommen und den Imperativen der Pflicht gefolgt werden.

Eine größere Eigenständigkeit und Eigendynamik nimmt der Gedanke der Vervollkommnung sofort dort an, wo er mit einer technischen Form der Kultivierung in Verbindung gebracht wird. Die Verbesserung unserer materiellen Existenzgrundlage durch Einsatz von Technologie, wie sie im Bacon-Projekt konzipiert ist, verweist auf eine unentwegt sich überholende Effizienz der Nutzungspraxis. Für Bacon ist die in der Technik als solcher liegende Tendenz zur Perfektionierung, die sich schon in den antiken Formen der Gerätetechnik zeigt, sogar die genuine Wurzel des Fortschrittsgedankens, während die Wissenschaft der Antike zur Stagnation verdammt war.[1] Durch die Integration der »mechani-

1 »In arts mechanical the first device comes shortest and time addeth and perfecteth. But in sciences of conceit the first author goeth furthest and

schen Künste« in den Wissenschaftsbegriff, d. h. durch die grundlegende Stellung der »operations« im Experimentieren, erhält die neuzeitliche Wissenschaft jenes Fortschrittspathos, das das Projekt der Moderne dann prägt.

Die interne Steigerung technischer Effizienz – z. B. durch die Verbesserung des Wirkungsgrades der Maschinen oder den Einsatz neuer Energieträger – wird dabei zugleich als Fortschritt im Zustand auch der äußeren Verhältnisse interpretiert; d. h., der kultivierende Umbau der Natur durch Einsatz von Technologie wird zugleich als eine Verbesserung der Natur vorgestellt, wobei selbstverständlich der Bezug zum Menschen diese Wertung bestimmt. In Bacons biblischer Anspielung: Die Rückeroberung der ursprünglich dem Menschen zugedachten und durch den Sündenfall verspielten Souveränität versetzt auch die (mit ihm gefallene) Natur wieder in einen Zustand der Vollkommenheit, Technik vervollkommnet Natur. Zwischen innerer und äußerer Natur wird offenbar kein Unterschied gemacht. Denn während die Kultivierung der Naturanlagen des Menschen, d. i. die Ausbildung seiner Talente, durchaus als Vervollkommnung seiner Natur zu beschreiben ist, scheint die immer bessere, d. h. immer effektivere Nutzung der äußeren Natur durch Technologie kaum als eine Vervollkommnung der äußeren Natur darstellbar zu sein.[2] In physiozentrischer Perspektive läßt sich der Vorgang der Kultivierung der Natur nur als destruktiv darstellen. Eine Vervollkommnung läßt sich darin nur sehen, wenn die Natur insgesamt als Material für menschliche Zwecke betrachtet wird. Verglichen mit dem rohen Zustand, in dem die Natur zunächst vorgefunden wird, ist der Zustand der Kultivierung (Bewirtschaftung) eine Verbesserung, weil sie dem Menschen mehr Güter zu erwirtschaften erlaubt. Es wird dann auch der Natur angesonnen, daß sie eigentlich ein Garten Eden[3] zu sein hat. »Wüstes Land«

time leeseth and corrupteth.« F. Bacon, Valerius Terminus, The Works, aaO, III 226.

2 Anders natürlich im aristotelischen Verständnis von Physis, wo die Techne nur hervorbringt, was als Naturzweck angelegt ist, aber nicht von der Natur selbst vollendet werden kann. S. o. Kap. 5.2.

3 Der Garten ist ein Topos, der die ökologischen Schriften von K. M. Meyer-Abich durchzieht. Und so wie er den Menschen als den Ort

eröffnet gleichsam ein Recht, es sich zur Kultivierung anzueignen. So hat die frühe Neuzeit ihre Eroberungen in der Neuen Welt gerechtfertigt. In Thomas Morus' *Utopia*, in die der Verzicht auf Eroberung als Stabilitätsbedingung integriert ist und deren Gesellschaft sich durch große Friedfertigkeit auszeichnet, gibt es bemerkenswerterweise ein »Recht«, fremden Völkern Land *wegzunehmen*, sofern sie es brach liegen lassen und nicht bewirtschaften. Diese Völker vernachlässigen gleichsam ihre Pflicht zur Kultivierung, die offenbar *dem Boden gegenüber besteht*; denn es gibt keine zwischenstaatlichen Verträge über Bodennutzung, die verletzt würden. Hier spielt einerseits die paulinische Vorstellung herein, daß die »Natur seufzt und nach Erlösung strebt«, andererseits die Vorstellung von der Natur als ein dem Menschen von Gott anvertrautes Gut, das er nutzen soll: die Natur als Weinberg, der gepflegt und gehegt sein will und den verwildern zu lassen, einer Mißachtung göttlichen Auftrags gleichkäme. So weit wird Technik als ein Mittel vorgestellt, das zwar vom Menschen erzeugt ist und ihm dienen soll, das aber zunächst auf die Natur generell bezogen wird, um ihren Umbau und ihre Vervollkommnung zu bewerkstelligen. Diese Vorstellung bleibt noch im Bann der aristotelischen Vorstellung der Techne: sie ist Realisierung von Naturzwecken mit menschlichen Mitteln.

Ein neues Technikverständnis entspringt dort, wo der Bezug auf die eigene »Organbasis« in den Vordergrund tritt wie in der Perspektive der biologischen und philosophischen Anthropologie; wo das Werkzeug und später die Maschine nicht primär Natur aneignet oder die Natur überlistet oder einen Naturzweck realisiert, sondern die menschlichen Organe bzw. Fähigkeiten und Kräfte verstärkt bzw. entlastet und auch ersetzt.[4] Die Technik nützt nicht nur in ihren Effekten den Bedürfnissen des Menschen,

versteht, in dem die Physis zur Sprache gebracht wird, wird die Natur im Garten erst »schön«. Und mit deutlicher Anspielung auf den verlorenen Paradiesgarten meint er: »Ich halte den Garten für die Keimzelle einer Erneuerung unserer Kultur.« Wege zum Frieden mit der Natur, aaO, S. 267.

4 Eine der ersten umfassenden Technikphilosophien, E. Kapp, Grundlinien einer Philosophie der Technik, Braunschweig 1877, ist ganz von diesem Ansatz her konzipiert.

sondern wird als ein Projekt entwickelt, durch das er die Unvollkommenheiten, die ihm als Naturwesen zukommen, kompensieren kann. A. Gehlen und andere Vertreter der modernen philosophischen Anthropologie haben diese Deutung der Technik entwickelt.[5]

Die Ausstattung des Menschen mit Organen erscheint gegenüber den instinktgebundenen Leistungen der reinen Naturwesen als mangelhaft; in seiner Intelligenz und in der Plastizität seiner Naturausstattung hingegen eröffnen sich Kompensationsmöglichkeiten, die letztlich auf eine unvergleichliche Überlegenheit gegenüber den anderen Tierarten hinausführen.

Mit diesem exklusiven Bezug auf den Menschen, der prima facie die Technik als eine Möglichkeit erscheinen läßt, seine schwache Naturausstattung nicht nur zu kompensieren, sondern in eine Überlegenheit zu verwandeln, ja seine Natur durch Technikentwicklung zu perfektionieren, ist jedoch zugleich festgelegt, daß die Technikentwicklung in dem Moment, in dem sie ihre negativen Effekte zeitigt, sich auch primär gegen den Menschen wendet. Diese hier unspezifizierten negativen Effekte der Technik sind seit den zwanziger Jahren unseres Jahrhunderts mehr und mehr als das Charakteristikum der modernen Technik betrachtet worden. Ihre anfängliche Bejahung in der Idee der Vervollkommnung hat zunächst einer ambivalenten Einschätzung, in der »Fluch und Segen der Technik«[6] gegeneinander abzuwägen waren, Platz gemacht und ist nun bei einer Betonung des Risikos, wenn nicht einer generellen Ablehnung der Technikwelt angekommen[7]; in

5 Dazu sind auch noch die Arbeiten von G. Ropohl zu rechnen, wenngleich um den systemtheoretischen Ansatz erweitert. G. Ropohl, Eine Systemtheorie der Technik: Zur Grundlegung der allgemeinen Technologie, München 1979; ders., Die unvollkommene Technik, Frankfurt/M. 1985.

6 Vgl. F. Dessauer, Streit um die Technik, Frankfurt/M. 1956.

7 Freilich gibt es hierin auch bedeutende Ungleichzeitigkeiten. So liegt in Skinners behavioristischer Psychologie eine durch und durch affirmative Technikeinstellung vor, die er selbst überdies als eine Einlösung des Bacon-Projekts betrachtet hat. Vgl. den ausgezeichneten Artikel von L.D. Smith, »On Prediction and Control: B.F. Skinner and the Technological Ideal of Science«, in: *American Psychologist*, 1992, S. 216-223.

der positiv zur Selbststeigerung angestrebten Technikentwicklung wird so die größte Gefahr für den Menschen gesehen[8], die zudem eine Gefährdung des Menschen durch sich selbst ist.
Auch in den Gefährdungsmöglichkeiten wiederum taucht die Doppelnatur des Menschen auf: (i) die Technikentwicklung führt zum Autonomieverlust des Menschen, (ii) sie führt zur Disposition und schließlich zum Ruin des Menschen als des organischen Wesens, das er ist.
Es gibt eine Vielzahl von Varianten, in denen die erste Position aufgetreten ist. Unter dem Titel der »Technokratiethese« hat eine lebhafte Diskussion stattgefunden, die vor allem auf die politischen Konsequenzen der Technisierung unserer Lebenswelt aufmerksam gemacht hat. Die Privilegierung der Experten in einer technisierten Welt einerseits und der Schutz der störanfälligen zentralisierten Techniksysteme andererseits führen zu einem Staat des Überwachens und Kontrollierens, in dem die Bürger keine Entscheidungskompetenz mehr besitzen: letztlich zu einem totalitären System, wie es Orwell in »1984« beschrieben hat. – Ein »Atomstaat« kann sich die Freizügigkeit seiner Bürger, angesichts möglicher Sabotageakte gegen die Anlagen, nicht mehr leisten.
Heidegger, Jonas, Gehlen u.a. haben in unterschiedlichen begrifflichen Einbettungen die These vertreten, daß die Technik längst zum »Subjekt der Geschichte« avanciert sei. Die Technik, einst als Mittel vom Menschen für eigene Zwecke entwickelt, sei längst in einen unaufhaltsamen Prozeß der Eigendynamik eingetreten und sei zum Selbstzweck geraten, in den die Menschen nicht mehr eingreifen könnten (bei Heidegger als Seinsgeschick, bei Jonas als Verselbständigung und Potenzierung der technischen Macht, bei Gehlen als unsteuerbare Hyperstruktur aus Ökonomie und Technologie). Der Mensch habe nicht nur das Vermögen verloren, über die Technik als Mittel zu verfügen, der Verlust seiner Autonomie zeige sich erst recht darin, daß er selbst zum Mittel unter der sich verselbständigenden Technik verkommen sei.

8 Vgl. M. Heidegger, »Die Frage nach der Technik«, in: Die Künste im technischen Zeitalter (Hg. Bayerische Akademie der Schönen Künste), München 1956, S. 48-72.

Die m.E. interessanteste Version dieser These ist von Günther Anders[9] entwickelt worden. Zwei Grunderfahrungen stehen für ihn gegeneinander: die Erfahrung des Perfektionismus der Technologie einerseits und die Erfahrung der Unvollkommenheiten von uns selbst. Die überraschende Reaktion des Menschen auf diese zwiespältige Erfahrung liegt nun für Anders in der Unterwerfung des Menschen unter die Ideale der Artefakte. Diesen Unterwerfungsakt meint Anders nach phänomenologischer Methode direkt ausweisen zu können, indem er die Reaktionen des Menschen auf das Phänomen der Technik betrachtet. Anders diagnostiziert die grundlegende Reaktion auf die Technik als eine Empfindung der Scham, der er körperlichen Ausdruck gibt. Der Mensch, obwohl Schöpfer der leistungsstarkten Artefakte, empfindet vor ihnen seine unvollkommene Natur als beschämend. Er fühlt sich seinen eigenen Produkten gegenüber unterlegen – womit er das übliche Wertverhältnis von Schöpfer und Geschöpf umkehrt. Die »prometheische Scham«, die der mangelhafte Mensch vor der Perfektion seiner Artefakte empfindet, ist Ausdruck des Autonomieverlusts des Menschen; mehr noch: Ausdruck der »Antiquiertheit des Menschen«. Der Mensch schämt sich seiner Herkunft aus der Natur, die ihn mit solchen Mängeln entlassen hat, während er sich in seinen technischen Produkten dem Ideal der Perfektion nähert. Die Rede Gehlens vom Kompensieren der Mängel des Naturwesens Mensch schlägt hier um in die Verdrängung der Natürlichkeit des Menschen unter dem Primat der Machbarkeit technischer Produkte. Die dem Menschen in die Hand gegebene Möglichkeit perfekter Artefakte degradiert das nur natürliche Entstandensein sogar bis in die Scham über die eigene Kreatürlichkeit.

Während in konkreten Kontexten technischen Handelns oft vom Risiko Mensch gesprochen wird, in dessen Freiheit auch die Möglichkeit des Fehlverhaltens wurzelt, so daß er – nach dieser Empfehlung – möglichst durch Automaten ersetzt werden sollte, ergibt sich nach der Analyse von Anders das Verhältnis bzw. Mißverhältnis nicht über die Funktion, sondern über den ontologischen Status perfekter Artefakte gegenüber den unvollkom-

9 G. Anders, Die Antiquiertheit des Menschen (1958), 2 Bde., München 5. Aufl. 1980. Siehe bes. in Bd. 1: »Über prometheische Scham«.

menen natürlichen Geschöpfen. Das Natürliche erliegt der Perfektheit des Technischen – was sicher etwas anderes ist als ein Überwältigen natürlicher Gegebenheiten durch die technische Macht. Gemäß der Analyse von Anders beruht die Herrschaft der Technik, in der es zur Antiquiertheit des Menschen kommt, auf der Selbstentmündigung des Menschen vor den normativen Ansprüchen technischer Perfektion.

Damit ist m. E. der genuine Ort der Technikphilosophie nach wie vor in der praktischen Philosophie, und zwar in dem eminenten Sinn, daß es um Fragen des Überlebens und eines menschenwürdigen Lebens geht; die kantische Einbettung der Thematik – angegangen in dem Doppelaspekt von Leiblichkeit und Autonomie – war kein Abgleiten ins Moralisieren. Vielmehr erweist sich die Spannung zwischen organischer Daseinsweise des Menschen und seinem Vermögen der freien Selbstbestimmung nicht nur als Motiv für die Entwicklung einer Technik (Gehlens Kompensationsthese), sondern die Selbstgefährdung des Menschen infolge der Herrschaft der Technikwelt wurzelt ihrerseits in einem Fehlverhalten des Menschen gegenüber seiner eigenen Kreatürlichkeit, die er eben an den Perfektionismus der Technik verrät. Das Selbstbewußtsein des Menschen als moralischen Wesens ist gleichsam im Verhältnis zu seiner technischen Intelligenz zu schwach entwickelt, so daß er der Idee der Machbarkeit und Perfektibilität ganz und gar verfällt; und dem Imponiergepränge der Artefakte kann er so wenig Widerstand leisten, daß er sich sogar seiner eigenen Leiblichkeit schämt. Das Mißverhältnis – daß wir so viel mehr *machen* können, als wir uns hinsichtlich der Konsequenzen unseres Machens überhaupt *vorstellen* können – hat Anders als anthropologische Eigentümlichkeit im Begriff des »prometheischen Gefälles« festgehalten. Während im Sinne dieses Gefälles die intellektuellen und imaginativen Fähigkeiten schon beträchtlich hinter denen des Machens zurückbleiben, gilt es a fortiori für das Vermögen der Moralität.

Die These von Günther Anders ist nicht nur wegen ihrer Radikalität und inneren Stringenz interessant. Sie ist eine konsequente Einlösung einer Technikphilosophie als Anthropologie. Der homo faber, der seine Mängel zu kompensieren suchte, hat angesichts der Effizienz und Perfektion seiner Produkte sich selbst ob seiner Mangelhaftigkeit an die Welt der Artefakte verraten: »Der Mensch desertiert ins Lager seiner Geräte«;[10] er wirft sich gleichsam selbst zum alten Eisen, weil er sich selbst als hoffnungslos veraltet erscheint: antiquiert. Das »Motiv« des Autonomieverzichts müssen wir in der Unwilligkeit des Menschen sehen, seine eigene unvollkommene natürliche Organbasis zu akzeptieren.

Wenn wir in der Technik das Verhältnis des Menschen zur Natur thematisieren, dann ist in der Perspektive von Anders nicht zunächst das Verhältnis zur äußeren Natur gemeint, sondern zur inneren Natur. Das aus der ökologischen Krisenerfahrung heraus zur Debatte stehende »neue Naturverhältnis« des Menschen wäre dann nicht primär ein solches zur äußeren Natur, sondern zu sich selbst als Kreatur oder – in säkularisierter Sprache – zu sich selbst als Produkt natürlicher Evolution, als Organismus. Damit konvergieren diese Überlegungen mit denen, die oben (vgl. Kap. 6.9) für die Bewertung von Technologien angestellt worden waren: die Rettung der körperlichen Integrität gegenüber den Effekten der Technisierung soll nicht nur als notwendige Bedingung für die Zulässigkeit einer Technologie gelten, sie muß auch gegenüber dem Perfektionismus der Technik eine Maxime menschlichen Selbstverständnisses bleiben.

Mit dem Perfektionismus der technischen Geräte einher geht ein Zug ins immer Größere, Schnellere, Mächtigere, ein Zug zum Gigantischen. Die Bomben, die Kraftwerke, die Flugzeuge, die Tanker, die Rechner: alle wachsen über die Dimensionen des Faßbaren hinaus ins Hybride. Die Bomben wurden zu Superbomben, nun zu Megabomben, deren Tote man in Megatoten rechnet, und es ist nur eine Frage der Zeit, wann wir die Gigabombe haben werden, deren potentielle Opfer man in Gigatoten rechnen wird.

Das Gefährliche an Perfektionismus und Gigantismus ist, daß die Maßstäbe der Technikentwicklung allein aus der Selbststeigerung der Geräte genommen werden; die Geräte sind autonom und repräsentieren die reinen Selbstzwecke, nachdem wir »auf uns selbst als Maßstab verzichten und damit unsere Freiheit ein-

10 G. Anders, Die Antiquiertheit des Menschen, aaO, Bd. 1, S. 31.

schränken oder aufgeben«.[11] Bezogen auf die Natur heißt das, daß eine so autonom gesetzte Technik in ihrem Umbau des Vorfindlichen nicht eher Halt machen kann, bis sie alle Lebensverhältnisse technisiert hat, d.h. bis Natur völlig in ein Artefakt verwandelt ist.[12]

Günther Ropohl[13] hat diesen Inszenierungen von technischer Megalomanie und Perfektionismus mit Recht sein Konzept einer »technologischen Aufklärung« entgegengesetzt. Er erhofft sich von differenzierenden Analysen einerseits, die die pauschale Bejahung oder Verdammung hinter sich lassen, und von der Einrichtung neuer gesellschaftlicher Institutionen zur Technikbewertung andererseits, daß wir die Entwicklung der Technik »einholen« und nach menschlichen Bedürfnissen zu steuern lernen. Denn der Perfektionismus verdeckt nur den Tatbestand, daß jede Technik unvollkommen, d.h. verbesserungsfähig und verbesserungsbedürftig ist, und zwar in Hinsicht auf den Benutzer, nicht die Maschine. Insbesondere hält Ropohl die seitherige Technik für unvollständig, weil die Fragen der ökologischen Einbettung der Technisierung ausgeklammert blieben.[14] Die gegenwärtige Technik bedarf der »ökotechnischen Ergänzung«.

Ropohls differenzierende Herangehensweise an das Technikphänomen aus dem Geist der Aufklärung deckt sich in vielen Punkten mit meiner eigenen. Vor allem teile ich die emphatische Betonung der Autonomie, d.h. seine Weigerung, das was Günther Anders die angemaßte Selbsterniedrigung vor den Geräten genannt hat, als ein unabwendbares Faktum oder Fatum hinzunehmen.

Allerdings glaube ich nicht, daß die kritische Einholung der Technik, um die es Ropohl geht, hinreichend durch eine »ökotechnische Ergänzung« geleistet werden kann. Wie bereits in Verbindung mit den Strukturerwägungen zum Krisenbegriff gesagt wurde (vgl. o. Kap. 2.6), müssen auch die ruinösen Formen von Technologie abgekapselt und eliminiert werden. Ebenso

11 Ebenda, S. 47.

12 Das ist zum Programm erhoben in S. Moscovici, Versuch über die menschliche Geschichte der Natur, Frankfurt/M. 1982.

13 Die unvollkommene Technik, Frankfurt/M. 1985.

14 G. Ropohl, Die unvollkommene Technik, aaO, Kap. 4.

scheint mir Ropohl zu weit zu gehen und in die Nähe von Moscovici zu geraten, wenn seine »umfassende Ökosystemtechnik ... auf die durchgängige Technisierung der Natur hinauslaufen« soll; wenn er meint, die Erde lasse sich nur dadurch bewohnbar erhalten, daß »die Natur allseitig domestiziert« werde und die »Hege und Pflege ... gewissermaßen auf das Ende der Natur« hinauslaufe.[15] Denn dann ist auch nicht mehr zu sehen, wie er die zuvor (S. 126) erhobene Forderung der Erhaltung einer »ausreichenden Anzahl von Reservaten für die Natur im engeren Sinne« noch erfüllen kann.[16]

Zusammenfassend läßt sich also festhalten: Nicht die Technik als solche ist destruktiv, sondern sie wird es durch

(1) die Mißachtung der Vorrangstellung, die der Moralität und ihren Prinzipien gegenüber jedem technischen Mittelgebrauch der Natur zukommt;

(2) das selbstinszenierte Verschwinden der menschlichen Autonomie vor dem Perfektionismus technischer Artefakte;

(3) die Verdrängung der eigenen organischen Daseinsweise und ihrer natürlichen Unvollkommenheit.

Mithin kommt alles auf die Einstellungen an, die wir der Technik gegenüber einnehmen. Einzelne in ihrer Isoliertheit werden hier wenig oder nichts vermögen, aber im Verbund können sich ihre Einsprüche und Orientierungen auch zu einer Kultivierung des Technikgebrauchs entwickeln, ganz analog zur Kultivierung der Natur.

Aber nicht alle Gefahren lassen sich auf die fehlerhaften Einstellungen der Technik gegenüber zurückführen. Die derzeit verbreiteten Formen der Technologie verdienen Kritik, vor allem wegen ihrer Energieverschwendung. Kritik hieß hier: Unterscheidungen zu treffen, die zugleich als praktische Vorkehrungen dienen können, unter denen das Bacon-Projekt aufrechterhalten werden kann.

15 G. Ropohl, aaO, S. 133.

16 H. Markl hat sich zu der möglichen »Kultur-Natur-Symbiose« differenzierter geäußert und auf Mindestgrößen der Reservate hingewiesen, damit dem Ziel der Artenerhaltung überhaupt Rechnung getragen werden kann. Vgl. Natur als Kulturaufgabe, aaO, S. 324-354.

Deshalb müssen wir jetzt Gesichtspunkte einführen, die zwischen guten und schlechten, zwischen verantwortbaren und unverantwortlichen Formen von Technologie zu unterscheiden gestatten, wobei ich mit Technologien ausschließlich die sog. Primärtechnologien meine, durch die Energie bereitgestellt wird.

7.2 Strukturelle Forderungen an eine zukunftsorientierte Technologie

Haben wir also eine falsche Technologie? Bedürfen wir einer alternativen Form der Aneignung von Natur durch den Menschen? Mich überzeugen jedenfalls die Rufe nach neuen, alternativen Technikformen eher als die Rufe nach einer neuen Ethik, die uns aus der ökologischen Krise befreien soll. Lassen sich aus dem, was wir bis jetzt entwickelt haben, überhaupt Empfehlungen oder gar Normen für die Bewertung von Technologien gewinnen?[17]

Zwei Gesichtspunkte scheinen mir bis jetzt klar zu sein, die aber eher bescheiden aussehen:

(1) In Anbetracht der Endlichkeit der Rohstofflager und ihrer fortschreitenden Erschöpfung dürfen wir nur den sparsamsten Gebrauch davon machen, damit auch kommenden Generationen noch etwas übrig bleibt. Hier ist also ein Prinzip »Schonung« zu beachten. (Passmores »conservation«)

(2) In Anbetracht unserer organismischen Daseinsweise haben wir argumentiert, daß wir keine Technologie unterhalten dürfen, deren nicht-intendierte Effekte sich ruinös auf den Stoffwechsel

17 Die Beschränkung auf »technologische« Aspekte, die ich im folgenden vornehme, soll keine Ausklammerung des ökonomischen und politisch-sozialen Bereichs empfehlen, sondern zeigt nur, daß ich noch nicht weiter gekommen bin. Tatsächlich möchte ich eher die Integration dieser Dimensionen verfolgen, deren Verschränkung so offensichtlich ist. Vgl. Global 2000: Der Bericht an den Präsidenten, Frankfurt/M. 1980, sowie: Das Überleben sichern: Der Brandt-Report/Bericht der Nord-Süd-Kommission, Frankfurt a. M./Berlin/Wien 1981.

mit der Umwelt auswirken; denn wir sind verpflichtet, die Verhältnisse aufrechtzuerhalten, die die Bedingungen unserer organismischen Existenz sind.

Bei beiden Gesichtspunkten spielt die Langfristigkeit der Betrachtung eine entscheidende Rolle. Demgegenüber war bis jetzt unsere Technologie auf die Verwirklichung kurzfristiger Ziele fixiert, die allenfalls in mittelfristiger Perspektive fortgeschrieben wurden. Von ihr wissen wir aber definitiv, daß sie keine wirklich langfristige Möglichkeit darstellt.

Denn auf der Ebene einer sehr abstrakten, strukturellen Betrachtung müssen wir sagen, daß unsere bisherige Technik eine Pyrotechnik (eine Verfeuerungstechnologie) ist, die langfristig katastrophal wirkt; denn wir besorgen uns Energie dadurch, daß wir die in der Natur aufgebauten Energieträger abbauen und die dabei frei werdende Energie für uns nutzen.

Um es in mythisch-metaphorischer Redeweise zu sagen: Das Feuer, das uns Prometheus gebracht hat, das wir aber seitdem selbst nähren müssen, haben wir der Reihe nach mit Holz, mit Torf, mit Braun- und Steinkohle, mit Erdöl und Erdgas und jetzt mit spaltbarem Atommaterial in Gang gehalten. Wir haben dabei gleichsam immer tiefer liegende, immer energiereichere Träger verfeuert. Der Vorgang verläuft aber auf die stets gleiche Weise: das hochenergetische Material wird »verbrannt« und die freiwerdende Energie wird genutzt.

Mit diesem Typus der Energiegewinnung sind jedoch rein strukturell folgende Probleme verbunden:

(1) Die Verknappung der Rohstoffvorräte

(2) Der Ausstoß von Schadstoffen

(3) Die Überlastung der Energieflüsse in der physiologischen Natur.

(1) Zum Punkt der Verknappung ist genug gesagt, und doch wird wenig getan. Erdöl z.B. ist ein sehr kostbarer Rohstoff, der sich nicht erneuert und den wir und vor allem die Folgegenerationen als Ausgangsprodukt für viele wichtige Erzeugnisse brauchen und brauchen werden. Bedenkt man, wie fahrlässig wir ihn jetzt verheizen und verpuffen, scheint es nicht übertrieben zu sagen, daß wir uns benehmen wie ein Barbar, der seinen Ofen mit mittelalterlichen Handschriften befeuert. Und dabei dürfen wir ihm

noch unterstellen, daß er den eigentlichen Wert seines »Brennstoffes« nicht kannte und er sich wärmen wollte, während wir um seine Unersetzbarkeit wissen und offen der Verschwendung frönen.

(2) Die jetzige Energiegewinnungsform erzeugt abgeräumte und ausgehöhlte Lagerstätten am einen Ende und Asche und Schlacke am anderen, wobei die Müllgebirge Gift- und Schadstoffe in großer Menge enthalten, ganz zu schweigen von dem, was wir in Luft und Wasser einleiten. Das Entsorgungsproblem ist zu einem Hauptproblem geworden. Der nicht intendierte Effekt, hier in Form der Abfallprodukte, läßt sich nicht länger vergessen, verstecken, abschieben. Nach alter Übung endete er hinter Nachbars Hecke, im nächsten Fluß, auf dem nächsten Müllhaufen. Neuerdings verklappen wir ihn in der See, versenken ihn in Salzstöcken, exportieren ihn in ahnungslose afrikanische Staaten. Wir zwischenlagern ihn in den Wolken, bis er als saurer Regen niederfällt. Oder wir schicken ihn auf nicht endende Odysseen, wie in den Dioxinfässern von Seveso oder den Plutoniumfässern von Nukem und Transnuklear. Aber, wie wir neuerdings erfahren, sogar zwischen der Bundesrepublik und Frankreich herrscht eine skandalöse Verschiebepraxis. So wird einerseits aussortierter Plastikmüll nicht dem Recycling zugeführt, sondern einfach deponiert, andererseits wird hochgiftiger Sondermüll nicht als solcher deklariert und landet auf schlichten Deponien. Die Gewinne der »Abfallbeseitiger« müssen beträchtlich sein – die notorische Attraktion für Mafiosi.

Noch immer heißt »Entsorgen« das Abschieben eines unintendierten und unerwünschten Nebenproduktes in einen Winkel, der es vermeintlich verkraften kann, oder wo es niemand sieht. Bei aller Entwicklung der Technologie – hinsichtlich der Entsorgung sind wir auf dem alten, atavistischen Stand der Abfallbeseitigung stehen geblieben: wir kippen ihn schlicht auf die Seite und schauen nicht weiter hin. Wir verdrängen hier die Schadstoffe wie eine unangenehme Erinnerung aus unserem Bewußtsein. Aber wir sind durch die neurotischen Folgen fortgesetzten Verdrängens und die Rückkehr der Gifte belehrt, daß diese Form der Beseitigung nicht funktioniert. Die Zirkulation der Stoffe im physiologischen Prozeß der Natur hält sich nicht an die lineare, die teleologische Deponierweise, die wir ihr auferlegen möchten.

(3) Eine durch immer intensiveres Abbrennen von Energieträgern sich in Gang haltende Produktionsform kann nicht beliebig wachsen, weil die dabei freigesetzten Wärmemengen und (selbst ungiftigen) Substanzen von dem Ökosystem nicht mehr verkraftet werden können. Die Gefahren für unser Klima durch die Überproduktion von CO_2 in Verbindung mit unserem Verbrauch an fossilen Brennstoffen sind gerade in letzter Zeit deutlich geworden. Die sozio-ökonomischen Folgen des sog. Treibhauseffektes werden verheerend sein.[18] Der Anstieg der mittleren Jahrestemperatur um nur 6 Grad Celsius wird zu Dürreperioden, Wüstenbildung, Abschmelzen der polaren Eiskappen und damit einem Anstieg des Meeresspiegels um 5 bis 10 Meter führen.[19]

Symmetrisch zu den drei angeführten strukturellen Schwächen derzeitiger pyrotechnischer Energiewirtschaft lassen sich drei Forderungen an zukunftsorientierte Technologien formulieren. Eine langfristig und global einsetzbare Technologie muß mindestens die drei folgenden Bedingungen erfüllen:

(1) *Quellen* unserer Energienutzung müßten jene Energiemengen sein, die von der Sonne kommend ständig auf die Erde treffen und von der Erde wieder in den Weltraum abgestrahlt werden;

(2) die *Form* der Energienutzung darf kein Verbrennungsvorgang sein, sondern wir müssen (bildlich gesprochen) unsere »Turbinen« von den in der Natur ständig fließenden Energieströmen antreiben lassen;

(3) die dabei unvermeidbar auftretenden Störungen der Energieflüsse in unserer Umwelt müssen im Rahmen des globalen Haushaltes der physiologischen Natur *verkraftbar* sein.

Zu (1): Ein Energieprogramm, das langfristig und global verantwortet werden kann, muß sich auf »erneuerbare« Energiequellen

18 Vgl. Chr.-D. Schönwiese und B. Diekmann, Der Treibhauseffekt: Der Mensch ändert das Klima, Stuttgart 1987, S. 174-184.

19 Vgl. W. Bach, Gefahr für unser Klima: Wege aus der CO_2-Bedrohung durch sinnvollen Energieeinsatz, Karlsruhe 1982.

stützen.[20] Planungen und Prognosen, die nach der Ölkrise von 1973 erstellt wurden, stützten sich noch fast ausschließlich auf den Einsatz von Kohle-, Öl- und Kernenergiekraftwerken, weil sog. »alternative Energien« (bereitgestellt in Solaranlagen, Windparks, Biogasanlagen etc.) de facto noch kaum existierten und für wenig entwicklungsfähig gehalten wurden. Seitdem hat sich manches geändert. Sich auf »erneuerbare« Energiequellen stützende Prognosen und Modelle formulieren nicht mehr »utopische« Verhältnisse, sondern können auf realistischer Basis entwickelt werden.[21]

Zum Konzept dieser Planungen gehört überdies die Einsparmöglichkeit von Energie durch Verbesserung des Wirkungsgrads der Maschinen, durch Verbesserung der Wärmedämmung in den Wohnungen, durch eine bessere Energieausnutzung (»Kraft-Wärme-Koppelung« mit Fernwärme), vor allem durch Zurücknahme der Verschwendungspraxis. Die Ressource Einsparung ist bislang noch am wenigsten »ausgebeutet«,[22] dabei ist sie billig, ökologisch unbedenklich, und sie sollte vernünftigerweise auf eine hohe Sozialverträglichkeit rechnen können. Wie aber unser System des Individualverkehrs zeigt, liegt auch hier vieles noch im argen.

Rechnet man die erneuerbaren Energiequellen gegen ein auf rationelle Nutzung gebrachtes Energiebudget, dann nehmen die jetzt verschwindenden Anteile schon eine beachtliche Größenordnung an.

20 Die »Global Possible Conference« von 1984 formulierte fünf Forderungen, die erfüllt werden müssen, wenn es langfristig haltbare Entwicklungen geben soll, darunter:
– An energy transition to high efficiency in production and use and increasing reliance on renewable sources
– A resource transition to reliance on nature's »income« without depletion of its »capital«.
Vgl. R. Repetto (ed.), The Global Possible: Resources, Development, and the New Century, New Haven and London 1985, S. 12.

21 Vgl. D. Deudney & C. Flavin, Renewable Energy: The Power to Choose, New York/London 1983.

22 Bei gleicher Inanspruchnahme der Energiedienstleistungen rechnet man mit einer Einsparquote durch rationelle Energieverwendung von ca. 40% bezogen auf den Energieverbrauch von 1987!

Unabhängige Studien schätzen, daß um das Jahr 2000 etwa 10%, um das Jahr 2020 15-20% des Primärenergieverbrauchs durch heimische Sonnenenergienutzung bereitgestellt werden könnten.[23]

Zu (2): Auf die Erde trifft ständig ein mehr oder weniger konstanter Zustrom von Sonnenenergie in Form von kurzwelliger Strahlung, die teils gestreut, teils resorbiert, aber letztlich auch wieder abgestrahlt wird. Jedoch nehmen diese Energieströme recht unterschiedliche Wege (Streuung an unterschiedlichen Schichten von Luft und Erdoberfläche), und sie werden häufig transformiert (hauptsächlich von kurzwelliger in langwellige Strahlung).[24] Durch die unterschiedlichen Beschaffenheiten auf der Erde ergibt sich keine Gleichverteilung der Energie, sondern es entstehen unterschiedliche Energieniveaus.

Die Energieniveaus auf der Erdoberfläche bilden gleichsam eine gebirgige Landschaft mit unterschiedlich steilem und flachem Terrain, die die unterschiedlichen Potentiale der Energie repräsentieren. Wo immer jedoch unterschiedliche Energieniveaus bestehen, suchen sie sich zu nivellieren: so fließt das Wasser zum niedrigen Pegel, und so weht der Wind zur Zone niedrigen Drucks. Von diesen großen Energiebewegungen werden die größten Teile nicht nutzbar sein; teils weil das Energiegelände nicht »steil« genug ist (die ständige großflächige Wasserverdunstung z. B.), teils weil es zu unregelmäßige Ströme sind, die gleichsam kein stabiles Flußbett haben (wie die Gewitter), teils weil das Energiegelände zu »steil« ist (Tornados z. B.). – Aber die einzig langfristig vertretbare Form der Energiebereitstellung

23 In Kalifornien, das seine Politik der Energieerzeugung konsequent auf regenerative Energiequellen und Energiesparen umstellt, ist so in kurzer Zeit eine Stromerzeugungskapazität von fünf großen Kernkraftwerken erreicht worden. Mitte der 90er Jahre sollen 25% der Stromproduktion (jetziger Anteil durch Atomanlagen 17%) auf diese Weise abgedeckt werden. – Vgl. den Bericht von H. Spitzley über die Neugestaltung der Energiewirtschaft in den USA, in der FRANKFURTER RUNDSCHAU v. 28.7.1988, S. 8.

24 Vgl. die schematische Darstellung des Strahlungshaushaltes des Systems Erde-Atmosphäre in Prozent der einfallenden Sonnenenergie in: W. Bach, Gefahr für unser Klima, aaO, S. 33.

scheint mir die zu sein: sich an das verzweigte Netz der in der Natur ständig fließenden Energieströme anzuschließen, d.h. von ihnen Teilmengen abzuzweigen und auf unsere »Turbinen« zu leiten, ganz wie das bei den einfachen Wasser- und Windmühlen geschah, deren Nachfolger (Wasserkraftwerke und Windparks) in der Leistung an große Kraftwerke herankommen. Die Erzeugung und energetische Wandlung von Biomasse gehört ebenfalls hierher. Und vor allem die Wandlung der Sonnenstrahlung in elektrische (Photovoltaik) oder in thermische Energie (aktive und passive Sonnenkollektoren), um nur die wichtigsten zu nennen.

Zu (3): Es ist hier nur von der Technologieform der Energiebereitstellung, von sogenannten Primärtechnologien die Rede gewesen, nicht von nachgeordneten Technologien der Produktion, des Verkehrs, der Kommunikation etc. Sowohl für die Bereitstellung wie für den Transport der Energie werden vielfältige Transformationen der Ursprungsenergien auftreten unter Einsatz physikalisch-chemischer Verfahren, mit entsprechenden Energieverlusten und anfallenden Nebenprodukten. Als eine übergreifende Norm können wir aber in diesem Zusammenhang fordern, daß die durch eine verantwortbare Technologie zusätzlich erzeugten Effekte innerhalb der Grenzen der Belastbarkeit der physiologischen Natur bleiben müssen. Daß sich das global erreichen läßt, ist nicht utopisch, wenn die eingesetzte Technologie keine zusätzlichen Energiemengen freisetzt, sondern sich nur verzögernd und umverteilend an dem globalen Energiefluß zwischen Sonne, Erde (plus Atmosphäre) und Weltraum beteiligt. Die bei der jetzigen Energieerzeugung in so hohem Maße anfallenden Schadstoffe und CO_2-Mengen ließen sich damit drastisch vermindern. –

Eines der schwierigsten Probleme bei der Energieversorgung war und ist die Speicherung der Energie, um die fluktuierende Nachfrage angemessen befriedigen zu können, sowie der Transport zwischen Energiewandler und Konsument. Der Transport von elektrischer und thermischer Energie bringt notorisch hohe Verluste. Als attraktive Lösung erscheint hier der Wasserstoff als Energieträger. Er würde aber erst eine ökologisch attraktive Möglichkeit, wenn die für die Erzeugung des Wasserstoffs nötige Energie nicht aus der Verbrennung fossiler Energieträger gewonnen würde, wie es derzeit der Fall ist, sondern wenn solare Energie für die elektrolytische Produktion von Wasserstoff genutzt würde. Man hätte dann »im Prinzip« einen ökologisch neutralen Kreisprozeß, an dessen Anfang Wasser plus eingefangene Sonnenstrahlung stünde und am Ende wiederum Wasser und die bei der Verbindung von Wasserstoff und Sauerstoff freiwerdende Energie, keine freigesetzten Schadstoffe und keine zusätzliche Abwärme. Insofern ließen sich Grundforderungen einer ökologisch verantwortbaren Energieversorgung durchaus realisieren, deren technische Machbarkeit und ökonomische Vertretbarkeit sich nüchtern rechnen läßt.[25]

Diese Form der Energiegewinnung könnte man »Hydrotechnologie« nennen, um sie von der »Pyrotechnologie« durch eine analoge Benennung abzuheben.[26] Besser scheint mir jedoch die Bezeichnung »Inklinationstechnologie« zu sein; denn durch sie wird ein vorgegebenes Energiegefälle günstig ausgenutzt. Zugleich hat »inclinatio« die Bedeutung von »Abweichung«: Es wird damit aus dem ohnehin in der Natur ablaufenden Prozeß energetischen Ausgleichs etwas »abgezweigt« und »abgelenkt«, um es für uns zu nutzen.

Pyrotechnische Verfahren verbrauchen ständig die kostbare, in komplexen chemischen Verbindungen gespeicherte, potentielle Energie, d.h. sie entleeren fortgesetzt die Speicherkammern der Erde. Die Technologie der Inklination schaltet sich ein in die durch die Sonneneinstrahlung mehr oder weniger konstant und stabil gehaltenen Energieflüsse, um aus der von der Natur ständig geleisteten Gesamtarbeit etwas für unsere eigenen Zwecke abzuzweigen. In der Metapher könnte man von einem System der Kanalisierung und Verteilung fließender Energie auf verschiedene

25 Vgl. C.J. Winter, R.L. Sizmann, L.L. Vant-Hull (Eds.), Solar Power Plants: Fundamentals – Technology – Systems – Economics, Berlin 1991.

26 An Benennungen hängt mehr, als man denkt. Die Unterscheidung von »harter« und »sanfter« Technologie (Lovins) hat, weil sie sich emotionaler Termini bedient, viel Widerstand provoziert, der die strukturellen Vorschläge übersprang. – Mit »sanft« verbinden wir die Vorstellung von »kraftlos«, aber wir brauchen in jedem Fall leistungsstarke Energiequellen.

Turbinen sprechen. Man könnte auch diese Form der Technologie eine »partizipative« nennen, weil sie sich in einen Prozeß einschaltet, der ohnehin abläuft, und die Verfeuerungstechnologie eine »konsumptive«, weil sie zur Erzeugung der Energie Rohstoffe verbraucht.

M. Heidegger hat das in den Rheinstrom gestellte Kraftwerk als Paradigma der Technik genommen, und mit dem Rhein, wie ihn Hölderlin in seiner Hymne besungen hat, kontrastiert. Während der Dichter in seiner poietischen Art des Entbergens Wahrheit zur Sprache bringe, stelle die Technik die Dinge so, daß sie sie als Energielieferanten herausfordert. Er bezeichnet das Wesen dieses Bestellens, d.h. das Wesen der Technik, als »Ge-stell«, vor dem es in der Natur dann gleichsam nur noch Energiebestände gibt, keinen Fluß mehr und keinen Wald. Alle Naturstoffe sind Energieträger wie die strömenden Wasser des Rheins. – In der Technik sieht Heidegger die größte Gefährdung des Menschen, die recht eigentlich darin bestehen soll, daß wir das Wesen der Technik noch nicht angemessen erfaßt haben.[27] – Aber, ist die Technik so einheitlichen Wesens? Ist es nicht sinnvoll, einen strukturellen Unterschied (oder Wesensunterschied) zu machen zwischen dem Kraftwerk im Fluß, das sich an einem Energieumsatz beteiligt, der ohnehin stattfindet, und einem Kohlekraftwerk oder dem Verbrennungsmotor, die zum Zwecke der Energiegewinnung die fossilen, nicht regenerierbaren Stoffe zerfällen und überdies dabei Schadstoffe in großer Menge erzeugen? Es scheint mir ein so großer Unterschied zwischen dem Konsumieren (von Rohstoffen) und dem Partizipieren (an Energieflüssen) vorzuliegen, daß die Belegung dieser verschiedenen Formen von Technologie mit einem einheitlichen Wesensbegriff der Sache unangemessen ist. Und nicht die Einsicht in das Wesen wird uns retten, sondern die *Unterscheidung* (Krisis) der vertretbaren und der unvertretbaren, weil zerstörerischen, Formen von Technologie. Die pyrotechnischen Verfahren auszumerzen, ist das dringlichste Gebot, wenn wir das Überleben sichern wollen, und wir dürfen keineswegs damit warten, bis die letzten Ölfelder leergepumpt sind.

27 Vgl. Heidegger, »Die Frage nach der Technik«, in: Die Künste im technischen Zeitalter (Hg. Bayerische Akademie der Schönen Künste), München 1956, S. 48-72.

Bei all diesen Erwägungen der Belastbarkeit der physiologischen Natur spielen einerseits die absoluten Quantitäten,[28] andererseits aber auch die Standorte und die Organisation, ob zentrale oder dezentrale Versorgung mit Energie gewählt ist, eine große Rolle.[29] Es scheint mir evident zu sein, daß der Gigantismus unserer derzeitigen Technologie, wie er sich in der Entwicklung immer größerer Kraftwerke und der damit verbundenen Zentralisierung und Konzentration auf enge Räume manifestiert, für viele negative Effekte verantwortlich ist.[30] Solche negativen Effekte können auch beim Einsatz »hydrotechnischer« Verfahren auftreten. Die Wirtschaftlichkeit mag auch stärkere Konzentrationen erfordern (z.B. große Wasserstoff-Plantagen) als ökologisch wünschenswert. Dieser Gesichtspunkt will also eigens beachtet sein!

Wollte man gleich die Hälfte der Sahara mit Solarzellen bedecken, so würden klimatische Veränderungen in der Region sicher nicht ausbleiben mit eventuellen unerwünschten Folgewirkungen für die umliegenden Lebensräume. – Wollte man ein riesiges solares Kraftwerk auf einer Umlaufbahn um die Erde installieren, das die gebündelte Sonnenenergie herunter zu einer Empfangsstation beamt – solche Pläne gibt es –, dann hätte man nicht nur alle Nachteile des herkömmlichen Gigantismus in die neue Technologie eingebaut, es würden sich auch Verteilungskämpfe großen Stiles ergeben und politischer Zündstoff. – Ein diversifizierteres und dezentralisierteres System der Energiewandlung kann den

28 Es scheint mir eine erstaunliche Tatsache zu sein, daß die neuzeitliche Wissenschaft mit dem Ideal der Quantifizierung auf den Plan getreten ist: alle Qualitäten sollten auf Quantitäten reduziert werden. –Und doch hat sie die Frage der Quantität dabei ganz aus dem Auge verloren. Alles glauben wir, ins Unermeßliche steigern zu können! Und doch sind die meisten der ökologischen Effekte zunächst eine Frage der Quantitäten, die ins Maßlose gestiegen sind.

29 Vgl. A.B. Lovins, Sanfte Energie: Für einen dauerhaften Frieden, Reinbek 1978, der dem Gedanken der Dezentralisierung unter ökonomischen und sozialen Perspektiven viel Raum gibt.

30 Man denke an Growian, dessen übermäßige Dimensionierung zur Krise des Projekts führte, während im benachbarten Dänemark die »Windparks« mit kleineren Windmühlen längst erfolgreich liefen.

lokalen Besonderheiten mehr Rechnung tragen,[31] ist flexibler und kann global auf größere Akzeptanz treffen. Es hat überdies die Vorteile der Risikoverteilung für sich.

Hans Jonas und andere Kritiker der zerstörerischen Wirkungen industrietechnischer Nutzung der Natur machen das Baconsche Ideal für die Destruktion des Lebensraumes verantwortlich und verlangen, den utopischen Vorgriff auf glücklichere Verhältnisse zu verabschieden zugunsten eines reinen Bewahrungsdenkens; deshalb kritisierte Jonas insbesondere die Version des Marxismus, die Ernst Bloch im »Prinzip Hoffnung« entwickelt hat. Jonas ist der Meinung, daß die Idee der »Humanisierung der Natur« nur auf eine Denaturierung hinauslaufen könne, d.h. nicht auf die erhoffte Aufhebung der Entfremdung, sondern ihre Steigerung (PV 372).

Aber das kann er nur so sehen, weil er den utopischen Entwurf an die jetzt praktizierte Technologie heftet, deren Entwicklung er extrapoliert, und so ergeben sich Szenarien der Zerstörung: das pyrotechnisch herbeigeführte Jüngste Gericht.

Das Bacon-Projekt ist, so glaube ich gezeigt zu haben, fortsetzbar trotz der gegenwärtig sich manifestierenden Folgeschäden aus seiner naiven Anfangsphase; vorausgesetzt allerdings, daß wir hinreichende Unterscheidungen und Vorkehrungen einbauen, die die destruktiven Effekte der Kultivierung der Natur verhindern. Solche Unterscheidungen und Provisos habe ich oben zu formulieren versucht. Da es sich bei ihnen nur um notwendige Bedingungen der Fortführbarkeit des Bacon-Projekts handelt, nicht um hinreichende, bleibt für eine um das Überleben der Menschheit besorgte Vernunft noch viel Raum zur Betätigung.

Ein recht verstandenes Prinzip Verantwortung scheint mir jedoch nicht die Verabschiedung des Zukunftsdenkens zugunsten des Bewahrungsdenkens zu gebieten, sondern uns zur Entwicklung einer Technikform zu verpflichten, die ich oben »hydrotechnisch« genannt habe. Das freilich setzt nicht nur ein hohes Maß an naturwissenschaftlichem Wissen voraus und technische Phanta-

31 Bezeichnenderweise ist die Studie von S. Büttner, Solare Wasserstoffwirtschaft: Königsweg oder Sackgasse, Frankfurt/M. etc. 1991, in den *Beiträgen zur kommunalen und regionalen Planung* (Bd. 12, Hg. K. Künkel u. U.O. Simonis) erschienen.

sie; es verlangt vor allem in der Gesellschaft ein geschärftes Bewußtsein für die Gefährdungen, die aus der Fortsetzung seitheriger Praxis erwachsen, und für die Verpflichtung, daß wir für uns und kommende Generationen eine lebenswerte Zukunft offenhalten müssen.

So, wie für Bacon Träger einer Forschungs- und Nutzungspraxis, der es um die Mehrung des materiellen Wohles aller geht, nicht mehr das Individuum sein konnte, sondern die Gesellschaft insgesamt, müssen auch wir den erklärten Willen haben und mit Nachdruck vertreten, daß nicht die partikularen und kurzfristigen Interessenkonstellationen den Gang der Geschichte prägen, sondern daß die Orientierung am langfristigen sozialen Benefit den Primat erhält. An dieser »Utopie« müssen wir festhalten, gerade damit die »ökologische Krise« nicht zum Finale des Menschen gerät.

Literaturverzeichnis

Zur Zitierweise

Soweit ich nach Werkausgaben zitiert habe, sind die Stellen nach Band (römische Ziffer) und Seite (arabische Ziffer) angegeben. Für die Verweise auf Schriften Kants habe ich die üblichen Abkürzungen verwendet: KrV = Kritik der reinen Vernunft, KU = Kritik der Urteilskraft, MdS = Metaphysik der Sitten, MAdN = Metaphysische Anfangsgründe der Naturwissenschaft. – Mit DK verweise ich auf die Ausgabe der Fragmente der Vorsokratiker durch H. Diels und W. Kranz. – Weitere Abkürzungen und Siglen sind beim ersten Vorkommen erklärt. – Nicht alle Titel, auf die in den Anmerkungen verwiesen wird, sind in das Literaturverzeichnis aufgenommen worden; ich erhebe auch keinerlei Anspruch auf Vollständigkeit in der Literaturerfassung, sondern führe nur die Titel an, die für die vorliegende Studie einschlägig benutzt wurden.

G. Anders, Die Antiquiertheit des Menschen, München, Bd. I 1956, Bd. II 1980

–, Die atomare Drohung, München 1981

Aristoteles' Physik: Vorlesung über Natur, (gr./dtsch.; übers. u. hg. v. H. G. Zekl) 2 Bde, Hamburg 1987 (PhB 380/381)

W. Bach, Gefahr für unser Klima: Wege aus der CO_2-Bedrohung durch sinnvollen Energieeinsatz, Karlsruhe 1982

F. Bacon, The Works of Francis Bacon (eds. Spedding, Ellis, Heath), London 1857-74

–, Valerius Terminus, Würzburg 1984

–, Novum Organum (ed. by Th. Fowler), Oxford 1878

U. Beck, Risikogesellschaft: Auf dem Weg in eine andere Moderne, Frankfurt/M. 1986

D. Birnbacher, Sind wir für die Natur verantwortlich? in: Ders. (Hg.), Ökologie und Ethik, Stuttgart 1980, S. 103-139

– (Hg.), Ökologie und Ethik, Stuttgart 1980

–, Verantwortung für zukünftige Generationen, Stuttgart 1988

H. Blumenberg, Die Genesis der kopernikanischen Welt, Frankfurt/M. 1975

–, Die Lesbarkeit der Welt, Frankfurt/M. 1981

D. Böhler, Mensch und Natur: Verstehen, Konstruieren, Verantworten, in: Deutsche Zeitschrift für Philosophie, 39. Jg., 1991, H. 9, S. 999-1019

G. Böhme, E. Schramm (Hg.), Soziale Naturwissenschaft: Wege zu einer Erweiterung der Ökologie, Frankfurt/M. 1985

D. B. Botkin, Discordant Harmonies: A New Ecology for the Twenty-first Century, New York/Oxford 1990
S. Büttner, Solare Wasserstoffwirtschaft: Königsweg oder Sackgasse, Frankfurt/M. etc. 1991
A. C. Crombie, Von Augustinus bis Galilei: Die Emanzipation der Naturwissenschaft, Köln/Berlin 1964
Das Überleben sichern: Der Brandt-Report/Bericht der Nord-Süd-Kommission, Frankfurt a. M./Berlin/Wien 1981
M. Deneke, Zur Tragfähigkeit des Stoffwechselbegriffs, in: G. Böhme, E. Schramm (Hg.), Soziale Naturwissenschaft: Wege zu einer Erweiterung der Ökologie, Frankfurt/M. 1985, S. 42-52
D. Deudney & C. Flavin, Renewable Energy: The Power of Choose, New York/London 1983
P. Duhem, Ziel und Struktur der physikalischen Theorien (1906), Hamburg 1978
J. R. Engel, The Ethics of Sustainable Development, in: Ethics of Environment and Development: Global Challenge, International Response (ed. by J. R. Engel and J. G. Engel), London 1990, S. 1-23
I. Fetscher, Überlebensbedingungen der Menschheit, München 1980
B. Frey, Umweltökonomie, Göttingen [2]1985
Global 2000: Der Bericht an den Präsidenten, Frankfurt/M. 1980
M. Heidegger, Die Frage nach der Technik, in: Die Künste im technischen Zeitalter (Hg. Bayerische Akademie der Schönen Künste), München 1956
V. Hösle, Philosophie der ökologischen Krise, München 1991
G. E. Hutchinson, An Introduction of Population Ecology, New Haven 1978
R. Jauß, Aisthesis und Naturerfahrung, in: J. Zimmermann (Hg.), Das Naturbild des Menschen, München 1982, S. 155-182
H. Jonas, Das Prinzip Verantwortung: Versuch einer Ethik für die technologische Zivilisation, Frankfurt/M. 1979
–, Technik, Medizin und Ethik: Praxis des Prinzips Verantwortung, Frankfurt/M. 1985
Kant's Werke (Preußische Akademie-Ausgabe), Berlin 1910-23
L. Kofler, Beherrscht uns die Technik? Technologische Rationalität im Spätkapitalismus, Hamburg 1983
H. Kreuzer (Hg.), Die zwei Kulturen: C. P. Snows These in der Diskussion, Stuttgart 1987 (dtv 4454)
W. Krohn, Francis Bacon, München 1987
V. Langholf, Medical Theories in Hippocrates: Early Texts and the »Epidemics«, Berlin 1990

H. Lenk, Über Verantwortungsbegriffe in der Technik, in: Lenk & Ropohl (Hg.), Technik und Ethik, Stuttgart 1987
H. Lenk und G. Ropohl (Hg.), Technik und Ethik, Stuttgart 1987
A.B. Lovins, Sanfte Energie: Für einen dauerhaften Frieden, Reinbek 1978
L. Margulis and R. Guerrero, From Planetary Atmospheres to Microbial Communities, in: Changing the Global Environment (ed. by Botkin, Caswell, Estes, Orio), San Diego 1989
H. Markl, Natur als Kulturaufgabe, Stuttgart 1986
H.G. Mensching, Ökosystem-Zerstörung in vorindustrieller Zeit, in: H. Lübbe & E. Ströker (Hg.), Ökologische Probleme in kulturellem Wandel, München/Paderborn 1986, S. 15-27
K.M. Meyer-Abich, Wege zum Frieden mit der Natur: Praktische Naturphilosophie für die Umweltpolitik, München 1984
–, Zum Begriff einer praktischen Philosophie der Natur, in: Ders. (Hg.), Frieden mit der Natur, Freiburg 1979, S. 236-261
–, Wissenschaft für die Zukunft: Holistisches Denken in ökologischer und gesellschaftlicher Verantwortung, München 1988
–, Der Holismus im 20. Jahrhundert, in: Klassiker der Naturphilosophie (Hg. G. Böhme), München 1989
–, Aufstand für die Natur: Von der Umwelt zur Mitwelt, München 1990
K.M. Meyer-Abich und B. Schefold, Die Grenzen der Atomwirtschaft, München 1986
J. Mittelstraß, Leben mit der Natur, in: O. Schwemmer (Hg.), Über Natur, Frankfurt/M. 1987, S. 37-62
–, Das Wirken der Natur, in: F. Rapp (Hg.), Naturverständnis und Naturbeherrschung, München 1981, S. 44-59
H.J. Morowitz, Energy Flow in Biology, Woodbridge 1979
S. Moscovici, Versuch über die menschliche Geschichte der Natur (Paris 1968), dtsch. Frankfurt/M. 1982
J. Passmore, Man's Responsibility for Nature: Ecological Problems and Western Traditions (1974), London [2]1980
G. Patzig, Ökologische Ethik – innerhalb der Grenzen bloßer Vernunft, Göttingen 1983
G. Picht, Der Begriff der Verantwortung, in: Ders., Wahrheit, Vernunft, Verantwortung: Philosophische Studien, Stuttgart 1969, S. 318-371
–, Der Begriff der Natur und seine Geschichte, Stuttgart 1989
Platon, Werke (gr./dtsch. hg. v. G. Eigler), Bd. VII, Timaios etc., Darmstadt 1972
H. Poser, »Gibt es noch eine Einheit der Wissenschaften?« (Vortrag auf der Tagung des »Engeren Kreises der Allgemeinen Gesellschaft für Philosophie in Deutschland«, Braunschweig 1986)

F. Rapp, Fortschritt: Entwicklung und Sinngehalt einer Philosophischen Idee, Darmstadt 1992

–, Die normativen Determinanten des technischen Wandels, in: Lenk & Ropohl (Hg.), Technik und Ethik, Stuttgart 1987, S. 31-48

– (Hg.), Naturverständnis und Naturbeherrschung, München 1981

R. Repetto (ed.), The Global Possible: Resources, Development, and the New Century, New Haven and London 1985

N. Rescher, Unpopular Essays on Technological Progress, Pittsburgh 1980

G. Ropohl, Eine Systemtheorie der Technik: Zur Grundlegung der allgemeinen Technologie, München 1979

–, Die unvollkommene Technik, Frankfurt/M. 1985

L. Schäfer, Erfahrung und Konvention, Stuttgart 1974

–, Selbstbestimmung und Naturverhältnis des Menschen, in: O. Schwemmer (Hg.), Über Natur: Philosophische Beiträge zum Naturverständnis, Frankfurt/M. 1987, S. 15-35

–, Das Bacon'sche Ideal und die ökologische Krise, in: Mensch und Moderne (hg. v. C. Bellut u. U. Müller-Schöll), Würzburg 1989, S. 309-334

–, Die »zwei Kulturen« vor der Einheit ihrer Probleme, in: G. Pasternack (Hg.), Zwei Kulturen – oder die Einheit der Wissenschaften (= Schriftenreihe des Zentrums Philosophische Grundlagen der Wissenschaften der Universität Bremen Bd. 8), S. 61-73

–, Kritischer Rationalismus und ökologische Krise: Überlegungen zur Utopie- und Technikkritik, in: K. Salamun (Hg.), Moral und Politik aus der Sicht des Kritischen Rationalismus, Amsterdam 1991, S. 179-200

–, Natur, in: E. Martens, H. Schnädelbach (Hg.), Philosophie: Ein Grundkurs, Reinbek 1991 (re 457), Bd. 2, S. 467-507

A. Schmidt, Der Begriff der Natur in der Lehre von Marx, Frankfurt/M. 1962

Chr.-D. Schönwiese und B. Diekmann, Der Treibhauseffekt: Der Mensch ändert das Klima, Stuttgart 1987

W. Schulz, Philosophie in der veränderten Welt, Pfullingen 1972

A. Schweitzer, Die Ehrfurcht vor dem Leben, München 1966

O. Schwemmer (Hg.), Über Natur: Philosophische Beiträge zum Naturverständnis, Frankfurt/M. 1987

L. D. Smith, On Prediction and Control: B. F. Skinner and the Technological Ideal of Science, in: American Psychologist, 1992, S. 216-223

R. Spaemann, Technische Eingriffe in die Natur als Problem der politischen Ethik, in: D. Birnbacher (ed.), Ökologie und Ethik, Stuttgart 1980, S. 180-206

P. W. Taylor, Respect for Nature: A Theory of Environmental Ethics, Princeton 1986
L. H. Tribe, Was spricht gegen Plastikbäume, in: D. Birnbacher (Hg.), Ökologie und Ethik, Stuttgart 1980, S. 20-71
J. v. Uexküll, Umwelt und Innenwelt der Tiere, Berlin 1908, ²1921
F. Vester, Neuland des Denkens, Stuttgart 1980
G. Vlastos, Plato's Universe, Oxford 1975
K.-W. Weeber, Smog über Attika: Umweltverhalten im Altertum, Zürich u. München 1990
D. R. Weiner, Models of Nature: Ecology, Conservation, and Cultural Revolution in Soviet Russia, Bloomington and Indianapolis 1988
C. F. v. Weizsäcker, Platonische Naturwissenschaft im Laufe der Geschichte, in: Ders., Der Garten des Menschlichen, München 1977, S. 319-345
E. U. v. Weizsäcker, Erdpolitik: Ökologische Realpolitik an der Schwelle zum Jahrhundert der Umwelt, Darmstadt ²1990
W. Welsch, Ästhetisches Denken, Stuttgart 1990
C. J. Winter & J. Nitsch (Hg.), Wasserstoff als Energieträger, Berlin/New York/Heidelberg ²1989
C. J. Winter, R. L. Sizmann, L. L. Vant-Hull (Eds.), Solar Power Plants: Fundamentals – Technology – Systems – Economics, Berlin/New York/Heidelberg 1991
J. Zimmermann, Zur Geschichte des ästhetischen Naturbegriffs, in: Ders. (Hg.), Das Naturbild des Menschen, München 1982, S. 118-154

Namenregister

Sachregister